雞雞到底神不神？

艾蜜莉・威靈罕 著

張馨方 譯

馬陸的步足、蛇的成對半陰莖、雄鴨的螺旋陰莖……
從生物千奇百怪的生殖器官，看牠們的「啪啪啪」帶給人類的啟示

科普漫遊 FQ1073

雞雞到底神不神？

馬陸的步足、蛇的成對半陰莖、雄鴨的螺旋陰莖……從生物千奇百怪的生殖器官，看牠們的「啪啪啪」帶給人類的啟示

Phallacy : life lessons from the animal penis

作　　者　艾蜜莉　威靈罕（Emily Willingham）
譯　　者　張馨方
審 訂 者　曾文宣
副總編輯　謝至平
責任編輯　鄭家暐
行銷企畫　陳彩玉、楊凱雯、陳紫晴、林佩瑜
封面設計　廖勁智

發 行 人　凃玉雲
總 經 理　陳逸瑛
編輯總監　劉麗真
出　　版　臉譜出版
城邦文化事業股份有限公司
台北市民生東路二段141號5樓
電話：886-2-25007696 傳真：886-2-25001952
發　　行　英屬蓋曼群島商家庭傳媒股份有限公司城邦分公司
台北市中山區民生東路二段141號11樓
客服服務專線：886-2-25007718；2500-7719
24小時傳真專線：02-25001990；25001991
服務時間：週一至週五上午09:30-12:00；下午13:30-17:00
劃撥帳號：19863813　戶名：書虫股份有限公司
城邦花園網址：http://www.cite.com.tw
讀者服務信箱：service@readingclub.com.tw
香港發行所　城邦（香港）出版集團有限公司
香港灣仔駱克道193號東超商業中心1樓
電話：852-25086231或25086217　傳真：852-25789337
馬新發行所　城邦（馬新）出版集團
Cite（M）Sdn. Bhd.（458372U）
41-1, Jalan Radin Anum, Bandar Baru Sri Petaling,
57000 Kuala Lumpur, Malaysia.
電話：+6(03)-90563833　傳真：+6(03)-90576622
讀者服務信箱：services@cite.com.my

一版一刷　2022年7月

城邦讀書花園
www.cite.com.tw

ISBN 978-626-315-126-0（紙本書）
ISBN 978-626-315-131-4（電子書）

定價：450元（紙本書）
定價：315元（電子書）

國家圖書館出版品預行編目資料

雞雞到底神不神?：馬陸的步足、蛇的成對半陰莖、雄鴨的螺旋陰莖……從生物千奇百怪的生殖器官，看牠們的「啪啪啪」帶給人類的啟示／艾蜜莉・威靈罕(Emily Willingham)著；張馨方譯. -- 一版. -- 臺北市：臉譜，城邦文化出版；家庭傳媒城邦分公司發行, 2022.07
面；　公分. --（科普漫遊；FQ1073）
譯自： Phallacy : life lessons from the animal penis

ISBN 978-626-315-126-0（平裝）

1.CST：動物行為　2.CST：交配　3.CST：生殖器官

383.73　　111005537

目　次

序言

#Metoo 運動

一九八〇年，在我讀中學、還尚未進入青春期的時候，我第一次親眼目睹活生生的成年人陰莖。那是德州（Texas）的某個夏天，酷暑難耐，到泳池戲水是避免熱死的不二法門，而我與年幼的手足在奶奶家一座小而美的泳池玩耍。那天，有個園丁在院子裡修剪女貞樹，免得它們茂密的樹葉與有著滿滿花粉的白色小花遮蓋了湛藍的水池。

奶奶下半身癱瘓，都靠輪椅代步（因此才請人來整理雜亂蔓生的女貞樹）。當時，她坐在池畔看著我們游泳。輪椅的口袋裡塞有一支無線電話（在當時是相當新潮的玩意兒），以備緊急之需。在距離泳池約十呎處有一座棚屋，裡頭放了一些內胎與充氣泳池玩具。我與手足喜歡抱著那些充氣玩具一起玩拖曳圈，於是我走去棚屋想拿幾個出來。

身穿栗紅色連身泳衣的我，溼答答地站在裡面，在那些有點洩了氣的黑色橡皮泳圈之間挑選，這時右邊忽然傳來「嘶」的聲音，我轉頭一看。從未裝布簾的窗戶往外望去，枝葉蔓生的女貞樹蔭下，而且是其他人都看不到的角度，隱約可見那個園丁的身影。

我們就稱他艾迪（Eddie）好了。艾迪拉下褲子的拉鍊，露出生殖器官，手握著並上下抽動，意圖使它脹大——當時我不知道那就叫手淫。他色迷迷地向我比了個手勢，要我過去。我二話不說轉身跑回泳池，跳進水裡一動也不動，心慌意亂地試圖理解剛才發生了什麼事。那感覺好不真實。在那之前，活到十二、三歲的我從未看過成年人的生殖器官，更別說是遇過有人自慰並要求我一起參與的情況了。

但這件事的確發生了。我從水面探出頭，只見艾迪站在奶奶的後方，繼續做著那帶有威脅性的舉動。他掏出那話兒，手不停抽動，在奶奶背後用輕佻的眼神看著我。他的肢體語言非常明顯：他知道自己在做壞事，而且希望那種舉動能嚇到我。

露出陰莖是一回事，他對兩個天真的孩子與一個行動不便的長者做出的恐怖行為又是另一回事。當時我心想，如果我阻止他，他一定會對我的奶奶或手足做出可怕的事，而且我壓根兒沒想到他會利用陰莖來傷害我。我只知道，他很清楚自己的行為是不對的，而那樣的心態正是他那舉動的恐怖之處。

爸爸帶我們回家後，我立刻跟媽媽說。令我意外的是，儘管我害怕艾迪會動手傷害奶奶、手足或我，但大家最在意的，竟然是他露出生殖器官的侵犯行為。

那個舉動的確是一種侵犯，不論對我個人或對法律都是。顯然，那起事件不應該是我第一次接觸成年人陰莖的經驗。然而在那一刻，是他持續做出威脅的舉動，厚顏無恥地裸露自己的生殖器官與不懷好意的行為，把我嚇得不敢離開泳池一步，不敢打電話求救。恐嚇我的是他這個人，不是他的陰莖。

最後，艾迪坦承自己的不當行為，我聽爸媽說，他進了監獄。直到四十年後，我終於能鼓起勇氣回想這件事，但心情依然驚恐萬分。據說，艾迪出獄後仍死性不改。

從那之後，我無時無刻都會想起這件事，就如克莉絲汀・布萊西・福特（Christine Blasey Ford）控訴布雷特・卡瓦諾（Brett Kavanaugh）對自己性侵的證詞中所說的，那是「海馬迴難以抹滅的記憶」。每當我看見或聞到女貞樹的氣味，都會想起那段恐怖的回憶。但是，直到最近我才開始思考艾迪的陰莖與我初次接觸這個器官的經驗。我想不透，艾迪這麼一個體型魁梧的男人所做的威嚇與恐怖行為，怎麼樣都遠比他的生殖器官來得可怕，大家卻把焦點放在他的陰莖上。生殖器官似乎是所有人都想談論的重點，彷彿艾迪的其他部位與他能夠做的事情都不相干。陰莖事關重大，但它不是一切。

科學成了壞男人的幫凶

在二十與二十一世紀交替之際，美國人迎來了智慧型手機的發明與男性露鳥照的氾濫。在這個國家，有習慣在旅館房間猥褻女性的路易斯C.K.（Louis C.K.）與哈維・韋恩斯坦（Harvey Weinstein）；有計畫對年輕女孩們「播種」以延續自身優良基因的傑佛瑞・艾普斯坦（Jeffrey Epstein）；還有——我們就承認吧——在二〇一七年入主白宮、始終認為男人「抓住女人的下體就能對她們為所欲為」的唐納・川普（Donald Trump）。這種陰莖崇拜的情結擴散到更為廣泛而普遍的面向，隨著網路訊號直接傳遞到人們的眼前。被色情片與一些狂熱分子視為男子氣慨的核心，不只強暴了我們的視覺，也迫使我們屈服於陰莖的魅力之下，或在肉體上深受其害。若不是許多人的支持與助長，陰莖——**陽具**——的地位不可能晉升為雄性不可或缺的特徵，與讓女性（無論自願或被迫）乖乖聽話的長鞭。那些未能獲得他人崇拜的年輕男性形成了一個滿懷憤怒與渴望報復的族群，那種怒火有時會一發不可收拾，像炸彈那樣造成極具殺傷力的破壞。而那些不夠尊重陰莖的人們，在個人與集體生活中都成了恐怖行動的目標。

即使由塔拉娜・柏克（Tarana Burke）在二〇〇六年發起的「metoo運動」於二〇一七年席捲全美，並演變成全球性的風潮，將陰莖當作一種武器與威脅並加以濫用的行為，成了眾人矚目的焦點。然而，對於陰莖的關注，再次將那些被當作攻擊與冒犯目標的（大部分）女性邊緣化，並且大肆報導。當一位美國參議員表示，除非那位宣稱自己遭到最高法院法官猥褻的女性，可以精準描述加害人的生殖器官特徵，他才相信確有其事時。我們的文化正一步步走向深淵。

艾普斯坦是個特例。他利用科學來掩護自己的惡行，像許多幹了壞事的人一樣，躲在可為社會所接受的科學語言與外衣背後。他與科學家交好，招待他們到那聲名狼藉的晚餐派對，或是搭乘他的私人專機「蘿莉塔快遞」（Lolita Express），名義上是參加往返旅行，其實是為了縱慾狂歡。

對艾普斯坦而言，科學的吸引力在於，他可以藉由其語言與虛飾來合理化自身行為。例如，他想在亞利桑那州（Arizona）蓋一座豪宅，在那裡對年輕女孩與妙齡女子「播種」，讓她們懷上自己的孩子，本書後續章節將探討的生殖壓力，可輕易解釋這種行為。據那些科學家表示，艾普斯坦對他們的吸引力在於金錢：為了獲取更大的利益，他們不擇手段。但真的只有這樣嗎？在那些全是男性的房間裡，難道沒有任何一個人在環顧四周後感到納悶，「女人在哪？」難道他們都不覺得，艾普斯坦對於任何科學性討論的一貫說詞——「那跟陰道有什麼關係？」——有哪裡不對勁嗎？

關於本書

如本書將不斷提到的，未能留意與質疑這類科學領域忽視女性的現象，深刻影響了人們對於性別、性、陰蒂、外陰、陰道，甚至陰莖本身的理解。你也將看到，艾普斯坦並不是第一個利用科學的學術語言來合理化不當行為或以假亂真的人，儘管他多年來都設法利用這些招數幹些骯髒齷齪的事情。

在第一章，你將認識一些科學家利用且濫用科學主張，將研究導向符合自身利益的方向。就如艾普斯坦與他那幾乎都是男性的狐群狗黨，他們成立了男性科學家俱樂部，會邀請女性參加，全是為了滿足私慾。就連某次有女性學者在場的情況下，他們仍注重實際的陰莖勝過研究中女性的特定背景。

第二章探討動物如何透過陰莖與插入式性行為，將配子（審註：配子就是精子和卵子的統稱）傳遞給交配對象以繁衍後代。本章不討論陰道的演化過程，因為這是一個充滿假設且幾乎毫無實證的領域，在科學研究上仍是一個大哉問。

第三章探究陰莖的一系列組織與其對應的功能。你會在認識陰莖的過程中漸漸發現，陰莖未必是你所想的那樣。

接著，這段旅程將帶各位認識，陰莖除了傳遞精子，還有哪些功用。人類之所以將陰莖奉為男子氣概的根源，有個原因是人們認為生育能力與人性都來自於此。然而如本章所示，這些器官遠遠不只是提供精液而已，你也將看到有些甚至沒有這項功能。

看完幾乎都在討論陰莖的前四章後，你會逐漸明白，多虧了科學與那些直到近年來才主導領域發展的人士，我們對陰莖的認識頗深，對陰道卻知之甚少。第五章將從嚴肅的角度探討艾普斯坦私底下常說的一句話：「那跟陰道有什麼關係？」在本章，請認真看待陰道本身，不只因為它影響了陰莖（這樣就又陷入了以陰莖為中心的思維了），還有它在物種及其交配行為與外貌的塑造上所扮演的重要角色。

第六章則探討生殖器官的大小，你一樣會發現，關於陰道的資訊有限，但關於各種動物的陰莖卻有不計其數的資料。這是因為，除了大膽突破框架的少數人以外，多數學者對陰道的研究都不夠。而科學家會認真研究陰道，通常都是為了了解陰莖**是否能**插入與**如何**插入，僅此而已。

第七章闡述小型動物身上各式各樣的生殖器官，並指出一個普遍的模式：這些動物的交配方式愈是錯綜複雜，帶來的感官知覺愈是豐富，牠們將陰莖當作武器的可能性就愈小。本章也介紹一些為了輸送精液而犧牲身體某些部位，甚至不惜一死的動物。從第二章解釋陰莖存在的意義開始，繞了一大圈回到原點，第八章探討的是完全沒有命根子的物種。

最後一章將焦點移回人類身上。儘管前幾章著重於陰莖，也闡述了許多相關知識，但人們似乎未能認清，陰莖雖然與男子氣概有關，卻不代表所有的陽剛之氣。本章追溯大眾是如何變得如此執泥於陰莖與男子氣概之間的等號，以致無法擺脫「男人就是那話兒，那話兒就是男人」的觀念。習慣將一個人與單一身體部位混為一談的結果是，長久以來我們都以陰莖為中心，不考慮任何其他的器官，包含更重要的大腦在內。

於是，我們的社會變成了現在的樣子：有個男人在某天下午試圖性侵與恐嚇一名十二歲女孩，但大家只在意他的生殖器官。但是，有問題的不是他的生殖器官，而是他這個人。因此，現在是時候該將焦點從生殖器官轉移到加害人與他們的行為了，不論那些惡行是騷擾兒童、傳猥褻照片，還是抓女性的「下體」。

自然界的陽具謬誤

謬誤（fallacy）一詞指的是錯誤的信念，尤其是建立在不可靠的論點之上。本書將糾正一些與陰莖（phallus）及自然運作模式的意義有關的**陽具謬誤**（phallacy），包含根據自然界生物的行為模式推導出的謬論——又名螯蝦陷阱（Lobster Trap）。

加拿大心理學家，並自詡為西方「陽剛氣質」代表的喬登．彼得森（Jordan Peterson），提出了一系列簡單的生活守則，保證男性同胞們只要確實遵行就能大展雄風。他在著作《生存的12條法則：當代最具影響力的公共知識分子，對混亂生活開出的解方》（*12 Rules for Life: An Antidote to Chaos*）的首章，以雄性波士頓龍蝦（審註：分類上屬於海螯蝦，與真正沒有螯的龍蝦不同）魁梧方正的肩膀為主題作為闡述論點的第一步。當中敘述，占有主導地位的雄蝦會昂首闊步地巡視自己的地盤，趕走體型較小的生物，方法是擺動壯碩的肩膀，展現驕橫的氣勢——即使嚴格說來海螯蝦沒有肩膀。他表示，年輕男性若能效仿這種行為（雌蝦碰巧也會如此），便可顯露威武的雄性風采。

如同許多拿單一動物所做的類比，這個例子不太符合在自然條件下取得成功的真實狀況。這個比喻只說海螯蝦昂首闊步時會擺動肩膀，但並未提到牠們的頭部會互相噴射尿液（審註：蝦子的排泄系統主要由觸角腺負責，該器官位於頭胸甲的前緣腹側）。龍蝦的社交手段與交配在極大程度上仰賴頭部噴尿的行為，因為牠們都靠尿液來試探彼此的心意。

沒有任何一種生物的習性能作為我們的行為模式，甚至是某些行為的藉口。我們應該避免落入螯蝦陷阱，也就是利用自然界某個狹隘且不甚恰當的例子，來合理化自己的某種傾向或偏見。倘若只看這種經過刻意挑選的例子中被刻意放大的特徵，就恰恰掉入了自然界的謬誤。只要稍微仔細檢視，便會發現這種膚淺的推論根本站不住腳。畢竟，你很難說到海螯蝦這種生物，卻不提到牠們噴尿的嗜好，但彼得森就只是將這種驅逐行為稱做「噴灑液體」，草草帶過。

本書將帶你從人類陰莖的主題跳脫出來，認識動物界中其他雄性動物的生殖器官。除了各種裝飾華麗的性器，還有一連串的陰莖，從**連一條小黃瓜都不如**（人類）的命根子，到**用性器戳刺配偶的胸部**（臭蟲）的驚世駭俗陰莖。這些自然界的陰莖都可以讓我們學到許多知識。儘管人類與海螯蝦之間有一些相似之處，但我們不能將某一種非人類動物視為自然演化的模板，就算是與我們最近緣的黑猩猩也一樣。然而，我們可以從更廣泛的角度來理解，自然界如何形塑這個身體部位——人類與多數動物都具有——的形式與功能。

在本書提到的陽具崇拜與陰莖的各種花招——這邊我好心提醒一下，書中當然有露鳥照（大多為非人類動物的陰莖）——之中，你會發覺一個與陰莖有關的自然模式，而這可以幫助我們釐清人類的生殖器官所扮演的角色，也能導正圍繞在陽具話題而產生的錯誤期待。這個寬廣的視野有助於我們認清，人類的陰莖落在從有趣到致命的哪個範疇內，並了解為什麼人類的陰莖應是為愛而生，而非戰爭；是為了促進親密的情感，而不是用性來要脅他人。

用詞聲明

寫作本書時，我試圖聚焦於負責傳送配子（精子或卵子）的器官功能，但這些器官未必是陰莖（儘管許多研究人員都以陰莖概稱，而有一些人並不認同這種做法），也不全是陽具（勃起的陰莖或其象徵）。它們是用來插入生物體內以傳送精子或卵子的器官，可見於所有性別的動物身上。因此，我認為有必要設定一個通稱，來指涉這種透過傳送或接收，以達到插入與傳播的廣泛功能。我在書中使用「插入器」（intromittum，複數為intromitta）一詞，這是一個拉丁文名詞的中性形式，適用於所有性別（審註：該詞非生物學上的專有名詞）。你閱讀本書時將會發現，這個通稱相當實用。

我也盡量避免從「人類出發」的角度去看待動物的行為，雖然身為人類的我（我們）仍會忍不住這麼做，但我試著設身處地去思考書中舉出的每一個例子，譬如試圖從蟋蟀的思維去理解蟋蟀本身。我們透過調查、解剖以及**交配過程**的影像紀錄，來了解這些令人著迷不已的非人類動物，牠們並不像人類一樣具備複雜的感官系統，有著各自物種的生活史以及生存與繁衍手段，而這正是我們不能將牠們的習性當作行為準則的原因。然而，從人類及宇宙中心的角度探討——還有解讀——牠們的時候，我們必然會以人類的感受做出反應。這也無妨，只要你再三思考後的結論是，「假如我是牠，反應一定會不同於我們人類本身」，那就不會過度解讀。

在為本書進行研究的過程中，我收到幾位科學家的請求，他們懇請我不要將書中描述的動物行為擬人化。我嘗試拿捏好分寸，但我畢竟是人，而大多數的人類都有一個特質，那就是以同理心去看待與探索某種程度上可以擬人化的事物。因此，儘管我盡量不從人類的角度去討論書中提到的每一種生物，但有時仍難免如此。

在書中，我並未假設所有身上長有陰莖的人都是男性，或者所有男性都擁有陰莖，也不秉持性別與生殖器官的二元論。性別與生殖器官非二元對立，在科學與社會文化上都不是如此。每個人的內在性別——即活著的狀態，譬如女性、非男性非女性或跨性別男性——都是「陽剛」與「陰柔」的流動組合，隨社會與文化的定義而變化。Sex可能是最常遭到誤用的一個字了，一般認為這個字可以精確代表在唯二選項之間的明確生物性別：男性與女性。人們也會將sex與gender[1]兩個字混為一談，並期望它們達到一致（男性具有男子氣概，女性具有陰柔氣質），同時也將生理性別定位成「天生」或「屬於生物學方面」，將社會性別定位成純粹屬於社會文化方面。如本書所示，生物學家在從事研究、開創領域或是替生物與特徵分門別類時，其實都背負了許多社會文化加諸的許多精神包袱。雖然這些詞彙及其暗指的二元論可用於簡略的表達，但在文化上並非完美無瑕，而僅僅是象徵自然的界線罷了。

儘管如此，由於本書大部分篇幅都在討論繁殖與基因傳遞，因此多數的專有名詞都圍繞著與生殖結果有關的性行為，也就是兩種不同性別的交配。有感於用詞謹慎的必要，我在書中將「男性／雄性」、「女性／雌性」與「性別」用於廣泛概略的指涉，尤其是對於非人類動物。在書中，男性／雄性意指產生精子的動物，女性／雌性則指的是產生卵子的動物。

最後，本書無意對抗蓄意的邪惡、暴力與殘酷，或解決人類每天互相施加的系統化、殘酷成性與未經對方同意的野蠻行為。本書想探討的是普遍社會問題的其中一個面向，而我希望這些內容能夠幫助大家轉換觀點，從不同角度看待自己的態度、行為與想法，並得到嶄新的理解。只是，如果希望做到這一點，讀者們必須先抱持願意改變的心態才行。

1 譯註：sex指的性別取決於生物構造，即生理性別；gender指的性別，傾向個體在社會性發展下對自己產生的性別認同，即社會性別。

第1章
陽具本位主義：渣男與扭曲的演化心理學研究

說到人類的性，科學研究有時會偏重男性希望討論的問題，給出他們希望看到的答案。於是，在演化心理學界，關於性的問題，答案通常有利於在領域中具壓倒性優勢的性別（男性）。其衍生出的問題之一是，男性利用這種荒謬的雄性本位論點，來合理化自己以演化機制賦予的某種模稜兩可的「真實性」之名，對他人做出的殘酷、憤怒、激進或可恥行為。你將在本章看到，在演化心理學領域裡，涉及演化對比文化的人類性行為研究，都遵循這種模式。如後續章節所示，這種傾向可見於所有聲稱旨在評估性別特徵的領域。就連在非人類動物的研究中，雄性本位的偏見——及其以陽具為中心的偏誤——也往往掩蓋了其他面向。

「適者生存。」人們帶著對英戈·蒙托亞（Inigo Montoya）[1]的歉意不斷引用這句話，即使它代表的意義並不是他們想的那樣。[2]大家常掛在嘴邊的這句話似乎暗指，唯有強者才能躲過大自然的死亡陷阱。但是，「適應」與力量，或甚至逃過一死，一點關係也沒有。「適應」與成功的繁殖密不可分，可透過維持生命與促進DNA傳播的特徵來達成目標。你也許跟獨裁者一樣有顆玻璃心，儘管虛弱和膽小，但仍能靠著某些特質自立自強，在當前環境存活下來並成功繁殖。這句話若改成「適應最佳者生存」或「最適者生存」，或許還比較貼近原意。

這些適應性特徵會隨人口、地域與時機（取決於環境有多不穩定）而產生極大的差異。這些具有優勢的特性可能會表現在行為（譬如海螯蝦與擺肩步行）、化學性（海螯蝦與牠們的尿液）、感覺（同前）或生理構造（體型壯碩）的特徵上，而它們的優勢與劣勢綜合起來，將導致「成功」或「失敗」。

只要適應性特徵能有效提高動物在生存與繁殖上的機率，族群中就會有愈來愈多的個體傳遞與這些特徵相應的DNA。如果相關的DNA在某族群中愈來愈常見，就表示群體內的生物演化了。在這樣的族群中，基因變異的頻率會隨時間改變，而這正好體現了演化機制本身鑽牛角尖與講求實際效用的定義。

為什麼這裡要談到適者生存與人們對於這句話的深刻誤解？這是因為，相信「適者擁有最多權力」或「具備最強大力量」的看法，一直以來深植於某些冷僻的演化學研究中，它們強調「優勝劣敗」遠比「適應生存」來得重要。名為演化心理學的研究領域，將獨一無二且極其多變的人類大腦與演化原則混為一談，促成了往往使人類社會付出慘痛代價的有毒觀念。

如《紐約客》（*New Yorker*）撰稿人與學者路易斯．梅南德（Louis Menand）在二〇〇二年提出的①，將重點擺在「獲勝」來詮釋演化適應的結果是，演化心理學本身成了「贏家的哲學，可用於合理化每一種結果」。基於不明原因，每一種結果也會反過來合理化那些「贏家」渴望成真或深信不疑的想法。

這些贏家深信不疑的「東西」可以是任何事情，從種族優越到一個性別在智力上優於另一個性別等觀念都是。從演化重點在於「獲勝」的錯誤信念出發，演化心理學完美掩護了這些野心勃勃的人們，也成了讓他們永遠保有「贏家」地位的最佳利器。你猜猜，在性、性別與生殖器官的演化研究上，誰是「贏家」？[3]

我的卵都排去哪兒了？

許多雌性靈長類動物會透過視覺與嗅覺線索發出信號，表示自己已做好受孕的準備。這些線索包括外生殖器官的腫脹②與顏色的變化，根據一位靈長類動物學家平淡的描述，這種釋放信號的行為代表「雌性動物的生殖動機增加③」。不同動物的發情期長短不一，譬如大猩猩只會維持幾天，黑猩猩則長達數週。除非外生殖器官腫脹，否則雄性想交配門都沒有。如此一來，排卵的信號意味著，陰莖「可以進門了」。

1 出自電影《公主新娘》（*The Princess Bride*）：「你好，我叫英戈．蒙托亞。你殺了我的父親，準備受死吧！」

2 我敢說你跟這些人不同。

3 答案是男性。

另一方面，人類不會發出這些明確的視覺信號。[4]於是，科學界指出，排卵的一方顯然在隱匿些什麼。由於這個過程向來與雌性有關，因此排卵的行為基於一些邪惡因素而遭到隱匿。雖然許多靈長類與非靈長類動物都會排卵（畢竟我們談論的是體內受精），但對人類而言，將卵子送入輸卵管的舉動之所以「神祕難解」或不為人知，是因為這是「女人家」的事。[5]

這種隱蔽行為能引起潛在配偶的猜測、困惑與不安，使對方迫不及待想讓自己的精子與卵巢排出的卵子互相結合。因此，這些潛在配偶會在雌性的生殖週期全程癡癡守候。有不計其數的求愛者排隊等在門外，這下子排卵的雌性動物可以從一大堆「偶外配對」（extra-pair）的候選人中慢慢挑選，像在吃迴轉壽司一樣。如此也無可避免地導出一個結論，那就是排卵是一種性陷阱，雌性動物會在這件事上故弄玄虛（就像天生自帶埃爾溫・薛丁格〔Erwin Schrödinger〕屬性的配子一樣）（審註：即指薛丁格的貓，是個想像實驗。指具有少數機率會釋放毒氣的暗箱內，貓咪的存活狀態是未知的，因此在打開箱子之前，貓咪呈現同時活著也同時死掉的疊加態），好吊一吊潛在配偶的胃口。

然而，「隱蔽行為」既不能作為懷疑排卵的一方與其他伴侶通姦的正當前提，也不是其他人期待隨時隨地來一炮的理由。有研究顯示，平均大約有百分之一的孩子在「偶外配對」的情況下④誕生，但這個比例與社會（而不是遺傳學）因素息息相關。[6]住在都市地區或社經地位低下的人們，會比一般人更有可能遇到伴侶與他人私通並生下孩子的情況，這凸顯了社會文化對所謂的「演化」概念下的行為造成深刻影響，其中包含假設一夫一妻制是人類正常繁殖模式的看法。

「脫衣舞孃研究」

有一個研究團隊無法從現實世界的發現中得到滿足，於是鍥而不捨地探討「隱性排卵」問題，發表了知名的「脫衣舞孃研究」。⑤為了進行這項研究，他們招募了一群在脫衣舞俱樂部工作的女性（還有什麼地方比大家完全不在乎懷孕這件事的脫衣舞俱樂部更適合研究排卵呢？），試圖追蹤她們的排卵狀態如何影響賺取的小費多寡。

這些學者得出的結論是，脫衣舞孃賺取的小費多寡會隨生理週期而變化。這項研究只請了十八位匿名女性，透過線上回報自己賺到的小費金額、工作時數、心情變化與其他因素。研究人員認為，這些結果意味著，基於經濟考量，每個人都需要知道身邊的女性在每個月的哪幾天會進入排卵期。為什麼？因為脫衣舞孃如果在工作期間遇上排卵期，就可以賺更多的小費。當然，研究中並未提到「擔任法官」或「身為家庭主婦」的女性，在排卵期間持續工作所製造的經濟效益是不是也真的比較高。

---

4 假如女性的生殖器官會像其他靈長類動物一樣腫脹（譬如黑猩猩），我們就需要穿特製的內褲了。

5 同時，儘管我在性腺生成障礙的研究上經驗豐富，但從未看過有人描述精子從睪丸移轉到輸精管儲存的過程——這是男性輸精的必經之路，也是沒有人看得到的「神祕」過程。

6 本研究分析了歐洲五百年的遺傳譜系。

這項研究的基本論述根植於一個偶然且看似有趣的觀察：負責收集小費的工作人員會拿衛生棉條給月經來潮的脫衣舞孃，而其他人注意到（進行這項研究的其中一人與另外兩名男性），這些舞孃拿到的小費平均而言比其他同事來得少（審註：女性的生理週期可分成行經期、濾泡成熟期、排卵期、黃體期。因此在行經的女性舞孃是在沒有排卵的狀態）。（因此，可見男人即使本身不會排卵，也能藉由間接線索偵測這種生理規律。）

這個研究團隊並未探究這些脫衣舞孃在行經期間的感受，譬如束縛感或身體部位的腫脹，或者她們是否擔心工作時會露出衛生棉條。相反地，研究人員只想知道，這些女性在推算的生育期（排卵期）中賺取的小費，是否比其他生理週期還要多。而他們想知道這一點，也不是為了替這些女性謀求職場福祉。

研究結果指出，未進行荷爾蒙生育控制的十一位脫衣舞孃在月經來潮期間賺得的小費最少[7]，在雌激素激增而引發排卵的期間賺的小費最多，而排卵結束的幾天後，收入再次微幅增加，即使當事人在這段時期已經無法受孕也是如此。我們不可能得知，這些舞孃是否真的經歷了荷爾蒙的高峰期與低谷期，因為這項研究的資料全靠線上調查而來。那些研究人員並未實際追蹤受試者的荷爾蒙指數。

實行荷爾蒙生育控制的七位舞孃（七位！）也經歷了小費的巔峰期，只是金額比另外十一人要來得少。此外，她們在研究作者們誤稱為「經期」[8]的那段期間賺到的小費最少。荷爾蒙生育控制可弭平荷爾蒙分泌的高峰，防止卵母細胞成熟與排卵（阻止進入週期）。假如脫衣舞孃賺得的小費與荷爾蒙波動及本身的生理或行為影響有關，那麼當這些規律變得平緩，她們的收入也就不該出現高峰與低谷。

即使這項研究不是採取自我陳述的方式，受試者也不只十八人（其中七人實行不同的荷爾蒙生育控制法），但光從荷爾蒙週期來看，脫衣舞孃的收入多寡會隨生理週期而變化的研究結論依然說不通。

當然，研究作者並未歸結小費的波動與女性的內在狀態影響工作表現這件事有任何關聯。雖然研究人員引述了兩項研究，宣稱脫衣舞孃的工作表現並未因為生理週期而改變，但他們在研究中似乎沒有詢問受試者這些問題。相反地，這些科學家直接判定，脫衣舞俱樂部的男性顧客在給小費時察覺到了舞孃正處於「發情期」或接受度高的細微徵兆——這可能是因為他們對於脫衣舞孃的想像（研究人員從未親眼見過這些脫衣舞孃）或經推斷得出「我可以受孕」的其他信號。由於偵測到了這些細微信號，男性在不知不覺中給出更多小費。

這種認知失調帶來的負面影響甚大。儘管那些男性的判斷力有可能在滿是煙霧與酒味的昏

7 我確定這與女性在月經來潮期間與使用衛生棉條時經常感到的不適與自覺沒有任何關係。我的意思是，如果你因為骨盆腔腫脹而覺得不舒服，陰道正在出血，而且在某人面前跳性感舞蹈時下體還得塞棉條以免漏出經血，那麼這時的脫衣舞表演可以預料到肯定不如平常的精湛水準。事實證明，研究人員在分析時並未將一些因素納入考量，其中之一是匿名受試者提供的情緒資訊。

8 就那些實行荷爾蒙生育控制（即避孕藥）的女性而言，這段期間陰道會流血，是因為荷爾蒙分泌遭到抑制，子宮內膜無法生長而剝落，進而造成出血。

暗空間裡，受到眩目的燈光、震耳欲聾的音樂與複雜的氣味所干擾，但他們不知怎地具有偵測荷爾蒙的超能力。此外，雖然女性據稱相當擅長隱匿這些線索，但研究作者描述，她們向男性「洩漏」了熱褲的線索——這個解讀就奇怪了，因為不少女性也會設法隱藏自己正處於排卵期的狀態。

撇開洩漏線索的舉動不談，一切全都歸因於女性為了到處亂搞而刻意隱匿排卵的事實，研究作者下了結論：「女性的發情信號演化出高超的裝傻本領與戰略彈性，以盡可能增強她們在排卵期到來前吸引優質的偶外配對並發生關係的能力，同時將伴侶捍衛交配權與性嫉妒的程度降到最低。」說得坦白點，他們的意思是，女性會趁伴侶卸下防衛心時，透過巧妙手段向其他男性「洩露」這些線索。然而，女性又羞於承認這種行為，因此如果被伴侶抓到了，她們就會若無其事地否認。我不知道各位怎麼想，但我個人不希望自己的生殖過程與性別被說成像是政客遇上黑手黨老大般地爾虞我詐。

研究人員似乎是想指出，人類有一套特別的發情模式（我對此沒有評論）。然而，怎麼可能兩邊都面面俱到：要有頂尖機密般的隱匿排卵期，又要有顯而易見的發情期，以致在五光十色、音樂嘈雜的脫衣舞酒吧也能被人察覺。在那種環境下，即使是母黑猩猩的外生殖器官腫脹，也沒那麼容易被發現。

一些研究人員經常提及「偶外配對伴侶」一詞，他們認為男人的陰莖具有獨一無二的特徵，可因應伴侶尋求偶外交配的情況，包含可以排出情敵精液的生理構造（審註：即指人類陰莖在龜頭後方凹陷處的地方，稱為冠狀溝）。他們主張，人類的陰莖為了達到這個目的而演化成通馬桶塞的形狀。[9] 一下說女人會洩漏發情線索，一下說她們會跟別的男人搞七捻三需要被疏通，這些人簡直把女性逼得無地自容，難道女性就是個馬桶嗎？

我不是唯一一個批評這種研究的人。⑥在靈長類動物的性與生殖行為方面學識淵博而聲名遠播的艾倫．迪克森（Alan Dixson）指出⑦，人類的祖先[10]可能在排卵期間也沒有明顯視覺的徵兆，巴諾布猿（bonobo，又稱倭黑猩猩）與黑猩猩的外生殖器官皮膚腫脹現象，可能在數百萬年前牠們與人類祖先分家後才開始具備。[11]因此，一如其他同樣隱性排卵的動物，人類可能永遠都不會像近親猿類那樣釋出視覺線索，告訴潛在伴侶何時可以交配。但同樣地，我們不是黑猩猩，如果想知道別人是否願意發生性行為，可以善用言語交流、與對方發展適當的社會連結，等到時機對了再開口問。[12]

男人直挺挺，女人軟趴趴

本節標題取自一本同名書籍。⑧該書作者梅蘭妮．威伯（Melanie Wiber）觀察到，許多有

9 此言差矣，讓人不禁納悶，那些研究人員是否真的知道通馬桶塞長什麼樣子。

10 因此，許多其他脊椎動物也有體內受精的機制。

11 一些研究人員認為，「隱性排卵」在靈長類動物的演化史中至少出現了八次，而這可能是各種演化壓力所致。說到這項特徵，沒有「一個解釋可以涵蓋所有因素並釐清其中的連結」。

12 我們應該永遠記得，「不要就是不要」、「沒有拒絕也不代表願意」。

關演化的圖像，或呈現「狩獵採集」社會生活樣貌的圖片，總是將男性描繪成身軀直挺、對四周動靜保持警戒，而且手上通常握有筆直的武器；女人則守在男人身旁，姿態相對低下，忙著照料作物或孩子。這些圖像反映了現代西方人類的觀念與偏見的許多特點。社會普遍認為，男性掌握技術與權力，女性則負責看顧地面上的東西。[13]這種意象並非偶然，而是直接衍生自一種思想的框架，認為男性——擁有武器、狩獵技巧與「天生的聰明才智」——肩負著人類文明進步的責任，反觀女性則扮演了輔助的角色，在發情、偶爾洩露排卵線索，與勾引別人之後再裝傻以外的時間，負責處理家務與料理三餐。

傳統男性主導演化詮釋的這種觀念並不令人意外。原因在於，述說歷史的是那些握有權力的人，而且毫無疑問地，典型上屬於「男性」的人類，體格平均而言更占優勢。⑨威伯在書中特別提到了謝伍德·瓦許本（Sherwood Washburn），這位人類學家認為，人類之所以能逐漸掌控自然世界，得歸功於男性的特定（非肉體）力量。[14]有趣的是，科學界的傳統派長久以來都將這種主導性定位成進步，只有在引證由非人動物歸納出的演化模式並用來合理化不道德的行為時例外。

這兩種行為瓦許本都做了。他指出，非人類的靈長類動物是雄性需要權力，雌性則在社會與經濟交換過程中具有依賴性。如同許多抱持這種觀點的人，他將雄性描繪成激進好戰（即使對象是狒狒），雌性則是消極被動。如同彼得森與其海螯蝦理論，瓦許本主張，這種對於狒狒的社交與兩性發展的（錯誤）解讀，凸顯出在靈長類動物的演化過程中，雄性主導進步，雌性則跟在後頭，且唯一的任務是定期誘惑雄性交配。因此，人類必定也遵循類似的模式。這樣的觀點是最險惡的螯蝦陷阱。

我在這裡提到瓦許本的態度，不是只為了抱怨科學領域中的父權主義而已。雖然將男性視為推動進步的開創者，女性則是依賴男性而生的隨波逐流者的觀點古板又可笑，但這種語言與期待對生殖器官研究與相關的疑問造成了影響。它們在極大程度上引領這些問題的走向，以致縱使昆蟲學家威廉・埃伯哈德（William Eberhard）於一九八五年在著作[15]中通篇探討雌蟲對於生殖器官演化的巨大影響，但關於雌性生殖器官的構造、功能與共演化（coevolution），我們至今幾乎仍未蒐集到充分的證據。儘管我極力避免，但仍有可能在書中不經意使用了帶有偏見的語言，老實說，這整本書表面上都在探討陰莖（雖然不時會離題）。[16]

那些傳統的父權觀點也透過更具體且刻意的方式，影響了看似以女性為焦點的研究。前述那項探討脫衣舞孃與排卵的研究清楚顯示，男性對這類問題及相關前提的看法，往往與許多女性的觀點有天壤之別。我們就來看看，關於女性的擇偶與陰莖標準，由男性帶領的研究團隊提

13 諷刺的是，技術正是女性得以打破那些固有角色與導正偏重身體優勢的不平等競爭的原因。

14 這個解讀的依據是，將任何可追溯至與男性有關的活動和發明視為「進步」，同時排除了由女性創造且有助於這種進展的所有事物。

15《性選擇與動物生殖器官》（*Sexual Selection and Animal Genitalia*），本書後續章節會提到更多相關細節。

16 以此帶出我實際上想探討的主題。

出的一些問題並給出了什麼樣的答案。

瓦許本效應

如果排卵如此讓人難以察覺，那麼女性的性高潮顯然是個不可解的謎題，除非將這種生理現象視為女性獲得能進行一系列性生活的「偶外配對」對象的招數之一，或是讓陰莖引發女性生理快感的一種方式。首先，我們必須單從女性的性高潮可透過陰莖來達到的觀點出發。從瓦許本效應延伸出的其中一個面向是，女性做的每一件事，在某種程度上與男性有絕對的關聯（男性再藉此促進全人類的福祉），性高潮也不例外。性交時，女人的身體得起伏擺動，讓勃起的陰莖在陰道中來回刺激，而陰莖必須引起女人的性高潮以大展雄風。

如果你有陰道，不妨想想自己是否經歷過「陰道性高潮」。有人說，那種快感不同於「陰蒂」性高潮。即使到了近幾年，我們仍尚未徹底了解人類陰蒂的構造，因此必須謹慎區分不同類型的性高潮。[17]這些不同類型的性宣洩很可能來自同一個器官，但每個人的性敏感帶不一定相同。

關於所謂的陰道性高潮，目前確知的一點是，如果將它們獨立歸成一類，是相對罕見的現象——宣稱自己有過陰道性高潮的女性百分比只有個位數。學界確知的另一點是，陰道插入的動作通常與女性在性交時的愉悅感沒有太大關聯。事實上，異性戀女性在性愛中達到性高潮的比例（百分之六十五），比起同性戀或異性戀的男性（分別為百分之八十八與九十五）、女同性戀（百分之八十六）及女雙性戀（百分之六十六）要來得少。提出這些數據的弗雷德里克（Frederick）等學者也發現，女性在性交過程中如果除了陰莖的抽插之外也經歷口交或指交，比較容易達到高潮。[18][10]

對大多數擁有陰道與陰蒂的人而言，尤其是有過性經驗，甚至知道如何要求或堅持以某些方式獲得性滿足的那些人，這些發現都不足為奇。有鑑於這個經過證實的普遍看法，假如你擁有陰道，想探究這個部位的性高潮，心中浮現的第一個問題會是什麼？如果你是柯斯塔（Costa）等人的研究團隊[11]的其中一員，那麼提出的問題會是，傾向在性交時讓陰莖深入陰道的女性，是否比較有可能（一）發生陰道性高潮與（二）偏好尺寸較長的陰莖。但真實的你最終會發現，這些都不是「達到性高潮的女性」最在乎的事（顯然這個研究團隊問的問題很有瑕疵）。

但令人震驚地的是，該研究團隊對女性受訪者做了無數次調查後（問了一些無腦問題，譬如「相較於其他食物，喜歡吃煎餅的人是否傾向選擇煎餅？」），發現她們對前述的（一）與（二）點都給了十分肯定的答案。或許更能引起廣泛女性的興趣、而且毫無意外的是，在陰莖和陰道的交合中，陰莖尺寸所扮演的角色「可說」比在其他形式的性交中更加重要與關鍵。然

17 有鑑於陰蒂的大小與構造，女性感受的性高潮有可能全來自這個部位。

18 這個研究團隊由兩名女性（其中一位是該領域首屈一指的研究員，另一位是這項研究的第一作者）及兩名男性組成。

而，要是將人類的性行為局限於「陰莖進入陰道」，就太過簡略了，而我希望所有從事這方面研究的學者不要如柯斯塔團隊再這麼做。這就跟科學界針對女性與性行為的許多敘述一樣，與人們在現實世界中得到的愉悅經驗一點關係也沒有。

在上述研究涵蓋的女性受訪者之中（她們都自我表明是女性），只有百分之十七表示，除非男伴的陰莖比一美元的鈔票還長（長度約十五點六公分，這是該研究使用的一種度量衡，大約比男性陰莖的平均尺寸多了二點五四公分），她們才比較有可能達到高潮。有三成受訪者說陰莖的尺寸與性高潮無關，另外百分之二十九表示在陰莖抽插陰道的性交中不會達到高潮，而有五分之一的女性性經驗上遇到的伴侶不夠多，因此沒得比較。最後，就連在異性性交中能夠達到高潮的女性，也有三分之二認為性高潮跟陰莖的長度沒有關係。

研究的作者們之所以往這個方向探究，是為了了解女性（女人）為什麼偏好男性生殖器官（陰莖）的某些特徵。據這個由三名男性學者組成的團隊在其他人類學研究中指出，一個可能的原因是，男性生殖器官「能夠刺激女性的神經系統，盡可能提高精液儲存、重複交配、排卵與生育的可能性」，但這個論點忽略了兩個事實。第一，女人不是毫無感覺的肉體，神經系統也並非全部集中在用來「挑選」陰莖的陰道。第二，人體有**許多**部位的感受都會透過相關途徑來刺激神經系統，尤其是「重複交配」的方式，而與陰莖進入陰道無直接關係。

此外，他們犯了一個大錯，即這類研究往往會犯的最大錯誤：將女人的性高潮與繁殖的成功相提並論。如各種關於性滿足的研究與地球上七十多億人口所證實，對女人而言，這兩件事毫不相干。許多女性在未受孕的情況下迎來了性高潮，也有不少女性在並未達到性高潮的情況下受孕。在事件（性高潮）與繁殖成功（即受孕，這只需要陰莖射精就能做到）無關的前提下，引發事件的特徵就沒有被選擇或不被選擇的問題。女性性高潮的現象之所以持續存在，或許是基於生物適應的需求，但這無關乎陰莖促成這種感受的能力是強是弱。

這群研究作者愈走愈偏、繼續錯誤解讀，還試圖主張，生長在「尋求自然繁衍的社會」的青春期少女，有可能基於不明原因而根據尺寸來衡量陰莖，並據此推估其「交配能力」。然而，這些在性事方面天真無邪[19]的女孩們肯定是出於直覺才這麼做，根本不知道「交配能力」[20]是什麼或背後是什麼意涵，而做出了會導致懷孕與傳承該基因變異（如果有的話）的選擇（審註：該處指繁殖成功一事，這在演化學上是一個增加個體適存度的辦法，因此該種直覺會受到環境青睞而保留下來）。一個毫無性經驗的少女所做出的單一選擇，有許多值得研究的問題。我可以憑自身經驗證明，那種年紀的女孩本來就對世事懵懵懂懂，不論她們看到的是什麼。

我認為，在這裡有必要挖掘這項詭異研究的起源。研究作者都是男性，其中一位——即研究人員一般所稱的「第一作者」或「主要研究者」——是新墨西哥大學（University of New Mexico）的傑佛瑞．米勒（Geoffrey Miller），他同時也是「脫衣舞孃研究」的第一作者。二〇一三年六月，米勒在審查博士班申請人期間發表的一則推特貼文引起了公憤，內容是，「致親

19 這裡使用「天真無邪」一詞，意指毫無經驗。
20 想必是引發陰道性高潮之類的能力。

愛的博士班申請者：如果你無法克制自己不吃碳水化合物，就不會有毅力完成論文。#不容否認的事實」

在隨之而來的批評聲浪後，米勒任職的大學嚴厲譴責這項言論。然而，米勒及同事們還有其他值得指出的缺失，因為他們不但不知反省，還厚顏無恥地設法掩飾這種傾向。米勒曾與臭氣相投的塔克・麥克斯（Tucker Max）合著一本書。麥克斯公然描述自己與一位女性發生關係，並由朋友們偷偷錄下的過程，也就是「喝個爛醉，然後找個容易到手的女人亂搞」（他將這種行動定義成「操一個胖妹」），還會以動物來分類女性，其中一個類別是「唾手可得的豬」。[21]塔克・麥克斯與傑佛瑞・米勒一起寫的那本書題為《兄弟們，成為女人想要的男人吧！》（*Mate: Become the Man Women Want*）。就我所知，他們兩位都不是女性，而我也希望不會有任何一個女人眼光差到看上他們這種爛男人。

儘管利用科學性詞彙作為掩護，但探究這個「領域」的學者依舊沒能隱藏他們真正的意圖。舉例來說，在生物學中，女性的擇偶——本書通篇探究的議題——廣泛牽涉了她們以繁殖為最終目標，而同意與特定伴侶交配前會考量的因素。麥克斯與米勒的共同著作《兄弟們，成為女人想要的男人吧！》開章旨在探討女人選擇配偶的複雜性，其指出（與錯誤地陳述）如下：「女人的選擇牽涉許多複雜因素，高不可及、深不可測且廣不可達。」

他們從顯而易見的怨恨角度看待求歡被拒這件事，並試圖以生物學語言掩蓋自身情緒。然而，他們還是忍不住將女性描繪成喜好反覆無常，會拋出讓人摸不著頭緒又難以突破的障礙來刁難男性的生物。他們表面上說這本書旨在引導男性如何成為「更好的男人」，卻在書中提出「搞定交配生活」與「重整交配生活」的五個步驟。親愛的讀者，我不知道你們怎麼想，但我個人從來沒看過有任何女性能把自己與一個好男人之間的親密性關係看作「交配生活」。

他們愛怎麼使用「女性的選擇」與「交配生活」等詞彙都無所謂，但他們寫的其實是一本給男性的搭訕教戰手冊。我在這裡列舉書中讓人昏倒的一段敘述：「女人演化得比你能了解的還要複雜，這樣她們才能避免自己受到誘惑、操控與利用。」這又是一則出自演化心理學的「原來如此的故事」，但它暗示了男人都喜歡操弄與利用女人，甚至無可救藥地頭腦簡單，因而無法理解那些「複雜」的女性。這則故事也如以往的看法那樣，指女人之所以「如此神祕難解與忸怩作態」，都是為了讓男人吃閉門羹與防範他們。[22]

男性會如此惱羞成怒，以及扭曲所謂的「交配生活」到這種地步，是很奇怪的一件事，因

21 來看看麥克斯的著作《塔克，嘿咻嘿咻嘿咻！》(*I Hope They Serve Beer in Hell*)（如果他愛喝啤酒，我希望地獄真的是如此）中的一則故事：麥克斯收到約會網站上一個對他感興趣的女人傳來的照片。他約了這個他稱為「胖妹」的對象在酒吧見面，說他打算跟她上床的計畫叫做「被一坨豬肉淹沒」。離開酒吧後，兩人一起回到他的住處做愛。之後他的朋友們來了，起鬨說要見那個胖妹。她完全不知道發生了什麼事，還傻傻地急忙整理衣衫準備見他的朋友。他寫道，「如果我向一個胖女孩屈服，那天就是我退出江湖的日子。」於是，他拿走她的衣服，丟出窗外，逼她只能裸著身子走出屋外撿回衣服。他在這個愉快的故事最後寫道，「好笑的是，女孩們會問我，以後還會不會跟她們上床。開什麼玩笑，我好不容易委屈自己幹一個胖妹，幹嘛還要再來一次？」這就是跟傑佛瑞·米勒一起在書裡研究「女人要什麼」的男人。

為一個男人如果想的話，絕對可以「喝個爛醉，然後找個容易到手的女人亂搞」，而且除非他做出攻擊行為，否則獵物都會（不幸昏了頭地）上鉤。在這些「思想家」深陷其中而不可自拔的有毒觀念中，這種扭曲「女性選擇」的本質與意義，並且因此不把女性當人看的行為，只是冰山一角。#不容否認的事實

藍色假陽具研究

傑佛瑞・米勒在另一項研究⑫中同樣擔任第一作者，關注的焦點依舊是陰莖。這個研究團隊由三名女性[23]與米勒本人組成，探討表面上以女性為中心的主題：「女人偏好什麼尺寸的陰莖？」過程中，他們運用「觸覺回饋裝置」（看起來就是「假陽具」）來評估女性在陰莖長度與粗細上的選擇。根據針對七十五名參與者的調查結果，他們得出的結論是，女性在一夜情對象的選擇上偏好尺寸長且粗大的陰莖，在長期交往關係上則傾向短小一點的尺寸。

這項研究的疑點可多了。首先，受訪女性的性向與性經驗分別為：三十六位是異性戀，十位是雙性戀，八位是同性戀，六位過著無性生活，三位是酷兒（非傳統二元性別者），而有十一位的性別認同皆非以上取向或未表明性向。沒錯，這些人數總計只有七十四，研究中也未提及第七十五名受訪者的性向為何。

你會注意到，這群女性之中，似乎有些人不可能對牽涉陰莖的一夜情或長期關係有多大興趣。那也沒關係，因為這項研究雖然表面上主題是女性的偏好，但其實重點全放在陰莖。作者

們試圖迴避這個問題，聲稱有事先要求所有受訪者「確認自己受男性所吸引」。當然，並不是每個男人都有陰莖，也不是所有會受男性吸引的人都在意對方的生殖器官。對了，研究人員還付給每一位受訪者二十美金的報酬。假如我讀大學時有人要用二十塊買我三十分鐘的時間，我肯定連宣稱自己愛吃茄子這種事都做得出來（我恨死茄子了）。此外，有十五名受訪者（兩成比例）毫無性經驗，另外有三十四名（百分之四十五）從未有過一夜情。

如先前提到的，這些研究人員發明了名為「觸覺回饋裝置」的東西（也就是假陽具，那可笑的構造看起來比較像是存放穀物的貯筒，而不是陰莖），因為據他們表示，大多數評估陰莖尺寸偏好的研究，使用的假陽具都軟趴趴的。那也許是因為，研究人員通常不會帶著一個直挺挺的藍色電動陽具跑遍小鎮或城市，因此如果希望從自然寫實的角度評估女性如何挑

---

22 這同樣並非演化的運作機制。動物不會為了某個意圖或目標而「演化成某物」。具有優勢的遺傳特徵如果有助於生存與繁殖，就會延續下來。因此，倘若女人演化真的是為了讓男人難以捉摸（這根本說不通），肯定是因為某種選擇性的繁殖與生存優勢為「心思比較複雜」的人帶來了有利條件。但事實上擁有這樣選汰壓力的環境還沒出現。

23 其中兩位在參與研究時是加州大學洛杉磯分校（University of California, Los Angeles，UCLA）的學士研究助理，之後往其他方面發展。老實說，要是我在讀大學時遇到這樣一項研究，一定也很難說不。當時她們與這項研究的第一作者妮可・普勞斯（Nicole Prause）一起工作，妮可目前仍與米勒共事，包括與米勒及「跟朋友到酒吧打賭泡妞」的塔克・麥克斯一起經營播客節目。普勞斯參與這項研究時任職加州大學洛杉磯分校，不久後創立了研究公司勒貝羅斯（Liberos），聲稱起因是大學的倫理委員會不讓她研究人類的性高潮。

選交配對象，頹軟（而且不是藍色）的假陽具可能會是比較好的選擇。[24]此外，有一項調查一千六百六十一名男性如何挑選保險套尺寸的研究⑬，確實測量了不同陰莖勃起時的尺寸，並在這項假陽具研究的前一年發表了結果。

然而，忠實呈現「自然」情況，並非這項假陽具研究真正的目的。那些人要是真的在乎結果能否反映「自然」情況，不會製作三十三個硬梆梆的藍色塑膠「陰莖」模型[25]，然後請受試者（其中一些完全沒有接觸陽具的性經驗）與它們互動及表達自己的喜好。這項研究的真實目的在該篇論文的末段寫得再清楚不過了：

這些數據對於有意與女性伴侶建立長期關係的男性具有幾點意義。陰莖較長的男性在短期女性伴侶的追求上可能占有優勢。本研究也率先提出了關於女性判斷陰莖尺寸的準確度資料。此外，女性在過了一段時間後回想時，往往會略微低估假陽具的尺寸，因此可以推論，女性有可能記錯特定伴侶的陰莖特徵，認為它們比實際上來得小。於是，男性對自己的陰莖尺寸感到更加焦慮。就過往案例而言，不滿意自身陰莖尺寸的男性從諮商中獲得的幫助，比接受陰莖增長手術來得大。這或許可以解釋，為什麼大多數因為自卑而尋求手術的男性，他們的陰莖尺寸其實都落在正常範圍內。

像這樣糟糕的研究，不可能是促使男性擔憂老二太小的原因，不是嗎？或者，它們暗示了女性傾向低估陰莖尺寸，藉此激起兩性之間的仇視？抑或是暗指女性會暗中比較，而且不擅長估測尺寸？在這些研究人員眼中，女性有哪一件事是做得好的嗎？

女人真正要的是什麼？

那麼，審慎分析偏好、非以陰莖為本位的研究應該要如何？有一項研究為任何擁有陰莖，或與陰莖互動的人們提供真實且實用的資訊，結果根本沒有獲得任何媒體報導。這種現象並不尋常，因為有關陰莖與陰莖大小的研究通常會引發喧然大波，不論它們有多糟糕。例如，針對脫衣舞孃與利用「假陽具」所進行的那些研究，在發表後都得到了許多媒體的關注，畢竟，有誰看到一篇宣傳脫衣舞科學或標題取為「女人希望與怎樣的陰莖發生一夜情？」的文章，不想點開來一探究竟？

這項研究⑭以中東地區的女性為對象，而不是加州的女大學生，這可能也是它未能吸引媒體注意的原因。這些作者對三百四十四位擁有女性自我認同的受訪者進行一項貼切地取名為「全球線上性行為調查——阿拉伯女性」（Global Online Sexuality Survey—Arabic Females）的

24 莫茨（Mautz）等人組成的一個研究團隊（二〇一三年）在研究中使用了痿軟的假陽具，調查發現，在女性受訪者眼中，肩臀比（肩寬除以臀寬所得出的比例）相較於陰莖尺寸與身高等其他特徵，在更大程度上決定了男性的吸引力。

25 幸好，我們上網就可以找到各種樣板，自己做一個！手工自製的假陽具萬歲。

線上調查。他們的目標是評估女性性障礙的相關因素，因此調查中與陰莖有關的問題並未將焦點擺在男性伴侶身上。

作者們發現，受中東文化影響，這些因素「因為（她們的）敏感天性與保守氣息而格外難以估測」，而這也是他們採行線上調查的原因。調查結果中可見一些坦白直率的答覆，假使面對面訪談，答案肯定與此不同。

不出所料，女性受訪者表示，如果伴侶有勃起功能障礙或沒有「做足」前戲，自己在性事方面就會遇到問題。線上調查問及她們對於陰莖特徵的偏好；四成受訪者表示最在意陰莖的粗細，另外四成認為粗細與長度一樣重要，剩下兩成最重視陰莖的長度。[26]這些結果與其他研究一致，凸顯了陰莖粗細的重要性跟長度不相上下，或者更甚於長度。

然而比這兩點更重要的是，百分之三十七點四的受訪者慾求不滿，而有百分之五十四點九面臨伴侶「某種程度上」早洩的問題，顯示女性在性事中的需求與愉悅度受到了限制。共有百分之八十四點五的受訪女性認為伴侶的陰莖尺寸沒有問題，因此她們對於尺寸的滿意度，大於在親密度與做愛時間長短上所獲得的滿足。

始終以女性為研究重點[27]的這群作者還發現，女性本身出現性障礙的機率，會隨著伴侶不舉的頻率而增加。研究團隊另外針對男性做了調查，結果發現，受訪者同樣也相當在意陽痿與早洩的問題。還有一點可能不足為奇，那就是雖然只有百分之十五的女性對伴侶的陰莖尺寸感到不滿，但有百分之三十的男性受訪者自認陰莖尺寸有問題，即便它們在正常範圍難內。

男性與女性對性行為次數與品質的重要性看法不一，男性更容易認為，就伴侶的滿意度來說，次數比品質更重要。倘若所有伴侶在全然的親密、優質的溝通及令人滿意的前戲之間取得平衡，也許就能滿足彼此對於性愛次數與品質的需求了。

這項研究發表的調查結果雖然針對女性，卻也強調了與男性有關的一點，但這個觀點並未將女性描繪成標準嚴苛的陰莖判官，進而危害到兩性之間的親密關係。作者們指出，面對調查中發現的許多問題，如果伴侶雙方設法解決早洩、陽痿與前戲不足的缺陷，或許就能迎刃而解了，因為女性的「性滿足大部分取決於」男性伴侶在這些方面的「貢獻」，而非陰莖本身。男性的心理狀態，以及伴侶雙方在心理與生理上的情投意合，是關鍵因素。

以一萬三千四百八十四名美國大學院校女學生[28]為對象的一項研究[29]⑮，證實了這個重點。作者們指出，女性認為享受性愛與達到性高潮有四個重要因素：性別平等、對伴侶的熟悉與了解、奉獻投入，以及「逗弄生殖器官的充分技巧」（我最愛的一點）。他們還發現，男性與女性各自對約炮與交往對象的性關係所抱持的期望出現了「雙重標準」：男性顯然有權利在這

26 這個結果與克羅埃西亞的一項調查類似，當中的受訪者認為陰莖的粗細與長度一樣重要。

27 備註：這項研究中有百分之三十六點八的女性曾接受割禮（割除陰蒂的儀式），但作者們發現，這種經歷與那些受訪女性的性功能障礙無關。

28 由三位女性進行。

29 由於焦點在於男性與女性之間的性愛，因此研究作者排除了自稱是女同性戀、雙性戀或不確定是否曾與男性發生關係或有過至少六個月的交往關係的女性。

兩種情況下都獲得樂趣，但女性沒有資格在約炮的性愛中得到滿足，根據受訪女學生的說法，這些短暫的性經驗裡，男性伴侶「完全無視」女人需要的愉悅感。[30]

是性慾，還是情緒？

有時，與性無關的勃起來得讓人措手不及。青少年在無聊的課堂上感覺褲襠下那一根突然硬了起來，連忙拿活頁夾遮住以免被同學看到的這種經驗，就跟變聲和臉上長痘痘一樣，與青春期脫不了關係。青春期的孩子通常會說，自己在那當下根本沒有那個念頭，自然而然就勃起了。這完全是有可能的。

性衝動是一種強烈的情緒與感覺，而其他會引發情緒與感覺的情況無疑會導致血流方向改變與激起性慾。也許是我們的大腦過度解讀了勃起的真正原因（社會興奮），並誤以為這跟性有關。勃起能顯露個體的內在狀態，同時也是感受到強烈情緒的誠實信號，這與性無關，但跟身體將血液導流至其他部位，以回應情感力量有密切的關聯。[31]

還在媽媽肚子裡的胎兒不可能有性的念頭，但從超音波照片可以看到，他們也會勃起。事實上，這種能力正是胎兒的生殖器官性別要等到孕期第十四週後才能確定的原因之一。⑯有一項研究分析了十一起懷孕初期的超音波檢查結果，指出在懷孕的十一至十二週，影像顯示十一個胚胎全是男孩，但有五個生下來是女孩。

這項研究的作者們推斷，在初期成長階段，任何胎兒都會出現未成熟生殖器官的「勃起」，原因可能是生殖器官的血流變化。在胚胎階段，血液的流動無法顯示有意識的情緒狀態，但確實表明了這種生理反應與性動機毫無關聯。

交配與婚姻

艾倫・狄克森寫了幾本論述性擇與詳細比較靈長類動物陰莖的教科書⑰，其中提到了一些關於人類的不堪數據。雖然人類在靈長類動物陰莖尺寸的比較中拿到最高分，但在十七個方面都與其他動物難分軒輊。作為生物分類學的一個屬（genus）的唯一代表，人（*Homo*）在陰莖構造的複雜度上排名第二十一。[32]你將在本書讀到，這種單純的特性通常伴隨著溫和的性行為，而交配的雙方顯然都能接受這一點。

實際上，狄克森主張，相對簡單的陰莖構造與「一夫多妻」或單一伴侶的交配模式有關。在這種結構下，精液競爭（審註：即交配後的競爭）——不同伴侶的精液在雌性的生殖道展開的細微戰爭——並不存在，也就是說，陰莖不會被當作競爭用的武器。他得出的結論是，精液

30 原因有二，分別是渴望樂趣與希望得到安全感：「我在一場聯誼派對上認識了某個愚蠢的男生，後來我們去他的房間，我幫他吹了。我還在等他幫我，結果他竟然睡著了。我暗罵了一聲『馬的』，就離開了。那次的經驗真丟臉。」另一個女生談到自己的男友：「跟他做愛很自在，我可以跟他說要做什麼、不要做什麼，還有哪時該停止。」

31 靈長類動物的性表達有時是情緒的一種形式，例如悲傷。

32 其他關於人類交配行為的論點則建立在睪丸的大小之上（人類的睪丸相對其他動物要小）。

競爭的論點「幾乎不可能」解釋人類的陰莖為何會演變成現在這樣。

同樣令人困惑的還有，將婚姻的文化行為與交配的生物行為混為一談的觀點。人們結婚時，往往會舉辦結婚典禮與邀請親朋好友一同見證，這是一種社會文化行為。不論這項社會慣例的形式為何（兩人、三人，或一夫多妻、一妻多夫的多人婚姻），都跟交配機制是兩碼子事。

據我所知，在擁有兩性或多性別群體中去建立長期的配偶關係，最符合人類普遍的行為模式⑱（但在個別現實中，當然也涵蓋了人類可能會出現的所有行為）。換句話說，人們在經由遺傳學、婚姻或交往所建立的同類網絡中形成交配配偶關係。將這些連結神聖化，或正式認定這些連結的，是婚姻文化，不是交配行為。

孤獨的靈長類動物

「人類」一詞涵蓋了數個物種，除了其中一個物種（也就是我們）以外，其他都滅絕了（審註：我們是智人〔*Homo sapiens*〕，但其他例如尼安德塔人、佛羅勒斯人、丹尼索瓦人等皆已滅絕）。黑猩猩與巴諾布猿確實是我們的靈長類遠親。雖然在年代與演化程度上跟我們相差甚遠，但從牠們的現有行為可看出，我們從靈長類的共同祖先到成為今日樣貌的這段期間，經歷了哪些轉變。當然，人類的（性與其他相關）行為，及背後的生理機能與構造已有所改變。我們是孤獨的物種，沒有任何近親存活至今，可供對照彼此的相似與差異之處。

在沒有遺傳近親的情況下，人類的性行為，以及希冀從演化角度來解釋這些行為的渴望，導致我們在提出論點時，反映出來的個人偏見遠大於確切證據。這正是人類對於陰莖的謬誤，也是我們應該極力避免的錯誤信念。人類沒有近親，沒有其他人屬物種可以比較。思考其他靈長類動物與人類之間的相似處與共通性時，我們必須謹記，在演化、基因與行為上，我們與現存的最近緣種（審註：即黑猩猩與巴諾布猿）之間有著**至少**六百萬年的差距。這段期間，人類的近親經過演化（其中至少有一個物種存活了兩百萬年），然後滅絕。我們沒有既有前例的線索，就算從遠親來推論陰莖的演化也無法填補其中遺漏的枝微末節。實際上，人類在靈長類動物中自成一格。

沒有其他物種適用我們的遊戲規則，此外，我們還具有其他靈長類動物欠缺的一項特徵：體積龐大與結構複雜的大腦皮質，讓我們在渾噩度日的同時能夠自由訂定新的遊戲規則。隨著農業與其他文化的興起，人類開始建立規則，將陰莖過度吹捧成令人崇拜與敬畏的有力物體（陽具），而非用來促進親密情感的器官。如果我們不根據演化的來龍去脈糾正大眾的認知，就會有人繼續依循某些有心人士的觀點，他們的看法顯然偏頗不公，實際的動機也出於私心，而非科學考量。

在這段去中心化的旅程中，讓我們退一步回顧演化史，深入了解像陰莖這樣的器官何以成為焦點。如後續將提到的，陰莖從生物最初為了適應陸上生活演變而來，最後衍生出廣泛用途，成為眾多交配工具的其中之一。

第2章

為什麼會有陰莖這種東西？

陰莖——或某種與它極為類似的東西——的起源可追溯至數億年前，但它真正開始受到歡迎，是各種動物開始進軍陸地、構築巢穴與落地生根的時候。利用管子將精子送入配偶體內，逐漸成為這些陸上動物的繁殖方式。很長一段時間過後，現代人類出現了，將這種遞送精液的管道塑造成彷彿只存在於神話中的東西，然後凡事都以它為中心。

陰莖從哪來？

你或許從沒看過人類的陰莖，好奇「它是從哪兒來的？」（如果是這樣，恭喜你躲過許多智慧型手機女性使用者的悲慘命運。）然而，這是許多生物學家不斷探究的問題。就人類與多數哺乳類動物而言，答案顯而易見，老實說也不大吸引人。但其他動物呢？上帝保佑，我保證你讀完本書後，一定會覺得自己所擁有，或和某人分享，抑或你所鍾愛的陰莖好得很，因為有些動物的陰莖跟頭部會噴尿的螯蝦大不相同，不是你在尋找的陽具謬誤。

蜘蛛人

二〇〇五年的某天，六十五歲的約格・溫德里希（Jörg Wunderlich）坐在位於德國希爾施貝格（Hirschberg）的工作室，一如往常地研究緬甸、俄羅斯、約旦與多明尼加共和國出土的堅硬琥珀化石。工作室的四面牆上都是書架，上頭擺滿了文件、放有蜘蛛化石的標本匣，與多本蛛形綱動物的百科全書。溫德里希透過解剖顯微鏡檢視標本時，突然有一個東西「用圓睜睜的大眼瞪著我」——他是這麼描述的。那停滯已久的一雙大眼，屬於一隻長得像蜘蛛的蛛形綱動物。這可憐的生物活生生被一團樹膠黏住而動彈不得，就這樣逐漸死去，而牠當下所處的狀態，就是現今世界上記載年代最為久遠的勃起行為。

距今九千九百萬年前，這隻長得像蜘蛛的動物（屬於名為「盲蛛」〔harvestmen〕或國外暱稱為「長腿爸爸」[1]的蛛形綱動物的一類）飛掠過緬甸今日人稱胡康河谷（Hukawng Valley）[2]一處熱帶森林，遇見了一個迷人的對象。不同於大多數的其他同類，雄性盲蛛[3]有自己的

---

1 盲蛛並不是蜘蛛，某些定義上與蟎要來得近一些，但長得跟蜘蛛頗像。更複雜的是，有兩個種類的蛛型綱都被稱為「長腳蛛」（daddy longlegs），即非蜘蛛的盲蛛（盲蛛目）與另一群屬於蜘蛛（蜘蛛目）、出沒於天花板等陰暗角落的的幽靈蛛（pholcids）。

2 ①

插入器官，也就是多數人稱之為陰莖的東西。那隻蜘蛛的陰莖在血淋巴造成的壓力下興奮勃起，就在這個時候，一大坨黏稠的樹液滴落，使牠動彈不得，當下的姿態就這樣被封印了起來。然而，我們從那塊琥珀標本無法得知，當時把牠迷得目不轉睛的戀人究竟是何方神聖。

科學文獻鉅細靡遺地描述那個勃起的陰莖，稱之為「針形器」。② 那段構造又細又長（以那隻盲蛛的大小而言），微微彎曲，尾端略為扁平，形狀有點類似愛心。那玩意兒全長不到一點五公釐，卻像一支在琥珀深處閃閃發亮的小型光劍，立刻吸引了溫德里希的目光。他將這塊標本交給在柏林自然博物館（Museum für Naturkunde）工作的傑森・鄧洛普（Jason Dunlop），後來鄧洛普與同事們利用先進的檢驗設備徹底檢視這隻動物，將牠命名為 *Halitherses grimaldii*。

我坐在鄧洛普的博物館辦公室與他閒聊這塊標本，欣賞他精心繪製的那根細小陰莖的放大版圖像，並環顧了房間一圈。那個地方與溫德里希的工作室有點像，書架也擺滿了蜘蛛學相關書籍（如《花朵上的掠食者》〔*Predator upon a Flower*〕，後來我仔

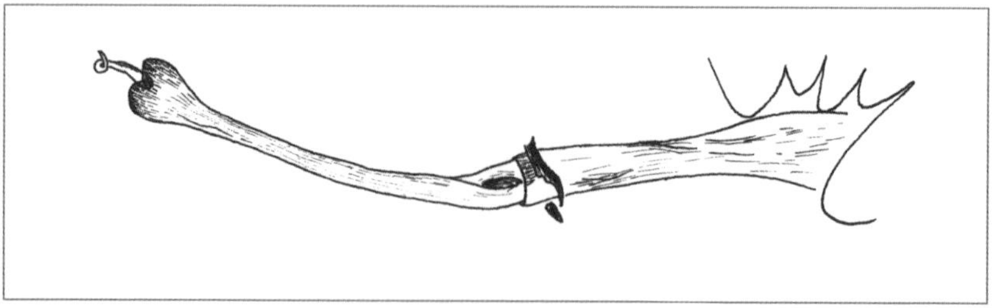

年代久遠的勃起，長約一點五公釐。昆澤（W. G. Kunze）繪自鄧洛普等人於二〇一六年發表的論文。

細研究後發現，這本篇幅長達三百九十二頁的書籍全在探討蟹蛛的生活史與適存度〔fitness〕。這些蜘蛛還挺認真過生活的，沒有成天鬼混難）。架上甚至有一本德文版的《蜘蛛人》（*Spider-Man*）漫畫，封面還是巴拉克・歐巴馬（Barack Obama）（斗大的德文標題寫著「蜘蛛人遇上歐巴馬！」；第五百八十三集）。

如同鄧洛普，溫德里希是一名蛛形綱動物學家，也終生致力於研究地球上數量龐大的蜘蛛身上的附肢、頭胸部、眼睛與各式各樣的插入器（即用來插入物體的器官）。溫德里希聲稱自己光在加那利群島（Canary Islands）就發現了「數百種」蜘蛛，此外也成立一間「私人蛛形綱動物學實驗室」，存放與檢驗之後將轉交博物館收藏的數千個標本。出於對蛛形綱動物生理構造的研究興趣與專業知識，他著有篇幅多達數百頁的專題著作與論文，其中有許多都關於同樣困在琥珀裡的蜘蛛。

然而，沒有一隻蜘蛛像那隻古代盲蛛的勃起一樣備受關注，雖然那隻動物也被歸類為一種學界剛發現不久、但已絕種的盲蛛。[4]事實上，鄧洛普與同事的盲蛛研究重點不在於陰莖，真正的蜘蛛愛好者也似乎對那隻蜘蛛閃閃發亮的大眼睛更有興趣。[5]無論尺寸多小，陰莖再次引起了比生物本身或其他重要器官還要大的關注。沒有其他東西比那話兒更吸引人了，即便那是一個一點五公釐長，而且已有數百萬年歷史的陰莖。

2 為避免名稱冗長，學界提議漸漸不要使用 harvestperson 或 harvester 這兩個俗名。

正的蜘蛛愛好者也似乎對那隻蜘蛛閃閃發亮的大眼睛更有興趣。[5]無論尺寸多小，陰莖再次引起了比生物本身或其他重要器官還要大的關注。沒有其他東西比那話兒更吸引人了，即便那是一個一點五公釐長，而且已有數百萬年歷史的陰莖。

然而，從這隻動物的某些其他特徵可知牠如何演化出陰莖。多數蛛形綱動物沒有陰莖，而是利用一對經過改造的附肢傳遞精子。有些類群不會直接輸送精子，而是釋出一小坨精包放在地上，讓雌性透過陰道撿拾，例如蠍子。另外，雄性蜘蛛會利用觸肢（pedipalp）——頭部附近長得像手臂的一對附肢——尖端上的特化構造來輸送精子。這些構造有好幾種名稱，譬如「觸肢器」（palpal organ）或「球狀生殖器官」。如同所有其他非蜘蛛的蛛形綱動物，盲蛛少了這種類似拳擊手套的附肢，而部分蜘蛛會以出人意料的方式將這個尖端當作交配器（copulatory organ），向雌性輸送精子。

你會發現，陰莖與類陰莖器官的相關詞彙又多又雜，讓人讀得暈頭轉向。如序章提過的，我試圖簡化，將這些插入器統稱為「intromitta」（單數為intromitum）。研究這些最早出現的插入器（不論是觸肢或陰莖），以及思考人類是怎麼從擁有這些構造，一路到佯稱為了「科學」而發明藍色假陽具這個階段，是一段漫長又艱辛的旅程。

最古老的蛛形綱動物

就蛛形綱動物而言，陰莖或許相對少見，但在動物界中，陰莖及其各種類似的插入器極為普遍。同樣常見的是，「以科學之名」，並為了一點不成熟的風趣而將這些器官作為研究重點的科學家。為了避免給人留下正經嚴肅的印象，我得說，有一些生殖器官與低級笑話確實滿好笑的。基於許多原因，它們至今依然是一些喜劇鍾愛的主題，總讓我心中那十二歲的幽默大師笑得樂不可支。但是，倘若在科學研究中助長那種幽默，以及文化對科學過程的那些剝削，那就不好笑了，我們就舉 *Colymbosathon ecplecticos* 為例吧。

陰莖的歷史——或其他類似的東西——始於距今約四億兩千五百萬年的古生代時期（至少從化石證據看來是如此），最早的雛型是一個名為 *Colymbosathon ecplecticos* 的小生物。③在希臘文中，這個拗口的詞彙意指「擁有巨大陰莖的游泳健將」。設想當初科學家怎麼會如此命名這種生物時，我只想得到，一定有人提出「誰不希望有這個稱號」之類的主張。這根目前已知最古老的陰莖，屬於一隻五公釐長的甲殼類動物，牠長得像蚌殼，外殼堅硬，會捕捉獵物，具有複眼，而且如研究人員所述，有「一個大而粗壯的交配器」。從這樣的敘述與命名看來，發

4 鄧洛普與溫德里希等分類學家可能會認為這種發現應該要得到更多重視。
5 盲蛛一般視力不太好。

表這篇論文的四名學者對這個生物的交配器印象非常深刻（審註：這是一種介形綱的甲殼類動物，外型像是裹著雙殼的小蝦，中文俗名常以介形蟲或種子蝦稱之）。

這隻小動物與其「大而粗壯」的陰莖，存在於很久很久以前的英格蘭赫瑞福郡（Herefordshire）。當時，以乳牛（赫瑞福牛）著稱的赫瑞福郡還在海平面之下。這個小伙子[6]有可能正在海底跑來跑去、獵捕點心、躲避掠食者，或許還有交配，直到火山灰淹沒了牠，使牠的身體急速礦化，以致「大而粗壯」的柔軟部位得以保存完好。[7]④

這項發現在科學上真正的成功之處在於，這個生物似乎與牠的現代近親非常相像，顯示這個演化支系（即介形綱〔Ostracoda〕）在過去四億兩千五百萬年裡幾乎沒有變動。這一點意義非凡，代表環境與這些生物的發展均異常穩定。這個特徵，以及無脊椎動物的遺骸經過數億年後依然保存良好而被人類挖掘出來的事實，象徵這項研究發現的科學價值。然而，這些研究作者過度關注那「大而粗壯」的交配器，甚至還以此替該物種命名。假使按照這個模式，藍鯨的物種名稱——*Balaenoptera musculus*——應該要代表「擁有史上最大陰莖的游泳健將」[8]才對，但它不是。相反地，牠的學名意指「小翼鼠鯨」[9]——沒錯，跟藍鯨的體型完全對不上（審註：關於藍鯨學明的語源，屬名其實沒有「小」的意思，是翼＋鬚鯨的意思；種小名則有兩個意思，「肌肉」和拉丁文的「老鼠」意思，據信是瑞典籍學者卡爾．林奈故意塑造的一個反差名稱）。

這位四億年前的古介形蟲其中一個生命特質是大半時間都在清理海底的垃圾，而不是游個不停、到處展現大陰莖。停留在堅硬的表面上很可能是一種演化壓力，使牠們發展出一個特化裝置，以傳遞配子給伴侶。海底的堅硬表面有助於插入式性交的進行，許多生物一生有大部分的時間都待在那兒，利用插入器達到繁殖目的（其中當然也包括海螯蝦）。但是，假如牠們處於乾燥的環境，沒有水作為介質來幫助精子與卵（以及製造它們的動物）結合，那該怎麼辦？這麼一來，意圖交配的雙方就必須不斷移動、尋求體內受精，並發展卵本身的適應性特徵，而現實情況正是如此。

陸地上的生活

首先，對一些動物而言，想在陸地上生活，就必須換一種方式來保護卵子。你也許對太平洋鮭魚們的習性不陌生，這幾種魚類命中注定以產卵為生存目標，會一路奮力從大海逆游而上並穿過河流，沿途抵擋各種危險，從鳥禽的爪子、野熊的利齒到無情的漁網，只為了繁衍後

6　我們假設他是「公的」，雖然你將在下一章看到，事實並非如此。

7　基本上，這種動物在化石界創下了金氏紀錄，因為就連陰莖裡的巨大精子（在精子學界大名鼎鼎）也保存了長達一千六百萬年的時間，進而在現代有「史上最古老的配子化石」之稱。

8　或者真是如此？如第六章將提到的，這取決於測量的方式。

9　或者可能是「飛天壯鯨」。不管是哪個名稱，都說不太通。替藍鯨命名的人，是生物學名二名法的集大成者卡爾．林奈（Carl Linnaeus，一七〇七～一七七八），而這個名稱說不定是他開的小玩笑。

代。辛苦上溯到產卵地的途中，公鮭魚的臉部特徵會有所變化，上頷末端長出向下的鉤狀突起以在求偶時打敗其他競爭對手。最終贏家得以向母鮭魚求歡，在河床挖一個小洞，分別釋出精子與卵進行交配。經歷不吃不喝的漫長旅程、辛苦產卵與爭奪交配權的打鬥之後，鮭魚筋疲力盡而死。我想，這也是一種選擇。

鮭魚卵跟水中產下的大多數卵子一樣，沒有堅硬的外殼。實際上，如果你吃過鮭魚卵，就會知道，只要輕輕一咬，它們就會流出鮮美的汁液。這些卵沒有鈣化的外殼，在尚未受精時是最柔軟的狀態。[10]⑤包裹著那美味鹹液的，是一層名為絨毛膜的薄膜。

約三億四千萬年前（著名的勃起盲蛛出現前的兩億四千萬年），兼具兩棲與爬行類習性的脊椎動物開始在範圍廣闊的動物棲息地——旱地——上生活。牠們探索陸地，開始做今日的兩棲類動物在森林與沼澤中會做的事情：產下柔軟脆弱的卵，將它們安放在潮濕地帶的坑洞裡，而那些卵仰賴大氣中的水氣進行氣體交換。

隨著時間過去，卵漸漸有了變化。鈣質的沉澱形成不同硬度的保護殼；一些爬行類的卵相對柔軟，因此仍然需要潮濕的環境才能生長，而鳥類的卵具有厚實的硬殼可以耐旱。演化機制除了讓產在陸地的卵有鈣殼保護，也促使脊椎動物發展出一些其他特徵，其中一個是名為尿膜的構造，外表有點像洩氣的長形氣球，可輸送空氣給胚胎並排出廢物。這個構造最終變成了哺乳類動物的臍帶。另一個是次要的氣囊名為羊膜。所有非魚類或非兩棲類的脊椎動物都有羊膜，統稱為羊膜動物。親愛的，你跟我都是羊膜動物。

那些受到妥善保護與充分透氣的卵，讓裡頭的動物能有更多時間發育，成熟後再迎接這個遼闊又可怕的世界。牠們從卵黃獲取養分，排出廢物與呼吸氣體，只要沒有掠食者前來（這無疑是真正的危險），通常都會舒服地窩在裡頭。有些卵體積驚人，就像足球大小的恐龍蛋那樣，而之後破殼而出的動物體型也會大一些。

然而，這種體型較大、發育較成熟的幼獸所呈現的卵適應性，也讓人好奇牠們一開始是怎麼演化出在卵裡面發育的。答案是體內受精。[11] 除此之外，動物也可能有「隱性排卵」的現象，但由於年代已久，如今沒有任何研究確知，牠們是否會向潛在的交配對象透露排卵或發情的信號。

混亂的演化

自從「擁有史上最大陰莖的游泳健將」的甲殼類動物出現，陰莖與相關的怪異現象數千年來忽隱忽現，受交配的必要條件、交配的競爭及配偶的陰道與其他生殖器官所影響。在不同的物種內或是相近的種類當中，這些構造時而出現、時而消失，甚至退居成其他種類的插入器。插入器這種進展之後又停擺的演化模式，彷彿都是隨機發生。但在研究蝗蟲生殖器官的博士論

10 沒錯，有人測量魚卵的柔軟程度，發現魚卵在受精後會先變硬一些，之後再由內而外地軟化以利孵化。

11 受精是兩種配子——譬如精子與卵——互相結合的過程。

文中，德州農工大學（Texas A&M University）的昆蟲學家宋浩俊（Hojun Song）說得很好：不論外表變得如何，牠們「生殖器官的演化並非混亂無章」。⑥

根據該領域的世界權威之一威廉・埃伯哈德的說法，不管蝗蟲的生殖器官如何發展，牠們有可能經歷了無數次這樣的演化。埃伯哈德是一名來自哈佛大學的昆蟲學家，在史密森尼熱帶研究院（Smithsonian Tropical Research Institute）負責編載所有與昆蟲綱和蛛形綱動物有關的生殖器官與其標本採集年代，這份工作已進行數十年之久。他在一九八五年寫了一本劃時代的著作，探究雌性動物在型塑生殖器官的演化上所扮演的角色，以及可能的關聯性。儘管這個觀點早在一個多世紀前就由查爾斯・達爾文（Charles Darwin）提出[12]，在當時仍然相當前衛。

我之所以在這裡提到埃伯哈德，是因為若要寫作一本關於插入器的書籍，一定會參考他在一九八五年出版的代表作《性擇與動物生殖器官》（*Sexual Selection and Animal Genitalia*），以及在那之後的數百部著作。實際上，如我們在那本重要著作出版後的數十年來所知道的，插入器及其體內受精的作用不但可能經歷了多次演化，組成物質也各有差異（如第三章所述），而且未必只見於雄性身上。

一個吻就只是一個吻

在深入看似混亂無序的插入器演化史之前，我們先大致了解一下沒有插入器的動物在陸地上如何生活（第八章將詳細介紹）。就仰賴體內受精的動物而言，精子與卵必須以某種方式結合。沒有插入器的陸上動物會利用一些聰明的方法來實現這件事，但其中一項方法十分顯而易見與粗俗，還得靠名稱來掩飾下流的本性：泄殖腔之吻。顧名思義：交配雙方的泄殖腔[13]互相碰觸，供其中一方將輸送精子到另一方體內。接著，這些精子會進入卵子等待受精的地方，快馬加鞭地往前游動，施展與卵子交融的魔法。

有不計其數的陸上動物都透過泄殖腔之吻進行交配，包括極高比例的鳥類、線蟲、蚯蚓、多數的兩棲類生物、某些軟體動物，還有一種獨一無二的蜥蜴模樣動物——喙頭蜥（tuatara，之後將詳述）。這種交配方法非常簡單，只要雙方的泄殖腔彼此靠近「親吻」，再輸送精液即可。顯然，這個方法有其缺點，像是無法確保精子真的能夠進入配偶的生殖道。

儘管「插入」可以解決這個問題，但陰莖的運作機制未必是一條正確的道路。有些動物靠附屬器官或四肢注射精液，其他動物則透過研究人員所謂的「皮下注射」，一如字面上的意思，使用某個尖銳物體將精液注射到伴侶的皮下。另一個常見的選項是掛在棍子上的精包，這是一種長得像棒棒糖、名為精莢（spermatophore）的構造，雄性動物可以卸下它，讓看對眼的雌性取入生殖道或泄殖腔內。這種交配方式並不猥褻，但對許多物種（包括蛛形綱動物，審註：例如蠍子、擬蠍，但不包括蜘蛛）而言，可以有效達到生殖的目的。

12 達爾文認為，雌性的偏好有可能影響雄性用以競爭交配機會的某些構造的形式。

13 這個字在拉丁文中意指「下水道」，在許多動物身上確實發揮了這種作用（體內的廢物都由此排出），也是精子、插入器、卵子與後代的出入口，依物種而定。

體內受精的主導因素牽涉了無數的個體間互動變化，包含求偶與伴侶間的緊張關係、親密的配偶綁定（pair bonding）與攝食配偶。主流的互動關係特色因物種而異，因此即便是最近緣的動物，達成體內受精的方式也可能天差地遠。

為什麼陰莖一直都在

關於陰莖為什麼一直都在的問題，有數不清的演化詮釋。其中之一是，生殖器官在某種程度上互相適合，可避免一個物種浪費時間與其他物種進行徒勞無功的交配。這個「一把鑰匙只能打開一個鎖」的假設遭到了質疑，因為有些研究指出，許多物種都會跟非同類的動物交配，但這樣的論點至今依然存在。

其他解釋則譬如，配偶可以影響生殖器官插入之後的事態發展。這些影響可能是引起緊張，也可能是激起性慾，進而形塑了精子傳遞系統及其附屬構造的不同特徵。這種過程中牽涉的影響或因素稱為性擇（sexual selection，又稱性選擇），是解釋各種動物在插入器的本身、使用方式與組成物質上極其多樣化的關鍵。

插入器的一個有趣之處在於一系列的組成物質。雖然第三章（以及後續章節）會詳述其中一些物質及用途，但有一個生物特徵值得在這裡提一下。一些與宏觀的演化機制緊密相關的動物——譬如蜥蜴與蛇——通常具有相同的陰莖起源。就如同蝙蝠的翅膀、海豚的鰭、熊的前肢與人類的手臂儘管外型差異大，但骨骼結構都一樣，這些關係密切的物種，儘管陰莖的外觀各異其趣，但其實都是由相同物質構成。

相反地，雖然蝙蝠與蝴蝶的翅膀輪廓相似，也都具有飛行功能，但實際構造截然不同，彼此也沒有緊密關聯。這些構造之所以看起來功能類似，是因為它們在所屬動物的生活環境——空中——面臨了同樣的壓力。這種壓力在占據這些生態棲位（niche）的動物中推動趨同演化，促成了一般統稱為「翅膀」的構造。同樣地，大自然也讓名為「陰莖」的一系列構造具有相似的外型與功能，但在物質上差異甚大。

因此，我們在認識動物的插入器時必須謹記的一點是，不同的物種可能會有外觀相似的器官，讓人以為牠們關係緊密，但其實兩者毫無關聯。反過來說，兩個關係緊密的物種也可能具有迥然不同的插入器。若只從單一角度假設，也會落入所謂的螯蝦陷阱。

有了陰莖，就能呼風喚雨

有時候，陰莖起源的故事會隨著新知的出現而改變，這種因為新知而改變結論的過程即稱為「科學」。在陰莖演化的領域中，前所未見的喙頭蜥正帶給學者們這樣一個機會，來重新校正他們對於陰莖的看法。

蜥蜴與蛇統稱為「有鱗目」（squamata），原文名稱在拉丁文中意指「鱗片」，可說相當貼切。喙頭蜥[14]（學名 *Sphenodon punctatus*）是蜥蜴與蛇的「姐妹群」（sister taxa），源自一支曾在數億年前爆發性成長的遠古支系。事實上，喙頭蜥是該支系至今僅存的生物，而有鑑於人類是人屬現存的唯一一個物種，我們與喙頭蜥之間肯定有某種共通點。此外，喙頭蜥與人類相通，但不同於多數爬行類的一點是，牠們最久需要二十年的時間才能達到性成熟，而且每三年左右才交配一次（審註：最快的性成熟時間約十二歲，恰巧跟人類相似）。

喙頭蜥與人類不同，牠們只分布於紐西蘭，而且雄性與雌性都沒有插入器。牠們透過泄殖腔之吻輸送精子，但在交配之前，雄性會先展現英姿以博取雌性的歡心。如果雌性興趣缺缺，就會鑽到地下遠離對方；如果彼此看對眼，就會將泄殖腔對接，開始輸送精液。

為什麼要拿一種沒有陰莖的動物來解釋某些脊椎動物的陰莖起源呢？多年來，大家都誤會喙頭蜥了。人們將喙頭蜥歸類為蜥蜴，但事實並非如此；人們認為喙頭蜥是恐龍的一種，但這也不是事實；人們認為喙頭蜥代表羊膜動物的一種「基本」或古老的狀態，讓我們認識數億年前的動物長什麼樣子。人們的解讀是，這種動物沒有陰莖，而羊膜動物的陰莖是之後才演化出來的。這個解讀附帶了一個假設，那就是羊膜動物的陰莖可能經歷了多次演化，面臨驅使蝙蝠與蝴蝶長出翅膀的相同壓力趨同過程，只是就喙頭蜥來說，演化的趨同壓力不是為了在空中存活，而是確保能將精液輸送到配偶體內。

更複雜的是，有鱗目的陰莖長得十分奇特。事實上，牠們擁有半陰莖（hemipenis），也就成對的插入器，通常像根枝上多刺的仙人掌果一樣分叉生長。這些半陰莖的外觀就像帶有刺針的仙人掌果，或者長得比這更嚇人。換句話說，人類認為，類似的環境壓力有可能促使外型相似的插入器出現多個新迭代，就跟在夜空中活動的壓力導致各種翅翼的演化是一樣的道理。儘管如此，有鱗目仍發展出這種怪異的雙頭半陰莖，它們看起來通常更像權杖，而不是生殖器官（從人類的角度而言）。人們推斷，蜥蜴與蛇的插入器的古老起源，**不可能**與其他羊膜動物的單頭陰莖相同，肯定是在不同的壓力之下獨自演化而來。

於是，我們犯了雙重錯誤：先是因為所有羊膜動物的插入器功能相同與外型類似，而假設這些物種之間存在趨同演化，但又因為蛇與蜥蜴的陰莖外型奇特，而否定有鱗目動物與所有其他羊膜動物的陰莖有共同的演化起源。

在喙頭蜥的支系中，一根陰莖就能呼風喚雨，改變既有的認知。

有時，從胚胎的發育可一窺物種演化史的部分面貌。演化與胚胎發育過程的關聯並非絕對可靠，卻是學界普遍採用的起點。人類胚胎會長出臍帶，但最後會剪斷它。至於喙頭蜥，研究人員發現牠們的胚胎會長出陰莖，但最後同樣也會捨棄它。⑦

一篇關於意外發現的胚胎標本的回顧性文獻（第八章會詳述），揭露了喙頭蜥陰莖的前驅，那是一種生殖器官隆起（genital swelling），發生於任何其他有鱗目動物形成胚胎之際，這個隆起在喙頭蜥快要孵化時才會消退。這個見於現存最早期的羊膜動物支系身上的無用陰莖，成了統馭這個物種、並且將牠們連結到單一起源的插入器。就人類而言，演化並未一而再，再

14 沒有可用於命名的插入器，因此學名Sphenodon意指「楔形牙齒」，而punctatus意指「有斑點」，用於形容喙頭蜥的皮膚外觀。

而三地改造這個器官；陰莖從一開始就是由相同的物質所構成。大自然必須對它們施加天擇壓力，它們才能存續。基於這些新知，人們對有鱗目動物的陰莖起源徹底改觀，而這才是科學應該要有的運作方式。

「史上第一個真正的陰莖」

從事生殖器官研究的許多人士都是昆蟲學家，原因在於，沒有其他動物類群像節肢動物那樣具有武器化、經過裝飾、蜷曲、尖頭狀、長滿棘刺與體積巨大等五花八門的生殖器官。由於一般認為這些構造因物種而異，因此昆蟲學家也根據這些外型多元的器官特徵來辨別不同物種。

柯林・羅素・奧斯汀（Colin Russell Austin，一九一四～二〇〇四）是知名的胚胎學家，在人類體外受精（*in vitro* fertilization，即試管受精）的發展上扮演重要角色，但我之所以提到這號人物，是因為他在研究以外的空閒時間寫了一篇關於「交配工具的演化」的綜論。他還有一個鍾愛的終生綽號：「邦尼」（Bunny）。在這篇評論裡，邦尼確切指明，陰莖是「目前為止最廣泛使用的交配裝置」。

邦尼在一九八四年寫下，「第一個真正的陰莖出現在扁形動物門（Platyhelminthes，即扁蟲類）中」，意思是以演化角度而言，這些微小生物是陰莖構造最簡單的一群。你也許曾在生物課聽過其中最有名的渦蟲，這種體型扁小的水生蟲蟲能在身體被切成兩半或從中間切開之後，再生出完整的軀體或長出第二顆頭。儘管身形扁平，這種動物仍然具有生殖器官，雄性有一小根陰莖，雌性則有十分細小的陰道。

二〇一五年，一個研究[8]團隊宣布了令人驚訝的消息：名為銳刺大口蟲（*Macrostomum hystrix*）的渦蟲類物種，會透過一種非比尋常的方法來解決性伴侶稀缺的問題。其實，以這種雌雄同體（hermaphrodite）的生物而言，這是相當典型的交配方式。如同珊瑚與許多其他雌雄同體的物種，銳刺大口蟲只要輕輕一刺，就能自我受精。目前聽起來，沒有什麼不對勁。

問題是，如果你所屬的物種都利用插入器授精，那麼你身上的插入器可能不太容易觸及被插入器所在的區域。基本上，銳刺大口蟲這種扁蟲仰賴皮下注射進行交配，因此牠們採取自我受精是不尋常的現象：牠用針狀的插入器戳刺自己的頭部並注入精液，而進入體內的精子最後會與卵子結合。邦尼與他的同事們進行體外受精的研究時，也許根本沒有想到這一點，但這無疑是非人類物種達成體外受精的一種方法。

解套不太靈光的演化方式

由於大自然只能利用現有的東西進行創造，因此演化的結果有時顯得有點太大費周章。我們有設計精良的中央血液幫浦作為心臟，但沒有備用的管路可在主要管路阻塞時將血液送回心臟。基於這些組織在發展過程中的起源，人類有呼吸空氣用的氣管，位置就在吞嚥食物用的食道旁邊，因此我們每次飲食都有噎到的風險。

同樣看似不合邏輯的奇妙構造也可見於其他動物身上。有些永遠是個謎（在我們人類看來），例如某幾種蝸牛身上幾乎每個部位都能長出交配器，從下肢、觸角到嘴巴周圍，甚至有個例子是「頭部中央長了一根蜷曲的陰莖」。⑨其他蝸牛物種的生殖器官則可能經歷了多次演化，發展出數種不同的交配方式。

「最簡單」的其中一種可見於雌雄同體的伴侶，其中雙方都會製造精子與卵子，並在雙向的精液輸送過程中給予與接收精子。首先A蝸牛接收了B蝸牛的外來精子，這些精子與A蝸牛的卵子融為一體，而A蝸牛本身的精液必須先流經自己體內如遊樂園般的生殖系統，緩慢越過一個充滿精子與卵子的球形凹坑，然後沿著一條溝槽滑出陰莖，進入B蝸牛體內，接著再與球形凹坑裡的卵子結合。自體與外來的精子有如乘載配子的船隻般，在蝸牛體內來回穿梭。⑩

插入器生長部位與行為模式的差異，暗示不同演化事件的存在，而若想梳理蝸牛與蛞蝓在演化過程中經歷的環境壓力與適應作用，可以花上一輩子的時間。事實上，說到生殖器官，這兩個類群是目前已知最令人驚奇[15]的生物。牠們跟許多無脊椎動物一樣，通常都是雌雄同體，因此這是牠們最不足為奇的特徵。真正有趣的特點譬如，牠們會形成名為「菊花鏈」（daisy chain）的配偶鏈，或是垂吊在樹上時互相用陰莖隔空競技。[16]

菊花鏈可由六到二十隻動物組成⑪（譬如雌雄同體的加州海兔〔*Aplysia californica*，海蛞蝓的一種〕），從雄性到雌性，鏈首的個體是雄性，尾端的個體則是雌性（審註：而位於中間的所有個體則同時扮演雄性和雌性的角色）。除了一般的交配用途之外，這些動物也會利用插入器進行皮下注射式授精。這種繁殖方式聽起來不太舒適，但是對雙方都有益處，因此牠們似乎都能接受。[12]

昂首闊步的雞雞們

蛞蝓的絕技讓人望塵莫及，尤其是對普遍沒有插入器的鳥類而言（僅百分之三仍保有這個器官）。但是，例外情況往往能彌補這樣的缺陷。典型的基群鳥類——一般認為牠們身上的特徵自遠古流傳至今，而不是後來衍生或新長出的——是具有插入器的，而其他鳥類沒有。由此可知，陰莖是鳥類的原始器官。事實上，某些鳥類類群似乎處於陰莖的半退化階段。例如，一些屬於雞形目的鳥類依然有陰莖，但不是插入式。這個小小的突起就這樣垂吊著。其他類群也有處於非插入式陰莖的半退化階段，其他（審註：絕大部分）類群則完全將這種器官退化掉了。[13]

過去有研究人員認為，鳥類的插入器與「濫交制」——意指母鳥會與一隻以上的公鳥交配（審註：且公鳥也和多隻母鳥交配）。但是，諸如叢塚雉（Australian brush turkey）等動物便證明這個觀點是錯的，因為儘管牠們具有非插入式陰莖，依舊會與多名伴侶交配；沒有陰莖的橙

15 原文為「fascinating」，這個字源自拉丁文的「fascinus」，在古羅馬宗教中象徵有翅膀的陽物，孩子們會將這種雕飾戴在身上作為護身符。

16 將在第七章詳述。

腳塚雉（orange-footed scrub fowl）則始終奉行一夫一妻制。鴕鳥與鴯鶓——擁有插入器，雄性也會撫育後代——即使有了後代，仍「經常在巢穴裡與其他伴侶通姦」，因此牠們悉心照料的雛鳥有超過半數不是親生的。在生物學的世界裡，永遠都有例外，因此我們千萬不能誤將例外視為通則。

儘管如此，鳥類的陰莖與濫交制傾向之間還是有一些關聯。以鴨子為例，牠們的陰莖可能是所有鳥類之中最出名的（不好的方面），伴侶數量愈多，通常就表示陰莖愈長。⑭對牠們而言，這種濫交制度也與被迫的「偶外」配對有關。擁有大陰莖，未必就什麼都好。

陰莖是怎麼退化的？

看到插入器有這麼多不同的特徵、形狀與大小，你可能會以為，生殖器官的改變必定經歷不少演化階段。然而，有時候只需要改變其中一個基因，或者調整它暴露在蛋白質下的表現量或時機，就能適應環境。如果適應後的結果帶來了繁殖與生存的優勢，可能就會一代傳一代。

即便是細胞內分子層次上劑量的細微變化，也可能導致動物體內某個構造的大幅進化或退化。以鳥類而言，名為骨形態發生蛋白－4[17]（bone morphogenetic protein 4，BMP4，唸作bump 4）的基因主導著陰莖的退化。在沒有插入器的小雞與鵪鶉身上，這種基因在胚胎發育的重要時刻發揮了作用。

BMP4蛋白質首見於稱為生殖結節裡頭初生的生殖器官。這個小結節如果繼續發育，最終會長成陰莖或陰蒂。但在這些鳥類的體內，BMP4的濃度高到足以消除生殖器官。[15]這種蛋白質會促使細胞啟動所謂細胞凋亡的自殺程序。受到影響的細胞會由內而外衰退，生殖結節便逐漸萎縮消失。在體內具有BMP4的情況下，或者被人類注入BMP4後，公鳥與母鳥的生殖器官最終都會長得像是母鴨的生殖器官。[16]

如同喙頭蜥，這個存在於胚胎裡的小結節意味著，雞與鵪鶉的祖先曾經擁有陰莖。但出於某種原因，自然界選擇了高濃度的BMP4，如今我們看到的雞與鵪鶉體內的生殖結節都會隨著生物的發育而逐漸凋亡。至於鴨子呢？牠們的生長機制與此不同，而且可能從未經歷過這樣的天擇。

一些試圖驗證這個概念的研究人員[17]幫鴨子的胚胎多注射了一些BMP4（還記得前一節提過鴨子具有惡名昭彰的大陰莖吧？），並得出相同的結果：BMP4在同一個發育時間點使生殖結節逐漸凋零，長不出陰莖。基本上，他們剝奪了鴨子的老二。為了加強研究發現的可信度，這群研究人員對培養皿中的小雞胚胎展開實驗，測試若阻斷了BMP4的作用會發生什麼事，結果那些雞胚胎長出了陰莖。

17 這並非指涉陰莖；首度發現於骨骼。

最能展現演化力量的身體部位

你也許看過變色蜥。這種有著亮綠色外皮與細長體型的爬行動物牠們的地域性強烈，如果有人或其他蜥蜴試圖靠近配偶，牠們會露出喉部下方鮮紅色的喉扇，警告對方最好別來招惹。在加勒比海地區的島嶼，受當地環境不尋常的外力所影響，加上擺脫了移居陸地時遭遇的各種混亂，這些蜥蜴分化成了許多物種。在島上生存的壓力及隨之而來的巨大影響，往往以出乎意料的方式創造了奇特的動物，如印尼佛羅勒斯島（Flores）上身型矮小的滅絕大象，或是科莫多島（Komodo Island）上體型像龍一樣碩大的巨蜥。

有一群研究人員利用加勒比海島嶼上親緣關係相近的變色蜥物種們，來評估這類動物的主要特徵隨時間改變的速度有多快。他們測量了每一種變色蜥的喉扇、肢長、身長、體寬與雄性單側半陰莖的直徑。不同物種在四肢上差異顯著，因為這些構造決定了每個物種可以攀爬的環境——有的可以爬上岩角，有的則大多出沒於樹梢。喉扇則負責傳送社交訊息而且有助於辨別物種。至於生殖器官的作用，當然是製造小蜥蜴了。

結果顯示，在蜥蜴的生殖器官、喉扇與四肢這三項特徵之中，作用在生殖器官上的演化壓力，變異形成的速度是後兩者的六倍。而上述的三種生殖特徵的演化速度都一樣快，證明研究人員曼諾・許特惠森（Menno Schilthuizen）的觀察是正確的，「生殖器官或許是最能凸顯演化力量的身體部位了」。⑱

這些研究結果[19]徹底推翻了關於生殖器官快速演化的一項假說：生殖器官的轉變伴隨其他構造的演化而來。幾乎可以確定的是，這些生殖器官不是單純隨著蜥蜴四肢的急遽變化而跟著出現改變。因此，如果生殖器官的多樣性不是由演化機制造成的二次效應而來，那麼，主要的因素是什麼？

生殖器官背後的演化力量

關於生殖器官為何演化得如此快速，生物學家提出了不同的解釋，而我在這裡不得不說，絕大多數的研究幾乎都只關注雄性的生殖器官。達爾文主張，也許是不同性別做出的選擇影響了彼此。從那個時代以來，有各種研究報告都暗示，在交配前後或期間所做的選擇會帶來某些影響，而那些選擇最終可統整歸類為「交配前的選擇」與「交配後的選擇」。

一般而言，個體在掏出生殖器官前所面臨的壓力，來自雄性之間的競爭[20]（但並非一向如此）。例如，兩隻公鹿用大角互相對撞，有些動物會惡狠狠地露出犬齒，柄眼蠅用向兩側延伸的眼柄互相角力，長頸鹿則用脖子用力地互相甩打。贏家可以優先求偶，而這些打鬥往往都發生在交配之前（儘管一些勇猛的蜘蛛與螃蟹在交配的當下與結束之後仍會持續戰鬥）。

生殖器官正式上場後的壓力，往往與雄雌之間的互動有比較大的關係。一般認為，雌性會利用生殖器官與生殖道做出「撲朔迷離」的選擇，從各種求偶者中挑選優良的基因並且拒絕輸家的追求等。學界認為，接收插入器的雌性構造，深刻影響了插入器的作用。不過如我所說的，儘管受器擁有如此強大的力量，但它們的構造很少得到關注，多數的科學研究仍將焦點放在插入器上。

這種經由交配與擇偶所做出的選擇，被歸類為「性擇」。天擇——大自然挑選出有利於生存與繁殖的選擇——是廣義的選擇，而性擇——有利於成功繁殖——是其中一個子集合。有時候，以覓食或遭到捕食為運作機制的天擇，會與基於性行為相關因素所做出的性擇產生衝突。對許多人類而言，這種衝突十分常見，因為我們會為了達成交配這種短期目標，做出一些風險極高但無助於生存的事情。

在非人動物中的一個例子是求偶場制度[18]（lek），一直以來，我都覺得這就像是青蛙的快速約會。青蛙會在傍晚時分齊聚池塘周圍，公蛙呱呱地唱著優美的男中音，深沉宏亮的聲音展現了睪固酮（testosterone）作用下的威武雄風。牠們的努力不會白費，因為潛伏在求偶場四周的母蛙一定聽得到，如此可以誘惑牠們掉入求偶的圈套。這種行為背後的機制正是性擇（屬於交配前的選擇，即為了當下的繁殖成功而採取的冒險行為）。

天擇造成的不利因素在於，掠食者也能聽到那些青蛙的叫聲，能夠更容易地找到牠們，飽餐一頓。天擇讓雄蛙的響亮叫聲碰了個釘子，與助長此舉的性擇互相牴觸，於是，青蛙使力引頸高鳴，但又得小心，不要觸碰環境壓力所設下的限制。

天擇對生殖器官的影響並不限於繁殖行為。孔雀魚（guppy，少數具有陰莖的魚類）在雌性的擇偶偏好與天擇的殘酷無情之間，也面臨類似的衝突。[21]雌性的孔雀魚似乎偏好插入器尺寸較大的配偶，而且會根據這項條件進行交配前的性擇。然而，相較於其他同類，插入器關較大的孔雀魚更容易被掠食者發現（及吃掉）。

交配的壓力

遺傳學研究可以找出哪些機制在演化過程中曾經改變或不曾改變，以及動物的生理構造具有哪些差異，但通常不會揭露那些轉變背後的演化壓力。若想確知這些因素是什麼，難度可能又更高一些，而關於插入器觀的演化，其中一個未解之謎是陰莖骨的出現，這種骨頭存在於許多哺乳類動物身上——人類除外（審註：事實上，還有很多動物沒有陰莖骨。只有食肉目、嚙齒目、翼手目、靈長目、真盲缺目的大多物種具有陰莖骨，其餘哺乳動物都沒有。）。

這塊骨頭是一塊真骨，與肢體有明顯的關聯，而且跟肢骨一樣屬於長骨。但是，為什麼演化機制選擇並保留了陰莖骨，至今仍是個謎，就跟它在世代譜系中反覆出現又消失的奇特現象一樣。人類與某些哺乳動物不同，因為我們既沒有陰莖骨，也沒有**陰蒂骨**。

為什麼陰莖會有骨頭？是天擇選了這樣的形式（長度與粗度），還是以成功交配為前提的性擇起了作用？

有一個研究團隊[22]試圖解開這個問題，方法是根據小鼠的濫交情形來劃分具有不同程度

18 譯註：一個物種的多名雄性透過不同類型的炫耀表演或演示，以達求偶交配目的的場所。

性擇的小鼠群體。理論上，母鼠的配偶愈多，公鼠的性徵所承受的交配後選擇壓力應該就會愈大。這些壓力有可能影響各種層面，從生殖器官的構造到哪個精子能勝出並與卵子結合等都是。

屬於濫交群體的母鼠在一個週期中能與三隻公鼠交配，因此交配後的性擇對生殖器官造成很大的壓力。屬於非濫交群體的母鼠則只有一次的交配機會，完全遵行單一配偶制，因此交配後的競爭與選擇不存在。一個雄性配偶不足以構成競爭。

經過二十七個世代，在微弱或強烈的性擇下的交配，濫交群體的小鼠演化出明顯較為粗大的陰莖骨。就小鼠而言，繁衍這麼多個世代一般需要大約五年的時間，因此在這個短暫期間內，交配後性擇的壓力早已重新將這些骨頭塑造成更具競爭力的構造。

人類面臨的壓力是什麼？

如以上的例子所示，演化壓力可以促成生殖器官的廣泛多樣性，至少那些經過學界充分研究的插入器是如此（之前提過，針對陰道等受器的研究要少得多）。就像許特惠森所說的，面對這些沉重的壓力，生殖器官是最能體現演化力量的器官。結果是，無脊椎動物發展出各種構造的插入器，而關於這點，我們將在下一個章節深入檢視。就羊膜動物而言，陰莖是演化機制特別打造的一個器官㉓，有千萬種面貌，從蛇與蜥蜴令人望而生畏的半陰莖，到人類樸實無華的那話兒都是。㉔

不論是哪種情況，演化都發揮了影響力，而這意味著，影響人類陰莖的演化力量造就了平凡普通的插入器。學界似乎普遍認為，羊膜動物的陰莖只經歷了一次的演化，就如同喙頭蜥研究的結論。有了插入器這個模板後，演化機制一如以往地影響了其他所有必要的構造，並創造出各式各樣的生殖器官，從沒什麼特色的人類陰莖，到下圖所示的這種奇特構造都有：

現在，我們就來看看是什麼創造了這種東西。

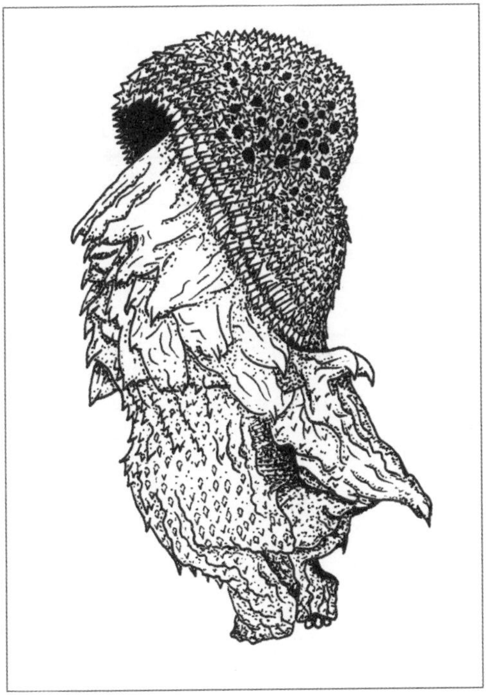

帶紋細蛇（*Rhadinaea taeniata*）的半陰莖（一對的其中之一）。昆澤繪自查爾斯·梅爾斯（Charles Myers）於一九七四年出版的著作。

第3章

陰莖由什麼構成？答案比你想的還複雜，也可能不是你想的那樣

雖然人類經常談論陰莖，但一般民眾對陰莖構造的認識或許有限，只知道它會隨性慾的喚起而變大、變硬，而且似乎是由皮膚、肌肉、血管與海綿體構成。儘管人們喜歡互相分享這些器官的照片，但是跟自然界用來在其他動物身上創造插入器的物質相比，這些構造相當平淡無趣。這也是為什麼陰莖的組成可能不像你想的那樣，而有時候看起來像是陰莖的構造，其實又不是陰莖。

第一張四色印刷的露鳥照

每當有新的藝術媒介問世，露鳥照總在不久後現身其中。有些古代畫作描繪男性時特別凸顯他們的重點部位，即便是在狩獵的背景下。在其他媒介中（從岩石、花瓶到金屬），最早描繪人類陰莖的作品可追溯至數千年前。因此，在採用四色套印所印刷的圖畫中可見露鳥照，並

不令人意外，而這項印刷術的發明者與圖畫的創作者是同一人。

在德國出生的印刷工人雅各・克里斯多夫・勒布朗（Jacob Christoph Le Blon，一六六七～一七四一）於一七〇四年首度嘗試以鮮豔色彩進行印刷，後來被視為這項印刷術的發明者。他似乎知道這項技術的出現會在印刷界引起轟動，因此發明後一直沒有公開，反而試圖進入倫敦的圖像印刷業工作，結果並不順利。但他在當地工作的同時，也在一七二三年替國王御用的解剖學家工作。

是的，英格蘭國王喬治一世（King George I of England）有專屬的解剖學家，納撒尼爾・聖安德烈（Nathaniel St. André，生卒年約一六八〇～一七七六），據一位傳記作家形容，他是「恬不知恥的馬屁精」。①這個馬屁精在專業領域中也失足過幾次，著有一本名為《關於兔子分娩奇蹟的短篇敘事》（*A Short Narrative of an Extraordinary Delivery of Rabbets*）的專著，描述一個女人生下十八隻所謂的「rabbets」（兔子）。[1]不過，他會說德文，因此在漢諾威王室（House of Hanover）中頗受重用，也因協助率先利用蠟注法②製作解剖標本而立下了功勞。

---

1 這位作者特別提及，有關十八隻兔子誕生的敘述「寫在這本書的附錄中」。聖安德烈帶這位啟人疑竇的婦女瑪莉・托夫特（Mary Toft）到倫敦，想證明她擁有生育兔子的能力，結果瑪莉坦承一切全是自己輕率惡搞的天大騙局，據我推測，應該是她把一窩剛出生的兔子放在醫院門前，希望有人會發現。這麼說來實在弔詭，居然有人以為她可以生下兔子。經過這場災難，聖安德烈被法院列為黑名單，據說還誓言終生不碰兔肉。他為自己的荒謬做了辯駁，表示有許多人真的認為女人的想像力可以影響腹中的胚胎。但是沒有人知道，為什麼這種想法會使他相信那個女人生了十八隻兔子。

勒布朗跟在「馬屁精」聖安德烈身邊，負責的工作是製作解剖圖像的色版。③據傳，那些色版原本是聖安德烈計畫出版的一本書要用的，但那本著作從未問世，而原因或許得歸咎「rabbet」的荒謬事件。④無論如何，在一七二一年，也就是聖安德烈開始擔任國王私人解剖學家的數年前，勒布朗製作了一幅人類陰莖的版畫，細節極為逼真，連血管都看得一清二楚。那幅畫生動展現了人類陰莖的構造，假如當時聖安德烈的那本書有望付梓，肯定會考慮收錄進去。

那幅以法文題為〈男性生殖部位的解剖準備工作〉（An Anatomical Preparation of Male Reproductive Parts）的版畫，最終登上了另一本書《淋病的症狀、性質、成因與治療》（*The Symptoms, Nature, Cause, and Cure of a Gonorrhoea*）的再版，該書作者名為威廉・科伯恩（William Cockburn）[2]——不難理解他為何在初版時選擇匿名。勒布朗也有可能是根據這本書在一七一三年推出的版本，創作與標記了史上第一幅彩色印刷的陰莖版畫。實際上，一般認為這可能是「最早採網線銅版術印刷的彩色圖畫」。[3]⑤如今，至少有四幅原版在博物館展出，地點分別是英國、美國、法國與荷蘭。[4]

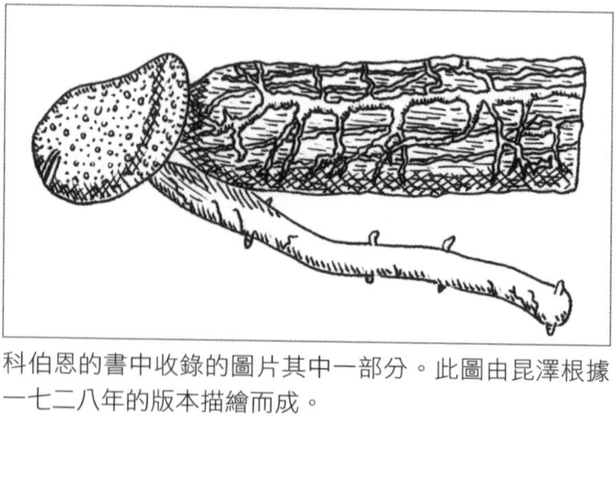

科伯恩的書中收錄的圖片其中一部分。此圖由昆澤根據一七二八年的版本描繪而成。

從史上第一幅四色印刷的陰莖圖畫（可能是這類印刷中的先例）也可看出，陰莖（及其構造）如何比陰道（及其構造）更能吸引生殖器官解剖學家（清一色是男性）的喜愛與關注。科伯恩就是一例。在鉅細靡遺的淋病研究中，他描述了陰道與陰莖的構造。他用了四百二十個字說明陰道的結構，透過實驗讓陰道溢出尿液[5]，並將應該是子宮頸的構造稱做可伸縮的「尿道括約肌」。[6,7]他指出，那個部位會流出「女性體內具傳染性的液體」，威脅男性的健康。又來了，又是女性的錯。

簡單帶過陰道之後，科伯恩將焦點轉向陰莖。雖然他似乎懷疑陰道是不為人知的淋病「溫床」，但他洋洋灑灑寫了大約五千字來描述陰莖，徹頭徹尾地介紹它的細部構造。在這段篇幅驚人的陰莖敘述中，他提到幾位解剖學的前輩與當代學者，而這些人全都是男性，研究的焦點也都是陰莖，儘管他在寫那整段廢話之前有先聲明，「這裡也特別將女人的陰道納入考量，因

2 與生殖器官的研究和笑話有關的名字太多了，我無意在書中詳述，只會單純提供姓名，讓讀者自行挖掘其中的笑點（Cock陰莖+burn焚燒＝火燒的雞歿）。

3 這本書的數位版原本有收錄這幅圖畫，但有人將它刪掉了。

4 也有描繪陰道的版畫，但關於作者是否為勒布朗，學界眾說紛紜。

5 正常情況下不會發生這種事，除非出了非常嚴重的問題。

6 子宮頸的管道不屬於「尿道」，尿道是接在膀胱下方，與女性生殖系統分處不同部位。子宮頸是子宮底部的狹窄開口。

7 他也多次提到女性具有「睪丸」，只是位於體內深處，因此淋病病毒難以觸及；並且表示「女人的種」可能是由陰道排出的，但之後並未深入追究。

為這個構造在淋病的病程中可能具有比一般認為還要相關的影響」。他曾在一七一三年呼籲大眾多多關注陰道，後來雖然也提出了類似的呼籲，但焦點幾乎完全轉移到了陰莖。

然而，科伯恩自認是高人一等的女性主義者，他呼籲同行「擁抱自由，不要被教育體制灌輸的觀念所奴役……主導制度的上位者都是懦夫」。三百年後的今日，我贊同科伯恩的這個看法，也想呼籲那些長久以來在科學研究中跟著偏見走的人們，擺脫那些完全從男性角度考量而提出與解答的問題。

字面意義上的陰莖

或許你認為自己對陰莖瞭若指掌。或許科伯恩的主張與勒布朗的敘述引起了你的共鳴，因為那是你熟悉的看法。對人類與其他脊椎動物而言，若從字面意義來看待陰莖構造的問題，答案會是，它在不同程度上由結締組織、可膨脹的海綿體及許多肌肉與血管所組成。我們很容易看到許多脊椎動物身上像是陰莖的器官就妄下定論（斬釘截鐵地認為「那是陰莖，那是陰莖！」）。但是，真相未必如此。

現在我們來好好研究本章的主要問題。陰莖的構造是什麼？勒布朗創作的版畫及其圖例，讓人清楚了解構成人類陰莖的組織有哪些。讀完本章後，你會發現，解析陰莖的構造不是一件容易的事。如麻塞諸塞州大學阿默斯特校區（University of Massachusetts Amherst）的生殖器官研究員黛安·凱利（Diane Kelly）在共同著作中所述，「我們沒有本質上的理由去認為，交配與授精需要一個比圓筒狀的管子還要複雜的構造才做得到……但插入器的形態五花八門。」[8]自然界用來創造陰莖的物質也是如此。

如果你在火星上發現一隻動物身上長有看起來像是陰莖的器官，會根據什麼特徵來佐證或推翻自己的假設？「與伴侶交配時可插入對方的生殖器官，並具有傳遞配子的功能？」聽來似乎滿合理的，也許還可以進一步探討交配的定義，不過，這些就留到之後再說吧！接著我們來看看，動物在交配過程中會將哪些構造插入配偶的生殖器官，以及這些構造是否符合「陰莖」的定義。

既是步足，也是陰莖？

馬陸（又名千足蟲）最廣人所知的，可能就是密密麻麻的步足了，雖然牠們並非真如其名有一千隻腳。馬陸當中的足數紀錄保持者只有七百五十隻腳（審註：二〇二一年刊登在《Scientific Reports》期刊的文獻表示，目前最高紀錄是一三零六隻腳），其他通常遠遠少於這個數目。如果仔細研究，可以從一個體節有多少隻腳的特徵，來分辨八萬多種馬陸與外型相似但足數較少的蜈蚣。馬陸每個體節有兩對足，蜈蚣只有一對。[9] ⑥

8 管子未必是一項特徵。一些陰莖（如爬蟲類的陰莖）長有開放的溝槽，可作為輸送精液的滑梯（審註：有陰莖的鳥類也是如此）。

我們要研究的馬陸步足長在第七節，也就是這些動物當作插入器或生殖肢（gonopod，基本上意指「交配用的腳」）的構造。除了馬陸與蜈蚣之外，還有其他節肢動物也會利用這種方式賦予附肢額外的功能。附肢發展的遺傳機制有可能也是脊椎動物演化出陰莖的原因。人們總戲稱陽具是「第三隻腳」，現在看來還真有點道理，但就如剛才提過的，馬陸的陰莖是「第八對腳」。

第八對腳並不代表這些多足動物在交配方面的一切，至少經過學界詳細研究的列車馬陸屬（*Parafontaria*）[7]的成員就不是如此。這些物種在交配時還用上了第二對足——生殖孔開口的位置。這對步足不像你想的那樣可用來插入配偶體內，而是只負責將精液先輸送到第八對步足。

發情的雄性馬陸在求歡時會先將裡頭空空如也的第八對步足（生殖肢）插入中意的配偶體內。如果對方沒有拒絕，就代表求偶成功，接著，第二對足便會替生殖肢裝滿精子。滿載精子的生殖肢會再次插入對方體內，並保持不動，持續時間從二十九分鐘到長達兩百一十五分鐘。

為什麼生命短暫的馬陸甘冒風險，利用兼具插入器功能的步足先打個空包彈呢？前面提過，馬陸種類繁多，就連牠們自己有時也會誤將其他物種當作同類。至少就馬陸這個物種而言，求偶的一方可以試探目標是否真的適合自己的插入器。這個簡單的測試可以幫牠省下一大堆（這麼說並不誇張）寶貴的精子，避免浪費在其他種類的對象身上。由於第二次的插入會持續很久，因此這種方式還可確保雄性將所有寶貴時間都花在對的配偶身上。

你可能從來沒有想過，馬陸的交配會是正常性行為的範例之一，但現在是時候大開眼界了。雖然馬陸在交配時運用四隻步足向雌性授精的動作，似乎超出了人類的經驗範圍（也確實如此），但至少牠們有將自己的插入器插入配偶的生殖器官內。第一次插入不射精，第二次（如果有的話）就是真槍實彈了。就馬陸而言，並不是所有交配行為都符合「在交配過程中插入配偶生殖器官內並傳遞配子（指使用第二對足測試時）」的這項定義。

裝備精良的插入器

許多昆蟲物種完全略過上述步驟，直接將精子射入配偶體內的任何地方。一些扁蟲也不得不這麼做，因為如綽號「邦尼」的柯林．羅素．奧斯汀所說，母蟲身上沒有「接受孔」。⑧這種生物沒有生殖器官可作為接受器官，因此公蟲只能利用「可伸縮的精子輸送管」頂端的「管心針」（stylet）刺進配偶身體的任何部位。之後，射入的精子會在對方體內四處遊走，直到遇上卵子為止。

雖然從雌性缺乏可接收精子的接受孔的事實，不難理解扁蟲的射精行為何以如此草率，但卻無法解釋所有經由皮下傳遞精子的情況。某些蜘蛛和昆蟲物種與扁蟲並沒有特殊關聯，但都

9 此外，據傳蜈蚣遇到人會躲開，馬陸則會蜷曲身體。當然，如果想辨別眼前這種生物是蜈蚣還是馬陸，前提是你遇到牠時不會嚇得急忙跑走。有些馬陸的體長可達約三十八公分，而蜈蚣最長約二十五公分。

演化出這種適應作用，射精的方式也大同小異。無論是何種壓力因素推動皮下插入器的演化，它們似乎一而再，再而三地以相同的構造出現：外表尖銳⑨，但帶有可以傳送精子的空心導管。然而，它的功用不是將精子送入雌性的生殖器官，當然也不符合「在交配過程中插入配偶生殖器官內並傳遞配子」的標準。

如果我們因為這種構造能夠傳遞精子，而將它視為特例，那麼皮下插入器就可以算是陰莖了嗎？我認為「尖銳」不能算是陰莖定義的標準之一，但這個詞彙明顯暗示著，對某些物種而言，插入器就像是一種武器。有鑑於人類的陰莖無法刺穿一顆熟透的酪梨，我們顯然不是其中的一員。現階段我們就暫且稱這些陰莖為「插入器」，不需要尋求更具體的定義。

陽莖（aedeagus，又名交尾器）——許多昆蟲身上的適應性器官——又該怎麼解釋呢？這個構造類似陰莖，有各種形狀與尺寸。但是，它不像羊膜動物身上那種經過演化而出現的陰莖，而是覆蓋在昆蟲腹部上向外延伸的板狀硬塊，連接輸精管與睪丸，可依照需求傳遞精子。本質上，這是全副武裝的腹部插入器。

牠們同時也配有精良的裝備。這些插入器尺寸纖長，呈螺旋狀，帶有鉤子，長有覆板與瓣片，或是可以抓住雌蟲的攫握器（如扣鉗一般）。從人類的角度（或者如社會學家說的「凝視」）來看，牠們的外表非常嚇人。事實上，人類已經花了許多時間細究這些構造，因為這是我們區分昆蟲物種的主要方式之一。我們甚至將它們活動的畫面拍了下來。這種「節肢動物（與其他無脊椎動物）的愛情動作片」題材雖然小眾，但尺度火辣驚人。

一些昆蟲擁有另一組與交配行為相關的構造「攫握器」，這通常不是用來插入配偶體內，而是……箝制配偶的行動。它們幾乎可以確定不是陰莖，更別說是插入器了。至於某些昆蟲身上的另一個特徵「陽端突」（titillator，titilate為搔癢、逗弄、使高興的意思）呢？顧名思義，這種構造（據推測）用於挑逗配偶，在某些情況下會插入對方的生殖腔，隨著公蟲的腹部與生殖器官本體（同時也插入雌性體內）收縮而規律擺動，彷彿陽莖周邊還長了幾根附屬器，好讓母蟲保持性興奮的狀態（審註：作用上就像天然的跳蛋一樣，在雌性生殖道裡頭持續彈盪）。在多數人看來，陽端突的外型可能沒那麼撩人，因為有些長了節粒，甚至還有「尖牙狀」的棘突。

在這種情況下，陽端突會插入生殖孔，也就是陽莖一般會進入的部位。然而，它們的作用不是傳遞精子（那是陽莖的工作），因此肯定不能算是陰莖一詞的範疇。

但是等等，陽端突有一項功能，那就是加速來自陽莖的精子的輸送。它們是陽莖的副手[10]，負責刺激陽莖射出精液，再引領精子進入看起來明顯春心蕩漾的配偶體內。因此，即使陽端突不會透過管狀物輸送精子，但確實促進了精子的傳遞。這麼一來，它們似乎稱得上是「在交配過程中插入配偶生殖器官內並傳遞配子的構造」。

看來，對於陰莖的定義或組成，我們的判斷標準正逐漸變得模糊不清，直到完全沒有界線可言。不過，沒有關係。

產精管

還記得蛛形綱動物「盲蛛」嗎？這些非蜘蛛生物包含了數千個物種，但我們在前一章首次認識了其中一種，或者確切來說是認識了那古老的陰莖化石。那隻盲蛛顯然具有陰莖——勃起的管狀生殖器官，當時也許正插入一隻雌性盲蛛的體內（或者，假使不是那坨該死的樹液，原本可以如此），準備輸送精子。你肯定認為，盲蛛身上那玩意兒「百分之百、毫無疑問是一根陰莖」。

你可能有預料到，不是所有的盲蛛都符合這些條件。其中一類名為「柄眼亞目」（Cyphophthalmi），俗名是蟎形盲蛛的動物，就不太符合我們的定義標準。這群長得像蜱、生長在苔蘚間的盲蛛們體型渺小，只有幾公厘長。牠們不像其他的盲蛛一樣擁有引人注目的陰莖，蟎形盲蛛的生殖器官不是用來插入配偶體內，而是往外翻。

這些微小的動物利用這種可外翻的構造將自己的精莢——一根棒狀物上掛有多個精包——戳進配偶的生殖器官裡，而無須將這根構造本身插入對方體內。[11]當動物使用這種管狀物釋出卵子，這個管子就稱為「產卵管」（ovipositor）。因此我想在這裡表示，與其說這種蜘蛛身上的生殖器官是插入器，不如說是「產精管」（spermopositor）。

盲蛛（蟎形盲蛛除外）跟其他蛛形綱動物的不同之處在於真正的陰莖，因為多數的蛛形綱動物並沒有專門的插入器。如果說精莢是掛在棒狀物上的精包，那麼蜘蛛偏好的構造會是，兩根棒狀物（其實就是長得像腿的附肢——觸肢）上掛有一對層層包覆的精包。

蜘蛛陰莖般的器官稱為觸肢器（palpal organ），最末端都長有一個名為插入器（embolus）的堅硬構造。在人類身上，同一個字的另一個意思——栓子——是可能會致命的流動血栓，讓人避之唯恐不及。對蜘蛛而言，一旦牠們的「手臂」（觸肢）戳刺配偶，插入器就會將精子送入雌性[10]體內。[12]觸肢器通常長得像是戴在觸肢頂端的拳套，但拳套（或許可稱為拳套插入器？）的花樣因物種而異。有些布滿絨毛，體積巨大，帶有皺褶，往外延伸，而且頂端尖尖的，有些則造型簡單，沒那麼嚇人。[11]

觀察蜘蛛使用觸肢的方式，有助於解開「陰莖構造」的問題。雄性蜘蛛身上有一個孔隙可輸出精子。牠會事先吐出蛛絲，將精液擠在精網上，蒐集黏在上面的精子，然後就像拿烤火雞用的滴油管吸取液體一樣，將精子吸進觸肢頂端的觸肢器裡，最後再把觸肢器塞到雌性體內，釋出精子。對某些物種而言，插入與射精的步驟不到五秒就能搞定。[13]

這麼一來，觸肢與觸肢器的組合算是陰莖嗎？它包含一條輸精管，也具有插入與射精的功能，似乎符合「在交配過程中插入配偶生殖器官內並傳遞配子」的所有標準。

然而，蜘蛛也會使用觸肢進食與嗅聞，而這肯定不是我們常見的陰莖用法。一些蜘蛛甚

10 某些情況下，封裝好的精子能在雌性的生殖系統內存活一年甚至更長的時間，直到雌性準備好了為止。

11 在撰寫本書的過程中，我觀察了上百種蜘蛛物種的觸肢，對這種構造深感著迷，每研究一種蜘蛛，我都會忍不住先瞧瞧它們的小觸肢。

至會利用一部分的觸肢——即頂端的觸肢器下方那一小節——來演奏音樂（發出尖銳的摩擦聲），作為求偶儀式的一部分。從人類的角度看來，這也不像是陰莖的用途（我還沒聽過有人的陰莖能演奏音樂），但是，也許我們應該認清這些器官的本質：它們不僅具有陰莖的功能，也能在感官交流與求偶的領域中發揮更多其他功用。

吹毛求疵的陰莖定義

在北加州地區的湍急溪流中，有一隻平凡無奇的小青蛙正在進行一件對所有生命圈裡的許多動物來說至關重要的大事：性。成年且體型五公分大的牠已做好準備，蓄勢待發。在這個生命的轉捩點，牠瞳孔瞪大，鎖定了配偶。牠所屬的物種不會透過鳴叫來求偶，因此接下來的互動必然需要小心應對。

牠在急流中從背後慢慢接近意中人，抓住對方的骨盆，用長滿疣粒的小前肢緊緊環抱。採取這種交配方式的青蛙大多會緊緊扣住配偶前肢的上方，將彼此的泄殖腔對接進行交配，但這隻小青蛙擁有其他同類都沒有的祕密武器：插入器。

這個附數器官其實就是泄殖腔的延伸部分，而講求正統的人會說，這不是陰莖。這隻青蛙不透過管狀構造來傳遞精液，而是將這個附屬器官插入被自己緊緊抓住的雌性配偶的泄殖腔裡當作滑梯，好讓配子從自己的泄殖腔滑進對方的泄殖腔。這是名副其實的泄殖腔之吻，借助明顯的抽插動作而成。[14]雙方如果打得火熱，會重複抓抱好幾回合，直到完成交配為止。

青蛙交配之所以得靠插入的動作來輔助，是因為這種默不作聲的環抱發生在湍急的水流中，而不是牠們一般會選擇的平靜水塘與間歇性水池。假如牠們照平常那樣直接透過泄殖腔輸送配子，大多數的精子都會被水流沖走。有了泄殖腔長出的這根尾巴，尾蟾（*Ascaphus truei*）（及近親洛磯山尾蟾〔*Ascaphus montanus*〕）得以保有大部分的珍貴精子以達預期目的：繁衍後代。

第二章花了一些篇幅強調，從水中轉移到陸上生活的演變，促使動物在其他水中繁殖技巧上尋求一些變通辦法。由這裡舉的尾蟾例子可知，生物學的通則中永遠都有例外，有些甚至顛覆了一般人的認知。

上述兩個物種通稱「尾蟾」，因為以前的人們以為牠們身上的插入器是尾巴。不料，那個構造的作用就如同羊膜動物的陰莖，會勃起，也會用於交配。然而到了現代，人們仍然不認為這根尾巴**完全**符合真正陰莖的標準。

偽陰莖

蚓螈看起來像是蛇與蚯蚓的混種（這兩種生物不可能交配），但牠既不是爬行動物，也不屬於蟲類。這是一種神祕難解的兩棲動物，外型長得極像陰莖。蚓螈沒有四

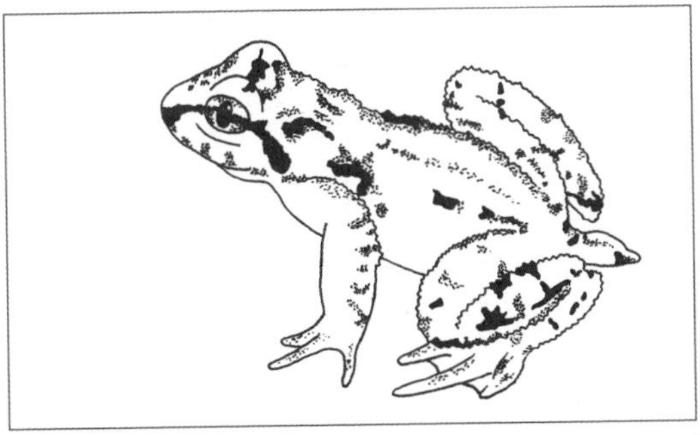

尾蟾。昆澤繪自克里斯．麥廷森（Chris Mattinson）於二〇〇八年出版的著作。

肢，視力幾乎完全退化，身體柔軟，表皮有環紋花紋，全身黏滑滑的，皮膚偶爾呈現紫色，經我這麼一說，聽起來牠更像是一根陰莖套上了濕滑且有條狀花紋的保險套。目前已知世界上有一百二十種蚓螈，但人類對於牠們的生活習性知之甚少。

我們確實知道的一點是，這種兩棲類中有一些物種會利用插入器進行繁衍。這個器官會外翻，插入配偶的泄殖腔，並充當管子輸送精液到配偶體內。⑮但是它不叫陰莖，而是「類陰莖」，被稱為「類陰莖器官」。基本上，蚓螈符合「在交配過程中插入配偶生殖器官內並傳遞配子」的所有標準，但有些人依然不承認牠具有「真正的陰莖」。

柯林．羅素．奧斯汀指出，不願將這種構造視為陰莖的堅持，「……太糾結於文字上的意義了」。也許吧，邦尼，也許是如此。

快感爆發的鳥類性高潮

體型嬌小、名稱奇特的壯麗細尾鷯鶯（學名為 *Malurus cyaneus*）的美妙之處在於，頭部與肩膀的鈷藍與冰河藍毛色形成鮮明對比。紋草鷯鶯（學名為 *Amytornis striatus striatus*）的單調之處則是，全身上下都是棕色的。[12]然而，這兩種「鷦鷯」的共通點是多數其他鳥類所缺乏的：插入器。⑯但是，這個構造是陰莖嗎？牠們的插入器是「泄殖腔的尖端」，由肌肉與結締組織構成，活動時看起來就像舌頭在伸縮，只不過功能是遞送精液到配偶體內。這種插入器最有趣的特點是，在壯麗細尾鷯鶯身上，唯有在繁殖季節裡才會出現。「一下子出現，一下子消失」的插入器或許不完全符合「在交配過程中插入配偶生殖器官內並傳遞配子」的標準，但有鑑於它在一年當中至少有一段時間會執行這項任務，因此還是符合條件。[13]

在此前提下，紅喙牛文鳥（學名為*Bubalornis niger*）無疑符合我們對陰莖的定義標準，不只因為牠們的插入器全年無休，也因為交配與射精能力宛如神鳥一般——可能是為了彌補不起眼的外表。顧名思義，這種鳥有紅色的嘴喙（與其他鳥類比起來接近鮮紅色），看起來並不起眼，身體呈棕黑色，羽翼上長有一些白斑。

「牛文鳥」的英文俗名（編織者）則說明了牠們的習性：這些鳥會用樹枝搭起碩大又多刺的家園，猶如鳥兒的公寓大樓，成群的牛文鳥會在裡面築巢，通常一隻雄鳥會與數隻雌鳥交配。雄鳥會互相競爭，不同群體的雌鳥也會打架。有鑑於牠們顯然都同意一起住在公寓大樓裡，這種鳥非常好鬥，因為牠們必須忍受不斷有體型更大的同類搬進來在上方築巢，而自己家變成地下室的事實（或者尋求對方的保護）。

牠們不打架的時候，可能就會交配，有時長達二十分鐘——在鳥類的世界裡感覺就像一輩子，因為其他鳥類通常只需幾秒鐘就能完事。牠們也存在研究人員所謂的「激烈精子競爭」，

---

12 這兩種鳥類都不是「真正的鶺鴒」，那麼，為何大家一直以錯誤的名稱指涉動物，譬如這種鳥與盲蛛呢？原因是，牠們分別長得跟鶺鴒與蜘蛛太像了。

13 一些物種的插入器外型也會隨季節而改變，像是蟬（學名*Euscelis*）的陽莖形態便會因季節而異（Kunze 1959），某些蛇類也是如此（Inger and Marx 1962）。因此，陰莖形態的季節性變化可能十分常見。

因此就連配子都會打架。這意味著，雌性會把握機會與不只一名雄性交配，替發生在生殖道內、用顯微鏡才看得見的微小對戰架好舞臺，而「最優質」的精子將會贏得勝利。

在生殖道外，雄鳥（審註：雌雄兩個性別都有，這是一個沒有管道的器官，雄鳥該器官長度約一點五公分，雌性約零點六公分）頂著「形似陰莖的器官」——由繩狀的結締組織構成的一根「硬桿」⑰，目前知道除了牛文鳥外，沒有其他鳥類有這個器官——蓄勢待發。[14] 雖然雄鳥不會將這個器官插入配偶體內，但無疑會利用它來發動攻勢。據研究人員描述，雄鳥會用這個器官摩擦雌鳥的泄殖腔，牠身體後仰、翅膀擺動的速度變慢，直到全身顫抖、雙腳抽搐。沒錯，這種反應就是高潮。

研究人員好奇，在這種明顯達到高潮的經驗中是否有任何東西冒出，於是他們拿出雌性紅喙牛文鳥的剝製標本，裝上人工泄殖腔，然後以此引誘雄鳥。這項研究中的十三隻雄鳥，與這隻填充玩偶交配了三十四次，每次都留下高潮的證據。他們可能覺得有了這項證據還不夠，因此在雄鳥交配結束後又摩擦了其中一些鳥的「硬桿」，誘發牠們射精。是的，你沒有看錯，這些科學家為了做研究，透過人工方式讓一些牛文鳥獲得快感。

謹慎而全面地調查了牛文鳥及其各種偏好與能力後，研究的作者們下了結論：那個堅硬且容易興奮的身體部位可說是「刺激性的類陰莖器官」。他們早該知道這一點。

除了好鬥之外，雄性的紅喙牛文鳥也不太會分辨適當的配偶，因為他們似乎對那裝有假泄殖腔的雌鳥標本很感興趣，而這個填充物並不是唯一一個讓雄性紅喙牛文鳥掉入陷阱的誘餌。

從網路捕鳥社群中的一些照片可以看到，雄性紅喙牛文鳥會向非同類的雌鳥求歡。由其中一張照片可知，雄性顯然設法在雌性身上尋找可以放進類陰莖的地方，但牠碰壁了，因為對象是一隻體型比牠大上得多、明顯性趣缺缺的灰蕉鵑（lourie）。在這場特別的相遇裡，灰蕉鵑似乎對這起降臨在自己身上的不幸事件感到意外，巴不得趕快逃走，紅喙牛文鳥則一副非牠不可的樣子，來勢洶洶。

定義明確的陰莖

人稱「邦尼」的柯林・羅素・奧斯汀在著作中提到藤壺（一種帶有硬殼甲殼類動物）時，有一句話說得很好，「作為主要固著性動物的成員，若想向鄰近的同類求偶，就必須有一個相對長且可伸出的器官。」⑱畢竟某些時候，每個人都需要靠一個長而突出的器官來跟鄰居打個招呼，即使只是用水管往隔壁灑水。如果你是藤壺，這是延續物種的必要之舉。藤壺是固著性動物，意思是牠們會固定待在某個地方不走。然而，牠們大多透過插入器進行繁殖，但若是大家都黏在石頭上不動，要怎麼將插入器插進配偶體內，甚至是尋覓配偶呢？顯然，解決辦法是擁有一根所謂「著名的肌肉發達陰莖」，而這種構造恰巧對於雌雄同體（許多藤壺都是）的動

14 研究紅喙牛文鳥的學者們熱切表示，這個「長得像陰莖的獨特附屬器官……一百五十多年來始終令人好奇」，就探索一個附屬器官而言，這段期間還真長。

物助益良多。有了這個器官，藤壺便能就近尋找繁殖的機會（見第二章的「菊花鏈」）。

長期以來，藤壺始終吸引博物學家的注意，同時也讓其中一些人備感困惑。瑞典植物學家卡爾・林奈（Carl Linnaeus）在他最著名的作品《自然系統》（*Systema Naturae*）中提出了生物分類的階層。然而，藤壺這種生物似乎令他感到疑惑，於是他將牠們歸到了這本書初版中的「自相矛盾動物」（拉丁文作 Animalia Paradoxa）章節，而前、後章記載的分別是「龍」（Draco）與「鳳凰」（Phoenix）。他似乎也跟其他前輩一樣，認為藤壺起源於海灘上腐爛的植物。

這樣的誤解根深柢固。在歐洲，藤壺的起源困擾了許多原科學家（protoscientist）至少數世紀之久。即便到了一六六一年，新成立且聲望崇高的科學組織英國皇家學會（Royal Society）的第一任主席，還曾提出荒謬至極的起源故事。羅伯特・莫雷爵士（Sir Robert Moray，裸胸鯙〔moray eel〕的命名不是出自於他[15]）站在莊嚴的學會殿堂上，一本正經地發表自己研究生長在船邊藤壺殼裡「似鳥生物」的論文，他認為，生活在不列顛群島的白額黑雁，正是從這種樣貌奇特、依附船體而生的生物形態發展而來。沒錯，他主張鳥的起源是藤壺。這體現了科學在本質上，就是一種利用新知改變既有結論的過程。經過充分調查後，我們百分之百確定，藤壺不會變成鳥。倘若學界能充分研究陰道，而對所有相關知識都如此肯定，那該有多好。

他主張，藤壺與幼鳥的關聯遠在歐洲一座小島的海岸之外。這個關聯可能起源自長有羽毛的蔓足（cirri，也就是藤壺的八隻腳〔審註：藤壺一共有六對蔓足〕），那遠看就像是一隻毛絨絨的鳥，雖然不清楚在這種情況下，一向細長的陰莖出現在這團毛絨絨的東西中，能有什麼功用。

你或許聽過查爾斯・達爾文（一八〇九～一八八二），甚至還能說出有一群研究人員⑲描述的那部「不朽著作」的書名。如果你想到的是《物種源始》（*On the Origin of Species*）[16]這本備受讚譽的巨著，那就錯了。我說的是達爾文提出藤壺分類法的那部搶手的暢銷作品[17]，也就是他經過七年研究後終於寫成的著作。有人認為，達爾文是為了留住讀者，才將自己的研究分成四本專著發表，而這麼做無疑能讓他們每讀完一本就開始引頸期盼下一本。總之，我說這些是要表達，博物學家碰上藤壺就會犯傻。[18]

除了與鳥類的可疑關聯之外，這種奇特的甲殼類動物吸引人的另一點是生殖器官。如第六

---

15 詞源上，熱帶海鰻（moray eel）的命名從希臘文經由拉丁文到葡萄牙文，再傳到英文。

16 準確來說書名應是《自然選擇下的物種源始》（*On the Origin of Species by Means of Natural Selection*）或《生存鬥爭中優勢族類的留存》（*Preservation of Favoured Races in the Struggle for Life*），維多利亞時代的書名都一長串。

17 實則不然。譯註：書名為《蔓足亞綱專著》（*A Monograph on the Sub-class Cirripedia*）。

18 持平而論，社會大眾碰到博物學家也會犯傻。和達爾文一起主張天擇是演化機制的夥伴是阿爾弗雷德・羅素・華萊士（Alfred Russel Wallace），不過，十九世紀真正讓華萊士聲名大噪的，是他那本名副其實的暢銷書《馬來群島》（*The Malay Archipelago*），內容講述了他在馬來西亞一帶的探險經歷，於一八六九年首度出版，至今已多次再版。華萊士被廣泛認為定義了生物地理學領域，而且他發現，甲蟲比藤壺更令人著迷。

章將提到的，達爾文對所有與藤壺性行為相關的事情懷有近乎病態的好奇心。至於我們，目前先知道這些就好：一般藤壺的插入器是長形的圓筒，由摺起的環圈層層堆疊而成，有如可輸送精子的彈簧圈，表面還裹有一層膜。這些器官外面長有一根根突出的粗硬組織，名為剛毛，張開時可以偵測周遭環境的化學物質，幫助藤壺尋覓潛在配偶。

然而，除非雌雄同體的藤壺「雌性功能」到位，否則這一切都是空談。所謂的雌性功能譬如向鄰居發送「雌性」化學物質信號，激發牠們的「雄性功能」，促使牠們伸出細長的陰莖以感受誘人的「雌性」化學物質。如果藤壺找到歡迎自己的外套膜，就會將插入器插入，射出一些精子，情況允許的話，還會多來幾次。[19]事實上，一對藤壺可以大戰數回，使扮演雌性角色的藤壺蔓足上徹底沾滿精液。

先前提過，由各種身體部位與器官組成的插入器，會隨著季節改變或萎縮（還記得壯麗細尾鷯鶯嗎？）。藤壺不只具備這種彈性，還更上一層樓。視物種而定，有些藤壺的陰莖會在交配季長出，過季後脫落。如果海浪起伏大，藤壺陰莖的肌肉與周圍組織會增厚，也會長出更多環節用以增加長度。⑳

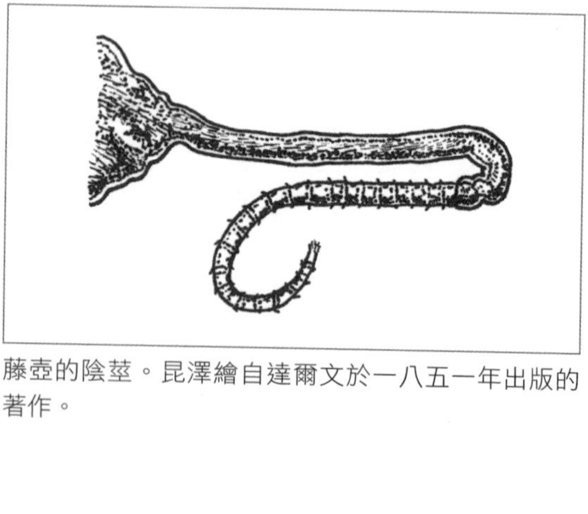

藤壺的陰莖。昆澤繪自達爾文於一八五一年出版的著作。

藤壺絕對符合「在交配過程中插入配偶生殖器官內並傳遞配子」的條件，至少，牠們的陰莖在繁殖季期間是完整的。這也許不是你最熟悉的陰莖形式，因為像頭髮般的剛毛與側邊的蔓足都比較容易讓人聯想到馬陸，但是，牠滿足了所有的定義。因此，在這段篇幅中，藤壺功能明確的陰莖不僅占有一席之地，還得到了額外的肯定，因為這種生殖器官具有個體間的互惠性，其林林總總的花稍功能遠遠超越了陰莖的基本定義。

陰莖的組成

將藤壺的陰莖與人類的陰莖相比，就像拿《時尚》雜誌（*Vogue*）裡的廣告與西爾斯百貨公司（Sears）的商品型錄比較。兩者的內容都與衣著服飾有關，但《時尚》雜誌的風格比百貨公司型錄要前衛得多。脊椎動物的陰莖無疑具有一些有趣的特徵，但人類不是如此。羊膜動物的陰莖一般不會長出利齒、棘刺、刮板、刀尖、細針，甚至是某些動物陰莖擁有的附屬器，但這不代表它們不值一提。我敢說，許多人都有注意到這些器官。

在一些例外情況下，有些符合陰莖定義（特別提醒一下，這裡的定義是「在交配過程中插入配偶生殖器官內並傳遞配子」）的羊膜動物陰莖具有一些共同的特徵與起源。它們都有兩項基本的功能：達到一定的堅硬程度，以及透過管道將精液輸送到配偶體內。這並不代表它們的

19 雖然與此沒有特別的關係但順帶一提，藤壺也沒有真正的心臟。

功用僅此而已——下一章會提到。這兩項功能是最基本的條件，有不計其數的陰莖都跟藤壺的陰莖一樣，除了生殖功能之外也多才多藝。

就哺乳動物而言，符合上述條件的器官可以透過兩種方式勃起㉑，不是藉由充血進入海綿體而變硬，就是由緻密且平時就很堅硬的結締組織構成，後者在勃起時可以立刻向外彈出。馬、食肉目動物（如熊、狗）與人類都屬於陰莖會充血膨脹的類型。事實上，威而鋼（Viagra）的作用就是這樣，讓陰莖內的血管充分舒張以容納更多血液，確保長時間勃起。這些動物中有些物種的陰莖內也長有陰莖骨，可視需要臨陣上場，因此，堅硬的東西一向好用。

沒有骨頭、但由堅硬的結締組織構成的陰莖，往往維持在硬挺的狀態並收在體內，只有在肌肉放鬆時才向外彈出。㉒這種陰莖通常呈現S形（審註：側視的話），內部彎曲，直到外來的刺激讓「陰莖後拉肌」放鬆，才會露出陰莖展開性行為。這些類型的陰莖見於——或至少有時可見於——許多有蹄動物（如公牛、公羊與豬）、鯨豚，以及鱷魚與烏龜身上（審註：然而，鱷魚和烏龜的陰莖在體內沒有彎成S形的部分，且鱷魚陰莖上沒有後拉肌相連；另外，烏龜們的陰莖在勃起時形變很明顯，這一點反而比較像人、馬、食肉動物等的陰莖）。

不少陰莖的頂端都有名為龜頭（glans，在古拉丁文中代表「橡子」，現代拉丁文中代表「子彈」——跟它的作用相差甚遠）的一小段構造。龜頭有供血機制，受到刺激時可以充血使陰莖膨脹。由堅硬纖維組織構成的陰莖在膨脹時，龜頭會立即露出，至少是我們肉眼看得到的程度；以上提到的動物（像是短吻鱷等），那個陰莖瞬間出動的時機精準地令我啞口無言。

四肢與陰莖之間的關聯

新構造的形成有一個共同主題是，大自然只能依據現有的零件和材料運作。以羊膜動物的陰莖而言，這意味著借用其中一個肢體的發展計畫來創造陰莖（還記得「第三隻腳」的笑話吧？）。出乎意料地，生殖器官與四肢可能在遺傳上有許多共通點，包含名為音蝟因子（Sonic hedgehog）[20]的基因與另一組掌管體節、體軸、相對位置的同源異型盒基因（Hox）[23]，還有一些其他未帶有編碼資訊、但至關重要的DNA序列。

雖然有些DNA序列帶有編碼訊息可供細胞讀取以製造出蛋白質，但還有更多序列並不具有製造蛋白質的編碼。這些非編碼的區域（占人體DNA的百分之九十八點五）有時會負責調節細胞如何使用基因組裡的不同編碼區段。在這些調節序列中，有一類是增強子（enhancer），功能顧名思義是促進它所調節的編碼基因區域的作用。而這些強化子的存在有其必要。

名為HLEB（一些DNA的名稱冗長難記，所以採用簡稱，原文為hind limb enhancer，代表「後肢增強子B」）的增強子，在肢體的發育中扮演核心角色。即使它未帶有指令密碼，仍能促使細胞妥善利用帶有建造蛋白質功能的Tbx4基因。接著，這種Tbx4蛋白質再轉而替羊膜

---

20 沒錯，正是取名自著名電玩遊戲中的主角音速小子，而且是在這款電玩與周邊商品席捲全球之前就已命名。一些學者對這個名稱頗有微詞。

動物後肢的發育做好準備。換句話說，你能長出雙腳，可能得感謝Tbx4基因，或許還得感謝HLEB，因為如果沒有這種增強子，Tbx4基因在發育的關鍵階段就派不上用場。

研究人員在實驗中拿掉小鼠胚胎中的HLEB，確立了這個增強子的重要性。[24]他們發現，移除HLEB不只嚴重阻礙後肢的發育，還干擾了小鼠的生殖器官發展。進一步研究顯示，在胚胎的四肢與生殖器官發育階段，蜥蜴與小鼠體內的HLEB高度活躍，如果將蜥蜴的HLEB移植到小鼠的細胞身上，亦可促進後肢與生殖結節的形成。

你應該知道，蛇不像蜥蜴那樣長有後肢，儘管牠們的遠古祖先是有腳的。牠們具有生殖器官，也就是有時顯得嚇人的成對半陰莖，在重要時刻會從泄殖腔外翻露出。不過，蛇的體內依然存有跟後肢發育相關的增強子與基因，於是問題來了：為什麼經過數百萬年後，這些掌管四肢發育的DNA仍可見於不會長腳的動物身上？

如同喙頭蜥與其無望長出的陰莖，巨蟒等一些「基群」蛇類動物的四肢會在胚胎時期開始發育。牠們會長出肢芽，但是沒有任何用途。其他較衍群的蛇類甚至連肢芽都不會長，例如有毒的眼鏡蛇與無毒的玉米蛇。但是，牠們的體內都仍帶有HLEB序列，之後長出半陰莖的部位也能見到Tbx4基因的密集作用。

如果將蛇的HLEB（眼鏡王蛇或球蟒）移植到小鼠胚胎內取代原本的HLEB，小鼠不會長出正常的後肢；牠們會變成蛇鼠或鼠蛇，身體的後半段長得像蛇一樣。蛇的HLEB會隨著演化而改變，但變化已經大到不足以促成後肢的發育，因此蛇沒有腳。但是，蛇類與植入蛇HLEB

基因的小鼠仍會形成生殖結節，可見增強子在這些動物類群中依然可作用，皆扮演助長陰莖形成的角色。

這強烈意味著，光靠一些DNA變異，大自然就能選擇是否讓動物長出腳來，而無腳的選項為蛇類帶來了某種優勢。然而，那段序列產生的任何變異，都有可能使生殖結節停止生長、永遠無法成形。如果一切正常，自然界會借助至少某部分的四肢生長機制與工具箱，用來打造這些動物身上的插入器。

科學界一再討論的一個主題是，這些變異有時來得迅雷不及掩耳。舉個例子，沒有HLEB增強子的小鼠，其骨盆結構會改變，陰莖骨也長得相對細小。一個世代中，只要有一個DNA丟失（即使它不帶有編碼基因），小鼠的解剖形態就會改變。更驚人的是，HLEB的喪失，也會導致百分之五十的母鼠發展出兩個陰道與其開口。一個陰道當然沒問題，但如果兩個陰道的特徵普遍流行於物種之中，而且讓這群母鼠獲得某方面的優勢（像是玩弄無法激起性慾的配偶等），大自然就會選擇最能在那種環境下取得成功的特徵：一個陰道開口，還是兩個？就某些物種而言，譬如美洲的負鼠與其他有袋類動物，自然界會選擇打造出兩個陰道開口，並在牠們臨盆時形成中間第三個陰道。（審註：有袋類動物的雌性具有三個陰道，也因此不少雄性（有例外）有袋類的陰莖有兩個龜頭。）

骨骼

判斷一根陰莖是否屬於哺乳類動物的一個明確指標是，看它有沒有骨頭。這裡特別說明一下以免有人開始擔心：骨骼並非哺乳類動物陰莖不可或缺的一部分，只是這種器官幾乎只出現在哺乳動物的陰莖中（生物界的通則：永遠都有例外）。事實上，我們大可透過一種方法來記錄陰莖骨見於哪些生物分類，而這套方法由靈長類動物專家艾倫・狄克森發明——他的著作與研究結果引領了今日人們對靈長類動物的許多認識與看法。這些分類有靈長目（Primate，如黑猩猩）、嚙齒目（Rodentia，即老鼠）、真盲缺目（Eulipotyphla，如鼩鼱）、食肉目（Carnivora，如熊）與翼手目（Chiroptera，如蝙蝠，飛行時也會勃起）。如果你反應快，可能會注意到這五目的英文字首拼起來是「PRICC」[25]（音近prick，有戳刺之意）。這種記憶法省略了一個目，也就是兔形目（Lagomorph，如兔子、鼠兔等），其中一些動物身上也長有細小的陰莖骨。若加上這個目，也許你可以用「PRICCL」來記憶這些分類，下次與朋友聚會，你又有知識可以分享了。

在我看來，陰莖骨吸引了人們對於骨頭過多的注意力。我們一直以來都將陰莖骨視為萬用工具，而到了今日，它們依然具有商業價值，會被當成耳環與其他珠寶的原料來販賣。有史以來最昂貴的陰莖骨，或許就是號稱全世界體積最大的陰莖骨化石了，其出自一隻遠古的西伯利亞海象。這個標本在二〇〇七年以八千元美金賣出，目前展示於舊金山信不信由你博物館

（Ripley's Believe It Or Not!）。

世界各地都有人對陰莖骨的用途，以及這個器官持續存在於上述的哺乳類動物身上所根基（或承受）的演化壓力抱持著懷疑的態度。許多研究人員都測試過陰莖骨的耐受度[21]與抗彎曲度，哪些動物擁有它，哪些動物在演化過程中失去又重新獲得它，它可以伸進雌性的生殖道多深，以及它的大小、粗細或表達能力（非指實際上的說話）對於雄性擁有者在交配與生殖成功上的影響等。關於陰莖骨的演化次數或原因眾說紛紜。換言之，這塊骨頭是脊椎動物歷史上最神祕難解的骨頭之一。

陰莖骨形狀各異，有些是普通的長形，也有些長得像刮刀、爪錘、斧頭、三叉戟甚至彎折的手掌。由這種形式上的多樣性可知，陰莖骨在某些特定明確的壓力下經歷了殘酷的天擇。

但實際上，關於陰莖骨及其多樣性背後的可能原因，證據繁雜。是對應插入的深度？[26]基於性別差異的特徵？[27]因應不同類型的交配系統（例如，一夫多妻制）？[28]抑或是配合雄性的體型大小？[29]

這麼一來，學者們表示，目前「陰莖骨仍有大部分是未解之謎」，也是意料中的事了。

21 一位陰莖骨學者，曼徹斯特城市大學（Manchester Metropolitan University）的卡洛琳·貝特里奇（Caroline Bettridge），在推特上發表貼文表示，自己有天晚上差點就把一袋3D列印的陰莖骨模型忘在酒吧了。想像要是有位酒吧的老主顧無意間發現那些東西，會作何反應。相較於塑膠材質的藍色陽具，那些模型似乎有善用陰莖研究相關的3D列印技術。

一些非哺乳類動物打破了哺乳類動物才有陰莖骨的規則，像是壁虎下目的部分成員，當然還有龍族生物。㉚例如，科摩多龍這種巨蜥具有兩根陰莖骨，每個半陰莖各一根。如此看來，龍也具有兩根陰莖骨。對於龍族而言，不多不少，剛好就好。（審註：根據二〇一六Russell等人，以及一九九五年Card and Kluge等人的研究指出⑴守宮類群的這個骨頭長在尾基，視物種可能從沒有、一對，到兩對，通常只有成年雄性個體具有。⑵然而，無論是守宮或是像科摩多巨蜥，這個只能算是很寬鬆定義的骨頭，雖然具礦化現象但並非骨化。）

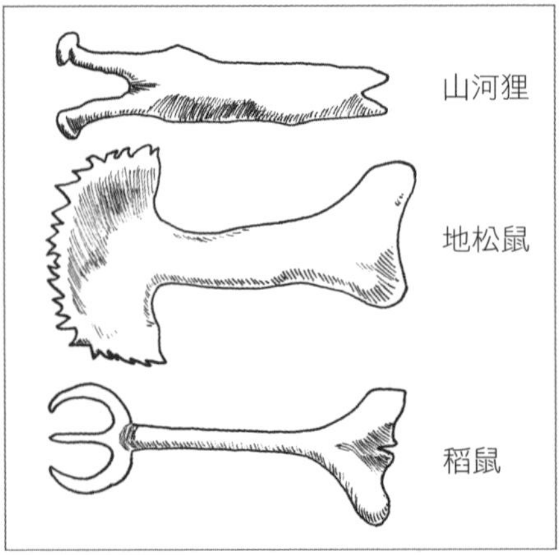

一些陰莖骨的範例。昆澤繪自寶拉．史塔克利（Paula Stockley）於二〇一二年發表的論文。

遺漏的關聯

如本書多次提到，即使微小（短小）的變化也能促成重大的轉變。就拿陰莖骨來說好了，如果你是人類，便不受這種變化所影響，因為人類沒有陰莖骨。以長有陰莖骨的動物而言，這種構造尺寸不一。其中有些長得凹凸不平，像雞皮疙瘩一樣（有些東西是你不希望與陰莖扯上關係的），被認為有助於陰莖深入雌性體內，並可能會為雙方帶來正面的反饋。尺寸較大的陰莖骨則具有類似船錨的功能，可延長陰莖插入的時間以提升成功交配的機率。[31]

人類的身上沒有這種構造。過去有謠言指出，人類陰莖上（龜頭後緣）偶爾形成的粒狀突起——陰莖珍珠樣丘疹[32]——可能是這些小骨針在演化過程中遺留下來的組織。事實並非如此。這些丘疹相當常見，會發生在高達百分之十八的陰莖上，而且也見於雌性的生殖器官。一些人還認為它們是濕疣，而這當然也是誤解，此外，這樣的粒狀突起大多會隨著年紀增長而逐漸消退。

骨針的存在完全沒有疑義，因為我們的近親黑猩猩屬（*Pan*）具有這種構造，當然也是因為我們親眼確認過了。同樣有此構造的還有大猩猩、紅毛猩猩、長臂猿、恆河獼猴、狨猴與嬰猴。換句話說，我們人類才是異類。到底發生了什麼事？

單一DNA的變化如何能造成巨大的差異，是另一個故事了（之後還有更多故事）。研究人員對比黑猩猩與人類的DNA序列，發現前者體內有五百一十個序列是人體所欠缺的。[33]在這麼多的序列之中，有一個序列橫跨了其中一個調節基因的非編碼區域。這個區域包含了黑猩猩的一個增強子，也就是DNA上可與其他區域互相作用以增加編碼基因表現量的的一小段區域（你或許還記得，這跟蛇身上可促進四肢與陰莖生長基因的HLEB增強子是同一種。）。

在此情況下，增強子可確保位於X染色體上、那個帶有合成荷爾蒙受體的基因發揮效用。這個雄性激素受體能夠識別一般認為與「男子氣概」或男性化特徵有關的荷爾蒙，例如長鬍子或擁有健壯的體格，但這兩個特徵未必會出現在男性身上，而只是一種平均效應罷了。這些荷爾蒙（大多為睪固酮及相關激素）也推動著觸鬚（譬如貓或老鼠臉上作為感覺器官的鬍鬚）與陰莖骨的生長。事實上，原本正常長出陰莖骨的靈長類動物，經過閹割後會因為雄性激素分泌的衰退而逐漸失去這個構造，至於缺乏雄性激素受體的實驗操縱小鼠，根本就沒了這塊骨頭。

隨著功能完好的增強子在胚胎發育的特定時期發揮作用，動物會長出觸鬚與／或陰莖骨。人類沒有這種增強子，因此不會長出觸鬚或陰莖骨。進行這類研究的人員注意到，最極端的「簡化版陰莖骨[34]」（意思就是完全沒有陰莖骨）的案例，往往跟靈長類動物一夫一妻制的繁衍策略有關，也就是一次只交往一名伴侶[35]，不存在精子競爭或其他敵對力量。

失去陰莖骨，對人類的演化史影響有多深遠？依據現有唯一DNA的定序結果（取自尼安德塔人〔*Homo neanderthalensis*〕與另一個早期人種丹尼索瓦人〔Denisovans〕），他們也沒有陰莖骨。考量到有力證據指出這兩個近親似乎曾與人類交配（我們也曾向他們求偶，次數可能還不少）[36]，他們沒有陰莖骨也是說得通的。

因此，在探討人類的DNA與靈長類近親有何相似或差異之處時，我們有必要停下腳步想一想。這有助於回溯演化的時間軸並紀錄沿途的各種變化，因為人類與其他親緣相近的靈長類動物起源自共同的演化支系。此外，也有利於研究各項身體構造的功用。然而，我們不該利用共有的演化基礎來解釋自己為何會像黑猩猩或巴諾布猿一樣不受控，或者合理化這些行為的存在。

第4章

陰莖的一百種用途

法國博物學家，同時也是醫生的里昂．尚．瑪莉．杜佛（Léon Jean Marie Dufour，一七八〇～一八六五）曾寫過一句名言[1]，「交配用的盔甲是一種器官，或者應該說是一種構造精密的工具。」如前一章提到的，我們沒有明顯原因可推斷，動物需要比一條管子還複雜的任何東西來輸送精液與進入配偶體內。但是，牠們利用那話兒做的事情可多了。人類的陰莖就不是這樣了，大多時候那就只是一條將精液送入伴侶體內的管子而已。雖然如此，人類的陰莖有許多感覺，我們也能觀察到，受到視覺信號的刺激後會出現勃起，因此比多數陰莖都還要有趣。就這點而言，我們將人類的陰莖塑造成充滿趣味的管狀物，同時我也準備好讓你透過本章，認識其他物種的插入器還可猶如瑞士刀般充滿侵略性。

1 無論如何，在某些領域是很有名的。

多功能用具

如前幾章所述，大自然往往會選擇生物的某些身體部位，將它們重新塑造成插入器，也因此使插入器具有不同用途。對多數動物而言，這不只是釋出精子的一種管道。經過演化，這些插入器已發展成身體各部位的多功能用具。當然，它們可以傳遞配子，但也能篩選與吸引配偶；傷害或殘殺競爭對手、配偶甚至敵對的精子；並成為炸彈、利刃與攻城槌。聽起來，插入器似乎相當好戰，而且表示交配的雙方未必都有一致的目標，或者在過程中投入有相當差距的資源。

最為人所知可剷除精子的插入器，或許就屬豆娘與蜻蜓的雄性生殖器官了（審註：脈翅目學者有另外一個專有名詞描述這個插入式的器官——vesica spermalis，位於第二、第三腹節處）。牠們的生殖器官上，有個稱為擬陰莖（ligula，也是插入器的一部分，雖然文獻著作採用的詞彙不一）的尖鉤狀構造，有各種花樣，因物種而異，但似乎全都用於舀除其他領先自己一步的求偶者的精子。①事實上，如布朗大學（Brown University）的強納森・威吉（Jonathan Waage）於一九七九年首度描述，這種行為具有「開拓性」（seminal）（審註：seminal可當有開拓性的或是精液的）[2]的重大貢獻，有助於我們了解在動物的交配過程中，生殖器官發生了什麼事。這項戰術不只出現在上述這兩類動物身上，而是普遍見於生物界（澄清一下，其中不包括人類），目前已知至少有蠼螋、蟋蟀、甲蟲、甲殼綱動物與頭足類動物會這麼做。

然而，插入器（包含人類的陰莖在內）及其重要附屬器官還會發送感官訊號。這些訊號是給未來或目前配偶的私密訊息，可以鞏固彼此對繁殖這件事所許下的承諾，不論只有幾秒鐘或是長達一輩子。

細如針頭的老二

前面提過插入器作為皮下注射針頭的用法，但我還沒介紹完動物生殖器官的所有皮下注射式行為。我的意思是，動物利用這種皮下注射器插入的地方還多得很。

最常見的例子是，一些蜘蛛會將觸肢[3]上類似針頭的部分插進雌性的生殖器官內。其他生物使用插入器的方式就奇特得多。海蛞蝓可能是最有創意的一個，牠們會像個技巧拙劣的擊劍手一樣到處亂插，有些個體甚至會把任何地方都試過一輪，包含腹足、內臟團（visceral hump），甚至是伴侶的額頭（審註：有趣的是，牠們兩隻

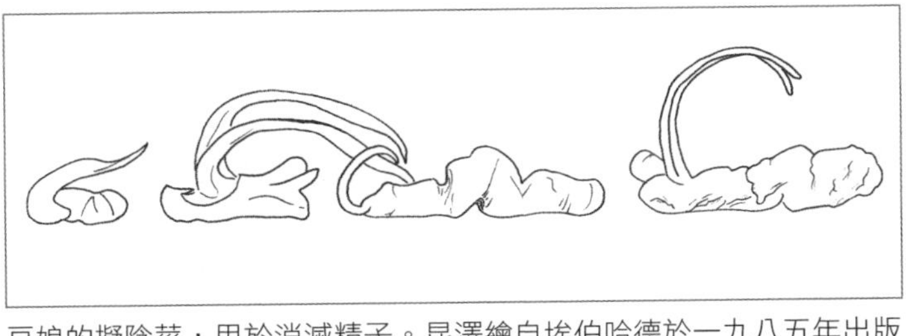

豆娘的擬陰莖，用於消滅精子。昆澤繪自埃伯哈德於一九八五年出版的著作。

2 研究人員使用的這個詞彙不具明顯的諷刺意味。
3 提醒：這正是蜘蛛用來作為插入器的構造。

會互相貼著，面向相反方向，都是朝右方插，所以右側身體應該不容易被插到）。② 雌性淡水螯蝦的附肢上有個偏好被插進的部位。如果附近沒有配偶，一些雌雄同體的扁蟲會拿皮下注射式插入器插入自己。③ 你可以想像，這種又長又尖的東西，在需要自我受精的場合時非常好用。

你可能認為，精子被注射到胸部而非生殖道後會逐漸萎縮，但昆蟲學家威廉．埃伯哈德表示，雌性的體腔「令人意外地是精子活躍的良性環境」。事實上，可能不只昆蟲有這種現象，豬、牛、雞與天竺鼠也是如此，而且成功受精的機率就跟正常情況下，精子進入陰道一樣高。

在了解插入器如何作為武器之前，先認識皮下注射式受精是放鬆我們心情的好方法。我之所以如此描述這特性，不是因為寫作時的異想天開。那些在著作中論述插入器（尤其是昆蟲界中極具威脅性的構造）的人士，都採用「生殖武器」一詞來描述這些尖鉤、大釘、利齒、矛頭、鎚矛及其他完全不同於人類陰莖的攻擊性裝備。其實，如果你上網搜尋「生殖武器」，會得到約一萬五千筆結果，其中一些資料來源早在十九世紀中期便已存在。

利刃、手榴彈與攻城槌

截至二〇一九年，全世界的斑鱉（學名 *Rafetus swinhoei*）只剩三隻還活著。兩隻見於越南北部的野外，另一隻雄性個體在蘇州動物園，而第四隻是圈養在長沙動物園的雌鱉，她在接受麻醉並進行人工受精手術後不幸死亡。在中國古老傳說中，斑鱉是巨劍的守護者。現實世界裡，目前居住在動物園的那隻鱉的陰莖可見明顯疤痕，因為牠（還有牠的陰莖）在與另一隻同類打鬥時受了傷。

看來，即使物種瀕危，鱉類仍然願意帶「槍」上陣（把陰莖視作武器，人類最好不要學），逞凶鬥狠。[4]那一隻與牠對戰的雄鱉死了，而這位陰莖受傷的倖存者活了百來歲，「精液品質低落」。可惜目前已知在野外或動物園都沒有其他雌性斑鱉的蹤影，因此牠的精子夠不夠力，再也不是問題了（審註：好佳哉，雖然可能於事無補，但二〇二〇年在越南的東莫湖發現了一隻斑鱉，經遺傳證據確認為雌性）。

就這種斑鱉而言，雙方打鬥時使用的武器旗鼓相當，但對於槍魷（*Loligo paehi*，學界在一九一一年首度描述這個物種時取的名字）來說，雄性的精莢會像手榴彈一樣爆炸。為了讓爆炸效果達到極致，雄槍魷會先將精莢靠在心儀對象的嘴巴附近，然後再引爆。雌槍魷毫無還手之力。

當精液手榴彈「爆炸」時，噴出的精子會貼附在雌槍魷身上，最終集貯在嘴巴一側的受精囊（seminal receptacle）裡。[5]等母槍魷產卵時，卵串再一路滑到受精囊內與精子結合。如果公槍魷求歡時，母槍魷即將產卵，雄性便會將精莢放到對方的外套膜腔（mantle cavity，套膜等於是頭足類動物身上的「披風」）內，及時膨脹（審註：雌槍魷的輸卵管開口在外套膜內，所以放進外套膜等於近水樓臺先得月）。精莢會爆炸的生物不只這種魷魚。前角隱翅蟲（學名 *Aleochara curtula*）也具有類似的精莢，牠們會小心翼翼地將精莢放入雌性體內深處，只要對方肌肉稍微收縮，精莢就會破裂。⑥

某些物種沒有這種會爆炸的精莢，便將生殖器官當作攻城槌，來突破雌性生殖系統的內壁。有一種中大型的嚙齒動物——東非跳兔（沒錯，牠屬於嚙齒目，而不是兔子，學名 *Pedetes surdaster*），生長於東非（肯亞、坦尚尼亞，也許還有烏干達）——擁有的陰莖堪比最具創意的中世紀武器。牠的陰莖有根帶有棘刺的陰莖骨，頂端還有一層會脹大的薄膜，這些構造都有助於突破雌性跳兔的子宮頸，好讓精子進入。馬的陰莖具有能在陰莖出鞘時急速膨脹的龜頭，據一些學者觀察，這有助於撐大雌馬的子宮頸。

駱馬與羊駝（同屬駱駝科）以吐口水的習慣與暴躁的脾氣聞名遐邇，交配時聲音大得驚人，而且是在雙方都呈現坐姿的狀態下進行（審註：陸生有蹄動物只有駱駝科的成員使用這個姿勢）。[4]雄性的龜頭尖端上有一個由軟骨組織形成、長得像拔塞鑽的堅硬構造（審註：略呈順時針螺旋），可用來撐大雌性的子宮頸，接著陰莖便可深入子宮射精。（沒錯，令人大吃一驚。）這些動物射出的精液是非常濃稠的一小「滴」，而不是一大坨，這或許可以解釋牠們射精時為何採取特殊姿勢。

昆蟲也具備某種攻城能力。事實上，昆蟲的生殖器官就跟擁有外骨骼的主人一樣，與配偶接觸時往往堅硬不屈。一些雌性昆蟲的生殖器官也發展出獨特的「盔甲」⑦，以大門、吊橋與柵欄的形式呈現，當然，物種若要延續，雄性的生殖器官就必須能夠突破重圍。這種雄性昆蟲會發送混合訊號，因為牠們在摧毀配偶生殖器官設下的障礙時，也會透過陰莖前端的角質囊將「聘禮」送到對方嘴裡（之後會詳細介紹這些「聘禮」）。

現在，我想正式介紹豆象鼻蟲（seed beetle，又名bean weevil），屬於瘤背豆象屬（*Callosobruchus*）。之所以要這麼做，是因為你將在本書不斷看到這種甲蟲。基於不明原因，（如果你曾親眼看過豆象鼻蟲，就會知道牠們的外表通常都不起眼，全身灰褐又帶點綠色，相當小隻），這種動物數十年來吸引學界的注意，有很大一部分是因為生殖構造與習性。說到生殖，牠們會被稱做「豆象」，是因為雌性會將受精卵產在種籽裡，而且特別偏好豆科植物。幼蟲以周遭豆子裡的養分維生，長大後破籽而出——這的確讓我重新思考吃豆類這件事。

西非豆象鼻蟲（*Callosobruchus subinnotatus*）具有個大顎般的構造，但這完全不是用來把豆子從裡到外吃光光。這種特徵——或稱「神祕的顎形生殖器官」——位於插入器的尾端。它們插入雌蟲體內時，可以切開，甚至劃破雌蟲體內的交配管道（copulatory duct）。學者們都非常清楚這點，因為那些顎形生殖器官會在交配管內留下細小的V形傷痕，但在他們眼中，這些特徵「相對微不足道」。⑧對於這個結論，我則抱持「相對懷疑」的態度。

戀矢與射精泵

一本於一八七一年出版的比較解剖學手冊⑨，以優美文字描述一個未指名蝸牛物種的性剝

4 牠們發出的噪音被稱為「眉目傳情」。

削行為，甚至讓原本帶有強烈侵略性的「戀矢」（love dart）一詞聽來浪漫動人。手冊的作者湯瑪斯・萊默・瓊斯（Thomas Rymer Jones）任教於倫敦國王學院（King's College London），以描寫淡水無脊椎動物細節構造時的犀利文筆聞名學界。然而，當他描述蝸牛「這種奇特的動物」，幾乎將語言的表達發揮到了極致。他寫道，牠們的交配行為「十分奇妙」，會「利用非常特殊的誘惑招式作為前戲」，與其說是「溫柔的攻勢」，反而更像你死我活的激烈纏鬥。這些招式包含「各式各樣的愛撫」與「非比尋常的熱情」，挑逗完了便翻出頸部的囊狀物，利用囊壁上「包裹著黏液、形似匕首般尖銳的箭矢」進攻。

接著，兩隻蝸牛開始交戰，一隻進攻，另一隻躲進殼裡，直到被擊中，再以牙還牙。[5]

「戀矢」——或者進行如萊默・瓊斯所稱的「激情的創傷」——有可能最終被折斷，但兩隻交合的蝸牛也會因此進一步「展開更有效的攻勢」。戀矢可將黏液分泌物注入對方體內，增加被受精的意願（也就是讓對方成為孩子的母親）。萊默・瓊斯描述完蝸牛求偶與交配的過程後接著寫道，「現在我們來檢視與這個過程對蝸牛的內臟有什麼影響」，這部分太過血腥，我在這裡就不提了。

接著我們來看看名為「蒼蠅」的物種（屬雙翅目），其生殖構造多到有如分工精細的委員會。在一長串名單中（如肛上板〔epiproct〕、肛下板〔hypoproct〕、肛門周圍的尾毛〔cerci，部分種類會特化成扣鉗，如第三章提過的蜻蜓尾端的攫握器〕、陽莖側葉〔paramere〕、陽莖〔aedeagus〕、生殖背板〔epandrium〕、生殖下板〔hypandrium〕、分節的生殖肢〔segmented gonopod」），最引人注意的是射精泵（sperm pump）。這個幫浦具有三塊肌肉，顧名思義，它的作用是「直接將精液注入雌性體內」。[10]

同性交配與社交用途

過去我在課堂上向稚氣未脫的生物系與醫學系學生講述人體解剖學時，不斷傳達的其中一個訊息是，「陰莖是輸送精液的系統」。我一向話點到此便不再多說。由於課程還有許多生理系統要教，我希望將重點放在器官的形式與功能上。然而，上述的歸納並不準確，而我也不好意思回想自己曾說過多少次。看到這裡你或許已逐漸明白，插入器有許多不同的作用與功能，不只是輸送精液與促成繁殖而已，其中最顯著的一項是，滿足同性伴侶之間在社交、感官與情感上的需求。

在各種動物類群中，有不計其數的成員會進行同性求偶、配偶綁定與同性交媾，這些成員來自所有的羊膜動物類群、兩棲類、軟體動物、昆蟲與線蟲。實際上，同性性行為有「成千上萬」個案例[11]，一些研究人員推斷，這種行為是一種祖徵（審註：即這個特徵的起源非常久遠，在這個祖先往後的所有子支系都同樣帶有這樣的特徵），其中有一部分原因或許是為達生殖目的的雙方「試遍千方百計」的結果。[6][12]

5 據其他研究人員觀察，蝸牛極度熱衷這種行為，似乎真的在挑戰自己能否命中目標。

在這些同性性行為之中，有些讓人聯想到雌雄兩性間的互動關係。非洲寄蝽（*Afrocimex constrictus*）——狐蝠身上的外寄生蟲——在交配時會用性器官戳刺對方，進行所謂的「創傷性射精」。事實上，雄性寄蝽彼此間經常出現這種行為，以致演化出名為受精儲精器官（spermalege）的腔器，這種器官原見於雌性寄蝽身上，以便雄性插入器瞄準（審註：這個器官可能的功能是「避免雄蟲胡亂地亂插」，有趣的是，雄蟲竟然因為經常不分青紅皂白地亂插，導致雄性也得演化出類似器官來避免遭殃）。[13]

同類之間接觸密切的海豚，發生同性性行為的「比例最高」。他們會互相騎乘，陰莖與陰莖互相接觸，並做出「掐屁股」的動作，也就是一方用嘴喙摩擦另一方的生殖部位。這與人類所謂的「掐屁股」頗為不同——就我記憶所及，這指的是未經同意就捏對方屁股。海豚之間的這種互動除了可帶來感官樂趣之外，也是有利於鞏固關係的社交行為（審註：雌性之間也有這種行為，甚至母女之間也會，該行為記錄於圈養的瓶鼻海豚個體）。雄性與雌性的巴諾布猿同樣也會透過這樣的同性性行為來累積社交資本與增進感情——考量到過程中必然牽涉感官的試探，因此增進感官經驗可能也是這麼做的目的之一。

一些雄性之間的交配行為不僅僅為了社交，還是如假包換的配偶綁定。這樣的綁定關係可見於許多物種，從企鵝、綿羊到人類都是。以綿羊為例，有一定比例的公羊只偏好與同性結為伴侶。

研究人員試圖探究這些行為（在某些族群中呈現一致的比例）背後的遺傳基礎，並且拿果蠅做實驗，以了解基因變異是否會引發同性性行為。結論是，那些體內帶有「雌雄不分」、「求愛期短暫」與「慾求不滿」基因變異的果蠅，的確傾向與同性交歡。你或許有注意到，果蠅遺傳學家替這些基因取了相當直覺好記的名稱。⑭

然而，這並不意味著，人類可能具有「男同性戀基因」——近年來備受爭議的主題。舉例來說，果蠅有四對染色體，而人類有二十三對。每個人各自具有不同的基因變異，表現出來的蛋白質不同，也身處在不同的環境中，因此我們都擁有獨一無二的特質。人類沒有單一或甚至多個基因變異，能解釋人們的性向與表達性向的方式，這兩者的複雜性遠遠超出典型社會文化定見所能理解的範圍——即「異性戀」才是「正常」狀態，所有其他狀態都必須以此為衡量標準（審註：因此，說同性戀是不正常的性向是非常有問題的，少見不代表不正常）。

養分的輸送

點心時間到了，而雌性蜘蛛不知道怎麼辦才好。有一隻雄性蜘蛛帶了一些禮物給她。研究人員稱這些是「聘禮」，但牠們並未結為連理，只是求偶與交配而已，其中有一部分的過程是贈送與接受禮物。顯而易見地，那些禮物通常包含了精液——當然很難妥善包裝起來，但裡頭

6 這項研究備受媒體關注，因為作者們特別強調之所以從不同角度探究這個問題，一個原因是，他們之中有許多人都是非異性戀的學者，與一般所見的異性戀研究員不同——那些人通常是男性，也就是一直以來提出與回答這類問題的人。

含有滿滿的養分。

贈送聘禮往往伴能使雄性與雌性和平共處，但未必一向如此。這些禮物雖然通常都包括精液，但是大小不一，營養成分也不同（實際上，雌性有時會違反常規，將配偶整個吃下肚當作「聘禮」）。如果她正值需要吸取能量以養育後代的階段，或者被迫留在原地而有一段時間都無法覓食，這個絕佳的營養來源就能派上用場。事實上，這種禮物可口得令人難以抗拒，有時就連雄性也會忍不住享用。

有些聘禮富含養分（不是一整個被生吞活剝的肉體，而是精莢），雌性動物甚至可以全靠它們過活。以灌叢蟋蟀（學名*Poecilimon ampliatus*）來說，雄性會用自己的生殖器官觸碰雌性的生殖器官，然後在為時數分鐘的交配過程中留下一些精莢。不過，傳遞配子的部分還沒結束。在接下來的幾個小時裡，精子會從精莢轉移到雌性體內，整個交配過程才算大功告成。

然而，這些是「非常特殊」的精莢，盛裝精子的袋狀物外頭有著一層膠狀的保護膜。在交配後的幾個小時內，雌性會啃食那層膠膜，直到精子最終出莢為止。吃完這頓點心，母蟋蟀便得以在奮力交配後稍事休息（一或兩天的時間）。[15]就蟋蟀而言，這些聘禮與精莢頗具分量，可占雄性體重的三分之一以上。其中至少有一部分的蛋白質到了雌性體內之後，可促進肌肉組織的生成。

聘禮的養分主要是來自蛋白質的組成成分。相較於交配行為帶有拮抗意味的物種，平丘盲蛛（*Leiobunum*，屬於盲蛛的一種）若是愈常進行熱切親密的求愛，聘禮所存放入的必需胺基酸就愈多。⑯至於螳螂，雌性並不像大家以為的那樣常吃雄性[7]，但是當牠們這麼做的時候，也能從對方身上獲取胺基酸。

事實上，在盲蛛類群中，聘禮與性緊張（sexual tension）之間存在更深刻的關係。這些物種可大致分為兩群，有一群的陰莖末端有角質囊可攜帶聘禮（囊狀），另一群沒有這種角質囊（非囊狀），因此求偶時沒有禮物可以贈送對方。（審註：前者其實除了陰莖末端的角質囊有主要聘禮外，另有陰莖基部由副腺體分泌的次要聘禮；而後者因為缺少角質囊，因此只有次要聘禮。）

陰莖末端有角質囊的雄性盲蛛在求偶時的第一步，是與雌性面對面接觸。⑰掏出陰莖之前（別忘了，這些非蜘蛛的動物具有陰莖），雄性盲蛛將觸肢架在對方附肢基部，就像親暱地擁抱雌蛛一般，並讓對方盡情享用角質囊裡的美味佳餚。換言之，就是雄性直接把聘禮送進配偶嘴裡。接著，牠會重新調整姿勢，以便將陰莖插入配偶生殖前腔（pregenital chamber）的開口，開始交配。

大多數的動物在這個時刻早已將送禮的任務完成，但這些生殖器官長有角質囊的雄性盲蛛則還沒停下來呢。牠們為交配過程再準備了另一個禮物，而這份禮物要等到陰莖外翻時才有辦法送出。我先整理一下前面的重點：進行接觸，用觸肢擁抱對方，贈送第一份禮物，改變姿

7 機率只有百分之十三到二十八（Bittel 2018）。

勢，露出陰莖，然後在交配時送出第二份禮物。長有角質囊的盲蛛透過相對平和的方式與美味的點心來求偶，創造了一種帶來豐富營養的親密經驗。

相較之下，沒有角質囊的盲蛛缺乏這個附屬的構造，因此求偶時沒有第一份大禮可供配偶享用。這一類盲蛛的雌性生殖器官外部通常會設下重重障礙，好讓生殖器官可緊密且有力地閉合，這種設計應該是為了避免不速之客。在此同時，該類群的雄性也發展出更長、更結實的陰莖，以撬開雌性生殖器官外嚴加戒備的鐵柵（也許我應該將這些蛛形綱動物移到武器使用的敘述才對）。由此可看出一種模式，那就是隨著前戲的減少與親密接受度的降低，這個物種的雄性與雌性在生殖器官的接觸上都使用了更強力的武器，也提高了防備。

祕密配方

說到性慾旺盛，你也許聽過據說具有催情效用的西班牙金蒼蠅（Spanish fly），一種由芫菁（學名 *Neopyrochroa flabellata*，又稱紅翅甲蟲或斑蝥；不過，牠們的身體只有部分是紅色，但只要碰上了任一處就會起水泡）分泌的腐蝕性物質。這種會讓人起水泡的刺激物質其實不像春藥那樣有效（這會要人命的，所以千萬不要嘗試），卻是雄性芫菁身上用來儲存求偶禮與聘禮的腺體所釋出的化合物。

雌性芫菁無可避免地受到這種化學物質——芫菁素（cantharidin）——的吸引。雄性本身無法自行合成這種物質，牠們從食物中攝取，然後存放在雌性難以抗拒的求偶禮與聘禮中。求偶時，雄性會從頭上的腺體釋放這些物質，而雌性會嚐一嚐味道再決定是否交配。[18]

一旦雄性成功以這種物質誘惑對方，就會在交配過程中透過射出物裡的精莢向配偶傳遞更多芫菁素。由於抵擋不了芫菁素的美味，雄性自己也會淺嚐幾口。這種在享受性愛的同時共食芫菁素的幸福，唯有當雌性中意雄性頭部腺體分泌物時才有可能成真。如果求偶的一方分泌量不足，雌性就會「狠狠」拒絕對方。[19]雄性與雌性芫菁「分手機率高」，拒絕時也毫不留情。要是遭到拒絕的雄蟲繼續死纏爛打，雌蟲便會捲起腹部，不讓對方靠近自己的生殖器官。[20]

然而，如果芫菁素成功發揮了作用，雙方的求愛與交配就有如水到渠成的約會（對於昆蟲來說）。首先，雄蟲會慢慢接近雌性，露出頭部腺體，供對方細細評鑑。經過某種盡在不言中的合意，雙方會將前半身抬起，雄蟲將懸空出來的腳放在雌蟲側邊，彷彿跳華爾滋一樣。不過，牠們沒有要跳舞，而是雌蟲會張開大顎夾住雄性的頭部，將大顎戳進雄蟲頭部兩側的裂口，也就是用來存放芫菁素的部位。

牠們會保持這個姿勢一段時間，在這種彼此緊抓不放的過程中，所有動作都受限於雌性的大顎。雌性吸取完芫菁素後，如果覺得滿意，就會鬆開大顎；然後雄性會立刻跨騎在雌性身上，盡可能多次插入陰莖以利成功射精。一陣親密纏綿後，雄蟲會放開配偶，插入器縮回原本的大小，而雌蟲會帶著滿滿的芫菁素離開。

為什麼雄性求偶者釋出的芫菁素如此重要？這是因為，雌性吸取後會將這些有毒物質存放於蟲卵中，藉此可以驅退其他想要前來掠食蟲卵的甲蟲幼蟲們。這也是雌性挑選芫菁素的標準如此嚴苛的原因。

其他物種也會在交配之前對配偶的頭部進行類似的「驗貨」步驟。一些侏儒蜘蛛的頭部會分泌求偶用的化學物質，而雌蛛會將螯肢（相當於蜘蛛的大顎，也是毒牙所在的地方）嵌入雄性眼睛附近的溝槽。照理說，當研究人員在實驗中拿東西遮住蜘蛛的頭部，讓雌性無法將螯肢插入溝槽，雄蛛成功交配的可能性應該會大幅降低。然而，令人出乎意料的是：雌蛛似乎根本不在乎這一點。牠們無論如何都會採取最有利的交配姿勢，但對雄蛛而言，如果頭部的溝槽少了雌性螯肢的刺激，似乎就無法召喚魔力，將觸肢插入雌性體內進行交配。雄性**需要**這段前戲。[21]

是武器，還是求愛工具？

某些動物身上看似具有攻擊性的構造，未必就是武器。相反地，它們可作為威脅、力量或整體威力的訊號。其他類似武器的構造確實可以造成身體上的傷害，但那些傷害對於受害者的意義與造成破壞的程度尚不明朗。我們很難判斷一隻昆蟲身上的非致命傷口有多嚴重，也很難對牠感同身受。

動物可以透過我們不知道的許多方式進行溝通交流。與非人類物種相比，人類在許多感官方面顯得相對麻木，但仍能一天過一天，總在不知不覺中接收到令人感到快樂、傷心、厭惡、憤怒、飢餓、疲倦或興奮的種種感官刺激。我們甚至能解讀其他物種發出的某些訊號，尤其是狗狗這種具社會性的動物，牠們非常懂得利用我們對於可愛事物的敏感性，誘使我們供應吃住，偶爾還會在萬聖節時幫牠們精心裝扮。

老實說，儘管彼此的物種在演化方面相差了數百萬年，而且其中一方不會說話，但我與愛狗依然能進行完整的對話，互相瞭若指掌。舉個例子：

愛狗坐在門旁，眼睛水汪汪地盯著我看：我想去外面。

我：你才剛去過；我不想再起來一次。

愛狗甩了甩頭：聽著，我是說真的，我要去外面跑一跑。

我：你才剛去過。

愛狗不停用腳抓門：外頭有陽光，我要去曬太陽。給我開門。

當然，最後我還是開了門，讓牠到外面曬日光浴。

如果我跟家裡養的老狗狗都能進行這種既複雜又明確的溝通，那麼動物與同類之間互通的微妙訊號（不論是眼神、聲音、氣味、觸覺或味覺），就有可能遠遠超出我們所能察覺的範圍。而且，這還不包括其他生理上的線索（或者，如果配偶是母的，那她發出的線索必定也是「隱晦難解」的），尤其是插入器。這些化學性的影響在某一方的配子與另一方的生殖系統之間，創造了一種呼叫與回應的互動。

更奇妙的是，這些訊號就如同人類傳遞的訊息，說的不一定是實話。非人類動物發出的訊號有時的確會省略一部分事實。就拿我的狗來說好了（沒錯，又是牠），牠的體型不算特別大，外表也不凶猛（別讓牠知道是我說的），但如果牠深信郵差來訪的目的是攻擊我們，就會警戒地豎起背上的毛，像一隻發狂的小豪豬般鬼吼鬼叫。

在這種情況下，牠會顯得稍微比實際體型要壯碩些。牠發出的威脅訊號沒有透露全部的真相，但從牠的角度看來，這個策略非常管用，因為郵差每次都沒有攻擊我們就離開了。但是，牠在不知不覺中虛張聲勢的招數，並未「誠實表明」自己真正的體型，就跟聽覺訊號——也就是那聽來凶狠至極的叫聲——一樣。

從事交配前行為的動物也會有類似的武裝舉動，透露不太完整、正確的訊息，譬如在爭奪配偶的時候。雖然如此，動物自有一套方法可準確評估彼此的能耐。以某些蠅類物種為例（審註：指柄眼蠅），牠們會設法讓自己的眼柄變成一直線，誰的體型愈大，眼柄愈寬，誰就能抱得美人歸。這種行為也見於盲蛛身上[22]，只不過牠們較勁的部位是腿，誰的腿伸得最長、張開的面積最大，誰就贏了。[8]

是力，還是美？

在雄性彼此的互動中，威脅訊號也許多少可以發揮嚇阻的作用，但通常還是需要實際的肢體力量作為評斷證據。雙方比到最後，施加威脅訊號的那一方終究會面臨真正的身體挑戰。假設一隻狗在生氣時，背部的毛豎了起來而使體型顯得壯碩，但實際打鬥時完全不是如此，那麼之前的虛張聲勢就變得一點意義也沒有。身為昆蟲學家的埃伯哈德主張，就這種展現「我比你大隻，比你強大」的侵略性威脅訊號而言，天擇機制會偏向體型較大的一方，以支持所傳達的訊息，因為在實際的肢體對抗中，體型較大者會取得勝利。大自然在這些動物身上塑造了這種誠實的訊號，讓那些與雄性高度相關的特徵成為力量的真正代表。猜猜看，人類身上的哪個部位不具備這種模式？答對了，就是陰莖。不管一個人有多強壯，或是多會威脅別人，陰莖的尺寸都不會跟著變大（或變小）。

說到吸引伴侶這檔事，這種訊號會傳達不同的訊息。求偶時，發出的訊息不必強調自己的體型，只需要藉由吸引人的方式表達「我很迷人」就夠了。因此，與性吸引力有關的特徵通常不在於孔武有力或侵略性強，而在於引人注目與討人喜歡的感覺。美感——某種事物引發的感官反應——遠比盡可能弄大彰顯吸引力的部位來得重要。

如此一來，交配前的訊號可分為兩種，一種是向其他雄性表示，「看看我有多強壯與多嚇人」，同時往往牽涉武器；另一種是向潛在配偶表示，「天啊！我真是迷人」，有時也會伴隨著一些故作優雅的細微訊號。不論是哪一種訊號，都需要接收者的感官投入；也就是說，接收者必須能夠察覺發送者想傳達的訊息，才能以發送者期望的方式做出回應（放棄爭鬥或接受求

8 如果套用喬登．彼得森的理論，我會主張，要是男性都像海螯蝦那樣大搖大擺地走路，或許從盲蛛的這種行為就能解釋，為什麼有些男人搭大眾運輸時，會張開雙腿像「大爺」一樣惹人厭地占用座位。

愛）。

「我很迷人」

向另一半分泌腐蝕性的化學物質，或者用大顎咬住配偶頭部的溝槽，只是動物示意「我很迷人」的一種方式。顯然，吸引力不是只有芫菁或侏儒蜘蛛看到，或甚至感受到的模樣。芫菁需要有一定的毒素檢測門檻作為依歸，否則雄性就得費很大的力氣求偶。雄性侏儒蜘蛛必須確定自己精心製作的聘禮符合對方的胃口，否則雌蛛便懶得交配。

你或許知道，公鳥（一些性情凶狠暴力的水鳥除外）聞名的不是巨大的插入器（多數鳥類都沒有陰莖），牠們最為人所知的是光彩奪目的羽毛與複雜講究的求偶行為。有些鳥類甚至會費盡心思築巢，利用珍貴材料裝飾巢穴，或甚至養育成功產下的子女。牠們向潛在的配偶發送感官訊號，不是為了展現力量，而是表達「我很迷人」的訊息。[9]

發送這些訊號的方法有很多，不是只有視覺溝通而已。如本章最後一節所述，感官體驗是插入器與附屬器官，藉由交配過程所呈現的演出。

唯有在接收者能夠理解的情況下，這些訊號才能發揮作用。我們不知道芫菁為何會在短暫的面對面接觸後突然抬起身子，但交配的雙方顯然情投意合，回應了某種引發交配行為的訊號。不過，一個物種愛用的訊號，對另一個物種來說可能是莫名其妙的啞彈。正因如此，我們在比較人類與沒那麼相似的物種（合適的非人動物）時，必須謹慎以對。如果反過來變成是芫菁觀察人類，牠們也許會困惑，為什麼我們不在開始求偶時一口咬住伴侶的頭部。

在芫菁的世界中，雌性是拿取的一方。但就多數物種而言，交配時提供感官刺激的許多非插入性構造都屬於雄性，而且有不計其數的雄性在某些程度上也扮演了強奪的角色。對人類而言，拿取與掠奪是個人的侵入，但對於部分動物而言，這種行為可以帶來親密感與感官刺激，增進配偶的體驗。

這些非生殖器的接觸器官可以是動物身上的任何部位。前面提過動物會使用大顎與螯肢進行求偶與交配，但腿部、頭部、胸部、觸角、腹部與翅膀也可能派上用場，某些青蛙甚至連「拇指」都用上了。[23]

以觸肢作為插入器的蜘蛛，有時會先來個幾次假動作試探一下配偶，再將精液注入對方體內。這種行為在斯蒂蛛（學名*Lepthyphantes leprosus*）中稱為「偽交配」，但這麼做究竟是為了試探與確認心意（如馬陸），還是為了讓對方或雙方帶來感官享受，我們不得而知。可以確定

9 依據對象的不同，「迷人」二字有各種解讀，有可能是「身強體壯」或「沒有寄生蟲」，也有可能是挑剔一點的對象的「感官偏誤」。這些用來解釋性擇理論的各種模式十分有趣，也都各自有確切的論證基礎，但要細說的話，得另外寫一本書了。事實上，理查・普蘭（Richard Prum）就寫了一本，書名為《美的演化：達爾文性擇理論的再發現》（*The Evolution of Beauty: How Darwin's Forgotten Theory of Mate Choice Shapes the Animal World—and Us*）（二〇一七年出版），聚焦於其中一個模型，演化生物學家對書中的論點看法不一，但討論度極高。我在這裡花了一點時間提到「感官偏誤」，但絕對沒有否定其他觀點的意思。

的是，雌性在被試探數次之後仍不會閃人，顯示這種插入的舉動不是只為了輸送精子。㉔

其中一種幽靈蛛（*Mesabolivar eberhardi*，正好以威廉．埃伯哈德的名字命名）即使在交配時，仍會用螯肢與配偶的生殖板（genital plate）進行親密接觸。這種額外的接觸動作顯示，某種感官刺激可增進交配的體驗或成功交配的機率，因為雄性的觸肢早已插入配偶體內，而牠不是為了求偶才這麼做。

從我那隻搜救犬看到郵差就氣急敗壞的行為可知，並非所有訊號都傳達正確無誤的訊息。這些招數也可用於求偶。求愛過程中，里氏劍尾脂鯉（水族名字是龍王燈，學名*Corynopoma riisei*）會從鰓蓋拉一條線，在身體側邊懸吊一個飾品，而那個東西往往反映了該片水域中食物來源的形狀。如果那片水域的魚類的共同食物來源是螞蟻，那麼龍王燈就會懸吊一個形似螞蟻的飾品，而雌性會受到誘惑，過來咬一口之後才發現是雄性誘使交配的陷阱。㉕這算是一種利用視覺誘惑達到的感官刺激，雖然雌性在視覺上與胃口上都做出了回應。㉖

然而，雌性龍王燈必須受到飾品的誘惑，雄魚發出的訊號才能實現目標。雄性利用天擇作用下的訊號展現（潛在獵物）來達到性擇的目的（哄騙對方）。儘管對雄性而言，交配帶來的好處大於風險，但是對雌性而言，交配的次數愈多，可能就愈不利。這種在雄性與雌性之間交配利益的不對等，正是導致性擇衝突的其中一個原因，但這樣的差異，同樣減輕了那些交配次數少、伴侶親密度高，與投入較多心力養育後代的物種所背負的壓力。人類就是一例。

精莢也可作為一種信號，就像旗號那樣，只不過其中含有精子。裸鰓類（nudibranch，海蛞蝓的其中一大類）中的褐灰蓑海牛（學名 *Aeolidiella glauca*），如同牠們的陸地表親（蛞蝓）一樣，是一類同時雌雄同體的生物。這種動物的求偶過程冗長耗時，雙方直到最後才會交換精莢。然而，進行到這一步時，牠們如果發現配偶身上**已帶有精莢**，就會斷然喊停。那種感覺就像發現衣領上有口紅印一樣。

雖然牠們放棄交配可能是為了避免耗盡配偶的精子，但更有可能是避免與對方的前一個配偶發生精子競爭。[27]如此說來，精莢不只負責傳遞精子，還可警示潛在配偶小心不必要的競爭。沒有人知道這些蛞蝓怎麼有辦法偵測到精莢，但考量牠們在發現這件事之前對漫長求愛過程的投入，親密度想必對牠們來說至關重要。

一種名為 *Olceclostera seraphica* 的蠶蛾的生殖器官上長有特殊構造，可以發揮像洗衣板一樣的作用，在交配時讓雌性享受震動的快感。有另一種黃蜂則是生殖器官上有數個腫塊，交配過程中的摩擦也能製造震動。這麼說可能會有點冒犯海灘男孩（Beach Boys）[10]，但我想這意味著，雌性在挑選配偶時，會看誰的生殖器官在顫動時最能讓牠們感到興奮，並且驚嘆「天啊！這感覺超爽！」流行音樂確實與生物學有著比人們預期來得廣泛的關聯。

10 譯註：該樂團有一首歌名為〈誘人的顫動〉（Good Vibrations）。

什麼都看得到的生殖器官

威廉．埃伯哈德曾在著作中寫道，雄性生殖器官的「形式往往複雜多樣，單就傳遞精子的功能來說，還真無法輕易理解」。[28]他並未提到雌性的生殖器官，原因不只是它們通常不負責傳遞配子，也在於由古至今的生物學家尚未透徹了解這些生殖器官的各種面貌。然而，埃伯哈德無疑觀察到，雄性的生殖器官具備許多遠超出傳遞配子所需的花樣。

目前為止，我們已經知道動物如何利用插入器與感官線索進行求偶與交配，將這些工具當作武器，或與其他訊號結合以傳達「我很迷人」的訊息。所有這些案例主要探討的構造屬於生殖系統的一部分，用來發送或接收訊號，但不同時具備兩種功能。

且來看看柑橘鳳蝶（學名*Papilio xuthus*）的全知視角插入器。一九八五年，埃伯哈德十分驚奇又帶點懷疑地寫下一份「離奇的報告」[29]，描述在某些蝴蝶物種之中，雄性與雌性的生殖器官都具有感光受器。如果你看到這裡還不覺得驚訝，容我解釋一下，感光受器是一種細胞，帶有**可偵測光線**的視蛋白。視網膜是人類全身上下唯一具有感光受器的部位。想像一下，假使人類的生殖器官有這種細胞，會是什麼樣子。如果你是女性，這就好比**外陰部長了眼睛**。

那份報告宣稱，在這些蝴蝶的生殖器官上，感光細胞位於一層光滑透明的組織底下，被長有絨毛的區域所包圍。[30]更重要的是，它們產生了電生理紀錄，就跟任何其他感光受器沒有兩樣，在感受到光線時會放電，顯示光線引發了神經訊號的傳遞。埃伯哈德驚訝得不禁寫道：

「生殖器官的光感受器所蘊含的重大意義，是引人好奇的謎題。」（審註：類似的發現其實層出不窮，我們在章魚及魷魚的皮膚，以及海蛇的尾巴都有發現過。）

二〇〇一年發表的一篇論文透過先進的技術證實了埃伯哈德的發現。[31]這些蝴蝶不論性別，生殖器官上都帶有感光細胞。雌性似乎會根據生殖器官接收到的資訊來決定要在哪裡產卵。如果這些細胞被摧毀，雌性蝴蝶就無法產卵。

至於雄性蝴蝶，假如生殖器官上的感光器毀了，牠們就沒辦法交配了。顯然，生殖器官上的感官區域能夠指引牠們到達正確的地點進行交配。你可以想像一下，若是連自己的生殖器官都看不到，那要把它喬到適當的位置肯定難上加難。這時該怎麼辦呢？沒錯，就是演化出看得見的生殖器官！

平凡無奇的陰莖

人類的陰莖沒有武器般的堅硬組織或鐵橇般的本事，相對地，人類的陰道也沒有堅如磐石的高牆，得用攻城槌才能直搗黃龍。我提到這點，是因為有些人主張，人類陰莖的特徵與人際互動意味著，強姦有可能是人類演化史中「自然展現的一部分」。

舉例來說，哈佛大學心理系教授史蒂芬·平克（Steven Pinker）誠摯推薦《強姦的自然史：性要脅的生物學基礎》（*A Natural History of Rape: Biological Bases of Sexual Coercion*）[11]這本著作，讚賞其「勇氣可嘉……目標高尚遠大」。[12]這本書的兩位作者認為，強姦規避了女性的擇偶（交配前的汰選），省去了許多重要的反對觀點。比方說，為了讓天擇機制保留強姦行為的這項特徵，或甚至不反對強姦，這種行為必然具有可遺傳的特質，而且能夠帶來繁衍上的優勢。除此之外，不同的人類文化對強姦的看法也各有差異（第九章將詳述），再說了，強姦不僅僅是一種性行為（性衝動也同樣不是），女孩與女人們並不是唯一的受害者，男孩與男人們也不是唯一的加害者。

這本可笑的著作闡述一個以空話粉飾的愚蠢觀念，但一直以來，有一群男性對這些讓他們如願以償的薄弱論點深信不疑。然而，在範圍廣大的動物界裡，人類的生殖器官不支持這種看法，陰莖樣貌不支持（來看看其他靈長類動物的陰莖有多不一樣，見下圖），陰道亦是如此。

11 藍迪・桑希爾（Randy Thornhill）與克雷格・帕爾默（Craig T. Palmer）合著。

12 這個「高尚遠大的目標」主張，強姦是人類的某種生物適應性，因此我們可以採取行動來防止人們這麼做。是的，這個說法完全狗屁不通。

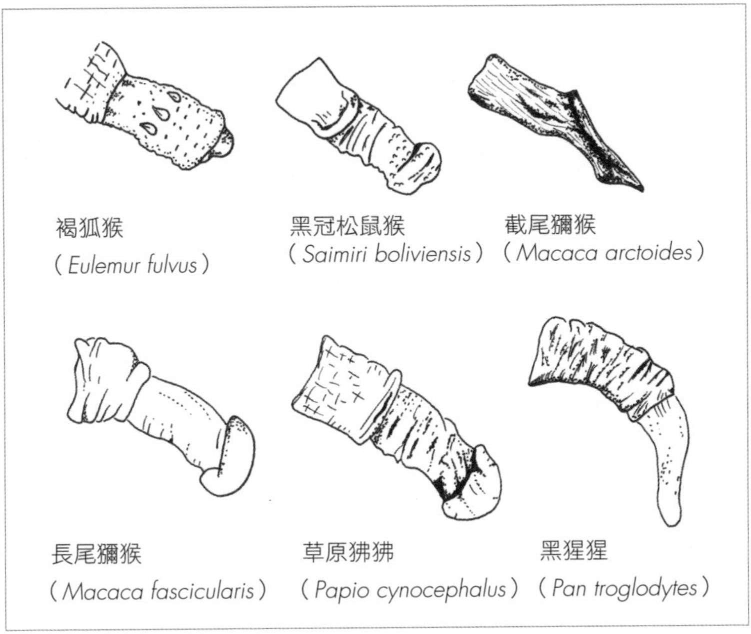

靈長類的陰莖。這些陰莖的外型與人類的差異頗大，尤其是截尾獼猴的鍬形陰莖（右上），肯定得滑過陰道內某個構造下方才能進入配偶體內。昆澤繪自狄克森於二〇一二年出版的《靈長類動物的性行為》（*Primate Sexuality*）中的插圖。

第5章

女性的控制

據多起敘述指出，犯下重罪的傑佛瑞．艾普斯坦最愛用的伎倆，是打斷知識分子的談話並問，「那跟陰道有什麼關係？」他會這麼問，當然不是因為在乎「陰道」的科學或知識面。他是在透過獨特的方式做自己，而且他非常清楚，自己的雄厚財力、五光十色的派對，還有手上控制的眾多女孩與年輕女性，足以掩飾他的荒淫生活。那些聽到他這麼問的人們似乎不覺得這種態度有問題，可想而知也沒有厭惡到想脫離這個男人的勢力範圍。他們繼續跟艾普斯坦來往，屈服於他的金錢與權勢之下，脆弱的道德心與正義感對此完全無能為力。其實，這個男人問了對的問題，只是這個問題不該由他來問，而且他問錯人了。本章將探討的是，對的人會如何回答這個問題。

早期的嚴重錯誤

一些科學家認真探討女性陰道的問題，並非只是想語出驚人，或利用這句話來測試大家的道德觀淪喪到何種程度。舉例來說，達爾文使用的語言儘管聽來淫穢，但他毫無此意，他認為女性的擇偶依據不是自己的生殖器官，而是其他的感官刺激。他認為，「男性與女性在性擇中占據的比例非常可疑；我認為男性對任何女性都來者不拒，女性則會選擇最雄壯或最迷人的陰莖，或者選擇俊美又有勇氣的男性」。他論述的是，交配之前所傳達的「我很強壯」訊息，就如上一章節我們談的「我很迷人」一般。

其他學者則沒那麼肯定女性在生殖方面是積極的。在這個主題上，達爾文迎來了當代的對立觀點。例如，聖喬治・傑克森・米瓦特（St. George Jackson Mivart，一八二七～一九〇〇）認為，女人太過輕浮，不適合積極參與這些決定。他這人有點古怪，先是強烈認同達爾文的天擇觀點，然後又持強烈的反對立場。即便是與達爾文共同提出天擇說及演化論的阿爾弗雷德・羅素・華勒斯（Alfred Russel Wallace，一八二三～一九一三），也認為一般而言女性的擇偶與生殖結果無關。他的想法大多根植於米瓦特的主張：任何物種的雌性當然都可能因為求偶者的俊俏外表而分心，但這跟交配又有什麼關係？在這些學者看來，交配是男性「贏家」光榮獲得的大獎。

這種氛圍反映了當代時空的態度，百來年過去，這樣的氛圍顯然發生了一些轉變。經由學者們抽絲剝繭，女性獲得了某種主控權，不只在於伴侶的選擇上，也在於交配過程中的選擇——也就是在他們坦承相見的時刻或陰莖與陰道相遇的當下。這些觀點隨著愈來愈多女性在科學界取得博士學位而逐漸受到關注，這可能並非巧合。

難道就沒有人考量陰道嗎？

二〇〇五年，現為麻州曼荷蓮學院（Mount Holyoke College）生物學教授的派翠西亞・布倫南（Patricia Brennan），曾造訪雪菲爾大學（University of Sheffield），向演化鳥類學家提姆・伯克黑德（Tim Birkhead）請益如何解剖鳥類的生殖器官。到那兒之後，她發現鳥類生殖器官的解剖研究似乎都著重雄性族群，或位於陰道深處的精子儲存區域。在鳥類之中，鴨子特別受到關注，因為對其中的某些物種而言，陰莖是非常實用的強迫交配工具。但是陰道呢？布倫南感到好奇。它們面對這些巨大的陰莖，有出現任何適應作用嗎？

沒有人知道答案。在鳥類的解剖研究中，研究人員會將牠們的陰道一路切開，以檢視存放精子的區域，其他部位看都不看就丟了。那個時代是二十世紀後半葉，人類擁有關於所有物種（雄性）生殖器官的健全文獻（尤其是昆蟲），這些資料可往前追溯超過一個世紀。但是，我們對陰道或其相關的論證知之甚少。

布倫南認為這實在說不過去。在其實驗室附近的鄉村地區，民眾飼養鴨禽，包含北京鴨在內。她前往鄰近的一座農場收購鴨隻（那些動物原本會被宰來吃），展開史上第一項解剖鴨子完整陰道的實驗。她的研究結果將科學界的目光帶向了羊膜動物中非插入性的生殖器官。[1]在那之前，人們一向將陰道視為被動接收精液的管道，就跟過去我提到陰莖，就說那只是精子輸送系統一樣。但是，陰道呢？雌鴨的陰道是拒絕陰莖的機器，前段有多處封閉的盲端，甚至還有一條螺旋狀的通道，與陰莖的螺旋方向相反，彷彿是為了要旋開這個入侵的插入器。

鴨子在性交方面是出了名地激進暴力，會強迫伴侶交配，長長的陰莖孔武有力，形狀就像開瓶器。華盛頓大學的鳥類專家與講師凱莉・斯威夫特（Kaeli Swift）形容它們「就像滿載精子的彈道飛彈」，不到三分之一秒就能發射。在這種武器化的精子輸送方式下，鴨子的行為清楚呈現了不同性別之間的對立。但就如布倫南與共同研究作者所指出的，將精子送入雌性體內，只是其中一個步驟。①如果那些精子無法找到卵子並與其結合，那麼先前的所有暴力行為就對鴨子的生殖成功一點幫助也沒有。[2]

在某些鴨子的雄性與雌性之間的「軍備競賽」中，每當雄性慣用的強迫交配行為投出變速球，天擇機制就會在雌性身上演化出某種可與之抗衡的構造，然後再以同樣的方式影響雄性。布倫南與同事表示，如此一來，水鳥的陰道出現了「史無前例」的變異。舉例來說，鴨子的陰

1 布倫南還透過「虛擬實境的鴨子生殖器官探索」（VR Duck Genitalia Explorer）應用程式，帶觀眾認識鴨子的陰道。上網搜尋就能找到。相信我，這是個值得一試的體驗，但要小心可能會感到頭暈目眩。

2 牠們為了生殖甚至甘願冒更大的風險。一隻名為戴維（Dave）的倒楣鬼鴨子成了國際新聞頭條，因為牠在一天內試圖硬上配偶十幾次，使陰莖在交配過程中受傷感染，必須接受閹割手術才能保住一命。

道有許多死胡同，精子如果無法與卵子結合就會慢慢凋零；此外，這個構造也像是逆向的螺旋開瓶器，可以抵抗來者不善的插入器。

布倫南與同事們研究了十六種水鳥的陰道，發現陰道與雄性陰莖的長度不相上下。這種現象表明了性擇的存在。事實上，研究人員假設，雌性水鳥的生殖道經歷了多次天擇過程。雄性會為了讓卵子受精而互相競爭，但驅使這些構造共同演化的最大壓力，有可能來自雌雄兩個性別對生殖主導權的爭奪。一般而言，雄性擁有愈多後代，就愈有可能成功繁殖，但這個現象對雌性不利。牠們必須花更多精力產卵或懷孕，往往也得擔負照顧與養育後代的責任。雌性水鳥的時間與資源一旦都投資在這上面，便無法隨心所欲地四處遨遊，與其他雄鳥交配。

令人意外地，這些被迫進行的「偶外配對」交配行為，似乎沒有為雄性帶來多大的生殖優勢。如此所生下的後代，並沒有比照規矩求愛、配對與交配所生下的後代來得多。

歷史上，人們會對陰道及其他接受器官感興趣，是因為它們是陰莖這種「鑰匙」可以打開的「鎖頭」。插入器有各式各樣的生殖花招，而現代學界對此的解釋是，雄性演化出這些美麗的特化構造，以便互看對眼的雙方藉此判斷彼此是否同屬生理上契合的物種。

在這種情況下，如果鑰匙與鎖頭吻合，雙方可能屬於同一個物種，就不會在浪費時間與精力交配之後，才發現生殖器官那一關無路可通。鑰匙與鎖不符就無法交配。但若是鑰匙打開了鎖頭呢？這麼一來，就會有寶貴的卵子等著那個幸運的傢伙。然而，布倫南描述的母鴨生殖器官似乎完全相反：它們是能夠讓鑰匙不得其門而入的鎖頭。

鎖頭與鑰匙的問題

實際上，插入器與受器的作用往往不像鎖頭與鑰匙那樣。說來尷尬，因為除了在解剖與生理學的課堂上提到陰莖時，只簡略表示那是精子輸送系統之外，我也曾——像教科書教的那樣——對學生說，這種鎖頭與鑰匙的機制**正是**插入器會長成這樣的原因。我會一邊放幻燈片，一邊讓學生認識蛇類那外表驚人、長得像仙人掌般的半陰莖[3]，或豆娘腹部尾端的兩個爪鉤，一邊說「這些特化構造有助於同類辨識彼此，以免雙方浪費精力進行無法達到受精或生殖的交配行為。」我在教書時顯然像個機器人。

我在這裡要幫二十世紀的生物學教育說話，一個多世紀以來，達爾文的理論透過分類學數十年的發展逐漸發揮影響力，讓我們這些老師只能照本宣科。才華洋溢又深思熟慮的達爾文提出了性擇的概念，表示不同性別在吸引力與力量方面做出的選擇，有時可能會與天擇的智慧背道而馳。「女性會選擇最雄壯或最迷人的陰莖。」聽來相當合理，但他在後續研究中明顯低估了生殖器官在這些性擇過程中的重要性。②

威廉·埃伯哈德——在開創性著作[4]中完整論述性擇而備受推崇——他表示，這樣的結果

3 這跟有袋動物不同，似乎不會插入有兩個開口的陰道。

4《性擇與動物生殖器官》，一九八五年出版。

導致我們只專注於鎖與鑰匙的概念，排除了所有其他論點。[5]身為一流昆蟲學家的埃伯哈德提到，有一個多世紀的時間，分類學家（根據可觀察到的性狀將生物進行分門別類的人）都根據鎖與鑰匙的概念進行節肢動物的分類。換句話說，如果兩隻甲蟲的生殖器官上有些微差別，身上其他一些特徵也有所不同，就會被歸類為兩個不同的物種。即使再細微，任何近緣物種之間，能對雙方的交配行為造成永久阻礙的差異都算數。

埃伯哈德指出，這樣會有一個問題，那就是**任何**生殖器官的差異都會被解讀成一個新物種的出現，而不是物種內的潛在變異。如果依照這種分類方式，那麼我們研究十個人類的陰莖，便會將這十個人歸類為十個不同的物種，因為他們的生殖器官長得不盡相同。但假使生殖器官彼此之間有所差異，差異來源不是出自鎖與鑰匙的對應機制，而是跟人類的陰莖一樣，純粹屬於同一個物種內的變異呢？

另一個建基於上述假設而得到的結果也有了很嚴重的誤解，導致科學家大多只集中心力研究雄性的生殖器官。事實上，昆蟲學家在檢視一公一母的節肢動物時，會對雌性的生殖構造進行「清除」的動作，以便更清楚地觀察其他部位。去除雌性身體構造的這個行為，模糊了雌性生殖器官內運作過程的重要證據，而這些被清除的特徵直到近年才得到一定程度的關注。[6]當然，由於外露且清晰可見的雄性生殖構造通常要容易觀察得多，因而針對演化史下這些物種的定位，多數研究會著重在陰莖的敘述與測定。[7]

事實上，在埃伯哈德出版性擇理論代表作的前一年，綽號邦尼的柯林・羅素・奧斯汀發表了「交配工具的演化」的實用綜論（確實如此）。他對這種只聚焦於雄性與雌性器官有何差異的做法提出了評論（可能也是一種藉口？）。「本文關注雄性的器官與行為勝過雌性」，他寫道，「因為雄性的特徵更具特色，在不同動物群體間的差異也較為明顯。」值得注意的是，似乎沒有人透過任何系統性的方式探究雌性的特徵，更別說是判定這些特徵是否具有特色了。

接著，邦尼反駁了雌性生殖器官值得研究的可能性：「因此，交配工具演化的結論，更容易從聚焦於雄性的研究中推導出來[8]，希望這種相對忽視雌性構造的做法，沒有遺漏任何重要線索。」③但是邦尼，你的心願破滅了。

將雄性預設為配偶代表的這種觀念，使雌性淪為假定的被動角色。如此一來，這個在物種的生態與行為中的關鍵部分，以及其他遠不只關乎「哇，這就是科學！」或「天啊！真不可

---

5 為免一些學究透過電子郵件將這個時期以前的論文寄給我，我要特別聲明，我知道有一些出版著作與此相關。但是，它們論述的觀念並未得到廣泛認可，或甚至鮮為人知。

6 到我這個歲數，「近年」有時指的是最近的二三十年。

7 埃伯哈德在電子郵件中向我證實，雄性生殖器官的比雌性更容易觀察的這個特點，使動物分類學家高度關注這方面的研究。他說蜘蛛是「控制組」，而這種動物的雌性也具有堅韌的外部構造。因此，蜘蛛分類學家「一向會闡釋雌性及雄性的生殖器官」。他預測，不論牽涉哪些因素，男性的偏見「永遠不可能消失」，部分原因是，即使有「數百萬個物種尚待描述」，分類學家仍在少數，而我認為這是令人難過的一件事。

8 我無法反駁，因為這是研究聚焦於雄性的唯一原因。

思議！」的生殖面向，始終乏人問津。如果不深入了解雌性對於交配行為與性擇的貢獻，我們便遺漏了物種演化史至少一半的面貌。如蘿瑞塔．科米爾（Loretta A. Cormier）與沙林．瓊斯（Sharyn R. Jones）在《被馴化的陰莖：女性如何影響男性》（*The Domesticated Penis: How Womanhood Has Shaped Manhood*）中寫道，「女性的擇偶不是演化的另一種觀點，而是演化不可或缺的一部分。」[9]

邦尼發表評論的隔一年是一九八五年（那時我剛從高中畢業，完全不知道科學界對女性的生殖器官一點也不感興趣）。那一年，埃伯哈德出版了《性擇與動物生殖器官》，直接推翻了「沒有遺漏任何重要線索」的假設。事實上，若想了解「男性」方面的演化史，就不能忽略「女性」這一面。

在生殖器官接觸之前

大部分的人在被問到生殖器官是什麼時（請不要隨便問不認識的人），可能幾乎都會回答「交配構造」，就如同我在課堂上教導學生的，不過，這些器官也可能在交配前的選擇上發揮一定的作用，扮演「內部求偶裝置」的角色。④我知道，如果這種裝置存在於體內，感覺就像是交配早就開始，根本不存在交配前的選擇，但在較嚴格的定義上（這裡適用的當然是這種定義），交配牽涉了一方經由身體接觸，將配子傳給另一方的過程。[10]除了傳遞配子之外（包括體內受精），插入器也有可能用於其他目的。[11]你是人類，如果你有過任何牽涉陰莖的性經驗，或許會知道這一點。[12]

插入器作為內部求偶裝置的用途，明確意味著它具有感官或刺激的功能，而不僅是扮演生殖的角色。這是插入器在美學上的賣弄。換言之，利用插入器求偶，可以讓交配的行為變得不只是「完事就拍拍屁股走人」的輸精任務而已。令人意外地，采采蠅（tsetse fly，學名 *Glossina* sp.）是個很好的例子。

這種蠅類（采采蠅屬至少包含了二十個物種）是體型不小、以血為食的病媒，牠們與大多數的昆蟲不同，采采蠅一次只產一顆卵。除此之外，雌蠅在產卵之前，會利用子宮（你沒看錯，是子宮）內的「乳腺」哺育幼蟲。⑤

作為牛隻傳染病的病媒，采采蠅推了非洲的西方殖民化一把。⑥來自歐洲的一種病毒席捲了當地人賴以為生的牛隻，使他們飽受挨餓之苦，並且展開了殖民行動。采采蠅進入牛隻覓食的草地，散播昏睡病（sleeping sickness），殺死了數百萬頭牛。至今，這種生物仍然主導著許

---

9 埃伯哈德也透過電子郵件向我表示，「男性主動－女性被動」的偏見尤其令他受挫。例如，他提到有「大量文獻」論述雄性昆蟲身上用來刺穿或刮傷雌性的構造，但是關於雌性的反應及其與演化的關聯性，至今依然「徹底」遭到忽視。

10 在其他敘述中，為了避免「性行為」一詞一再出現，我使用「交配」來特別指涉雌雄性交的舉動（當然，其目的通常是傳遞配子）。但若是討論性擇，則適用定義較為嚴謹的名詞。

11 這讓人想起馬陸用插入器戳刺配偶的試探性動作。

12 如果你不知道，可以了解一下。

多非洲國家的經濟面貌，將昏睡病傳染給人類與家畜。采采蠅是宇宙級破壞者。如本章的最後所述，對於這種病媒動物交配行為的基本認識，有可能是解救生命而無須讓生態付出慘痛代價的關鍵。

雄性采采蠅在交配時會將生殖器官插入雌性體內，但牠們也拿這個構造來做許多其他事情。不同物種的采采蠅有不同的求偶招數，如果雌蠅不想讓雄蠅進入標的區域，就會改變回應的方式，這時，雄性採取的求愛招式或許成功機率不大。當雌蠅鎖定了某個哺乳動物、鼓動翅膀嗡嗡地飛向目標準備飽餐一頓時（準備叮咬那隻動物並吸食血液），雄蠅會在空中抓住對方。

但這只是開頭而已。采采蠅的求偶與交配行為最長可持續二十四小時。事實上，這段過程相當耗時，以致某些物種的雄性生殖器官，甚至演化成在交配時不會阻撓雌性排泄的形態。雌性似乎得透過排泄來緩解壓力，避免便祕危害自身健康。

在交配與排泄的過程中以及空中小睡片刻之後，采采蠅會展開精心策畫的求偶大作戰。雄蠅必須反覆執行六項行為，才能完成交配。首先，牠必須發出微弱的聲響，也就是震動摺合的翅膀，製造高頻的哀鳴聲。接著，牠得展開翅膀，發出嗡嗡聲。再來有四個步驟，包含用附肢與次要的生殖構造反覆摩擦與輕拍雌性身上多個部位，包括頭部、胸部與腹部，這些動作顯然可以激起雌性的性慾。據學界描述，其中一個動作是在配偶體外「戲劇性」的舞動，有時雄性也會在對方的腹部這麼做。雄性必須瞄準雌性身體的八個部位並做完上述所有動作，同時保持插入器處於插入的狀態。

雄性的生殖器官構造可分為兩類。大多時候用來觸碰以刺激雌性的是尾毛（cerci），也就是位於尾端的一小對附肢，雄性將這個構造作為夾鉗（clamp）使用，但也會規律擺動，據研究人員解讀是為了挑動雌性的敏感神經。[13]⑦對此，我能想到人類身上最貼切的例子是，這就好比你用巨大的腳趾勾住伴侶的某個部位[14]，不停按照節奏夾緊又鬆開。

位於雄性下腹部的板狀構造名為第五腹片（fifth sternite），而同一區的小小附肢也具有刺激的作用。介於這些構造之間的中間部位是陽莖基（phallobase），也就是生殖器官眾多零件中負責插入配偶體內的部分。第五腹片參與的行為稱作「雄性的抽動」，但這指的並不是你想的那樣，而是全身晃動，接著用腹片「劇烈」摩擦雌性的身體。⑧彷彿雄蠅繫了一條盔甲腰帶，把雌性逗得春心蕩漾，同時其他器官各就各位，準備全力進攻。

為了探究這種招式繁複的觸覺刺激是否真能引起雌蠅的興奮，研究人員使用了透明指甲油，但不是為了裝飾，而是掩蓋。[15]他們替采采蠅互相接觸的部位塗上指甲油，結果發現，完成交配過程與精莢傳遞的機率明顯降低。之後轉而塗在雄性的生殖器官構造上，結果也是一樣。由此可知，雄性采采蠅必須與配偶有身體上的接觸，才能成功交配——即傳遞配子。這種

13 注意，這裡的「挑動敏感神經」未必代表「美妙的感覺」，而可能與刺激生理反應有關，譬如排卵；當然，這仍屬於觸覺的感知。
14 隨你選擇要哪個部位。
15 他們也替采采蠅身上其他不相關的部位塗了指甲油作為對照。

感官現象顯示，即使有插入的動作，但觸覺刺激仍是達成後續所有交配行為的必要條件。

指甲油實驗得到的證據顯然不夠充足，哥斯大黎加大學（University of Costa Rica）的丹尼爾・布里塞尼奧（R. Daniel Briceño）與威廉・埃伯哈德做了進一步研究（可能你們有些人已經聽過了）[9]：除了塗抹指甲油之外，他們還將受試采采蠅斷頭。斷頭的目的是要了解雄性在挑逗雌性時腦區會發生什麼事，而如果兩隻采采蠅都保有頭部，研究人員顯然不可能順利完成量測。

在一項奇特實驗中，布里塞尼奧與埃伯哈德操縱了無頭雄性采采蠅的剛毛——攫握器上如毛髮般突出的堅硬部分。[10]如此操縱之下，一些雄性采采蠅露出了陰莖基（牠們的插入器），接著不斷膨脹又收縮，像個風箱一樣。這兩位學者推論，這種吹氣球的行為在雌性采采蠅的陰道內具有兩個作用：將插入器推到更裡面，或是撐開雌性的陰道壁並誘發生理反應，例如排卵。

從這些遭到斷頭與性操縱的采采蠅可看出，交配的終局之戰可能不會讓雌性感到愉悅。實際上，這只是為了刺激牠排卵。如果雌性在一開始就排卵，那麼前面所有的準備動作，或者讓牠保持興奮與乖乖配合的觸覺求偶刺激就都不需要了。反過來說，這些做法之所以存在，便意味著雌性采采蠅在交配時的內在壓力必須先得到緩解，物種才能長久延續。

短了一截的後葉

黑腹果蠅（學名*Drosophila melanogaster*）是遺傳學研究中最常見的研究對象之一，但這種動物也在天擇研究中扮演主要角色，因為牠們的遺傳機制清楚明確，研究人員可以輕易操縱某些性狀背後的基因。

這種果蠅具有名為後葉（posterior lobe）的構造，是生殖器官插入與交配不可或缺的一環。[16]後葉不會進入雌性體內或甚至不會接觸到生殖器官，但如果少了它們，什麼事都做不成。⑪其中的原因有待釐清；後葉通常帶有尖鉤，用於嵌入雌性下腹部的兩個體節之間以緊緊抓住對方。如同采采蠅的攫握器，這個構造可起刺激之效，目的可能是誘發排卵或其他可提高受孕機率的生理反應。

雖然後葉不是插入器，但它們的體積似乎會影響雄性的生殖成功。後葉體積較小與構造較簡單的雄蠅，在繁衍後代的表現上不如其他同類。將後葉稱為「非插入性生殖器官」[17]的那群研究人員，先是鎖定那些帶有後葉編碼的基因，接著弄亂基因序列以改變後葉的形貌。那些基

16 目前已知只有四種果蠅長有後葉，可見這在演化學上是相當新穎的構造。

17 弗雷齊（Frazee）與馬斯利（Masly）於二〇一五年發表研究，提出貌似合理的昆蟲生殖構造階層：直接插入配偶生殖孔（gonopore）的構造（主要插入式生殖器官）；用來插入配偶生殖孔以外部位的構造（次要插入式生殖器官）；還有用於接觸但不插入配偶體內、並且在交配時留在體外的構造（次要非插入式生殖器官）。

因名為Pox neuro，在果蠅的生殖器官發育中扮演著關鍵角色。好奇的研究人員拿掉了這個基因後發現，果蠅的後葉不是體積變小，就是長不出尖鉤，至於插入器則完全不受影響。[18]

這項研究推論，這些後葉之所以如此重要，是因為它們可確保雄性與雌性果蠅的身體在交配過程中始終彼此靠近。但除此之外，那些與後葉體積較小，或沒有尖鉤的雄性交配的雌性，排出的卵也比較少，意思就是，牠們生下的幼蟲數目較少。後葉也可作為堅硬的支柱，以免雄性的插入器過於深入及傷害雌性，進而影響排卵量。假使如此，這種構造的演化便受到交配前（需要保持靠近）以及交配後（需要不能太靠近）的選汰壓力牽制。

本書多次提到的豆象鼻蟲（幼蟲長大後會破籽而出），正是生殖器官構造經過交配前選擇的另一個例子。研究人員對這些甲蟲身上的陽莖側葉（paramere，位於雄性插入器的兩側，尖端通常有剛毛豎立）進行小手術。[12]雄性會利用這些尖毛愛撫雌性的腹部，可在交配前使對方慾火焚身，或者在交配時讓對方保持性興奮。

如果陽莖側葉在手術後變短了，雄性豆象鼻蟲以生殖器官長驅直入的可能性也會隨之減少。然而，萬一真的配對了，短了一截的陽莖側葉並不會影響繁殖的成功機率。這種「配對前」面臨壓力與「配對後」不受影響的現象，顯示生殖器官的這項特徵，在交配前以及求偶方面所做的選擇作用。雌性豆象鼻蟲在選擇配偶時，就是無法抗拒那一對讓人舒服又細長的非插入式陽莖側葉。

相較之下，這種甲蟲身上另一個非插入式構造具有更廣泛的重要性，那就是插入器上小到不行的尖鉤（細小到必須透過電子顯微鏡才能看見，即使放大兩百八十一倍，依然只有大約五公釐長）。這個構造不會進入雌性體內，而且跟果蠅身上的後葉一樣，可防止插入器過於深入。不管這種微小尖鉤的作用是什麼，假使透過手術移除了，豆象鼻蟲就幾乎無法交配。

黑暗中的插入器

上述的模式大部分是交配前的性擇，其中決定權在雌性手中，而她們往往會對非插入式生殖器官產生反應。這很合理，因為這些構造通常不會參與真正的交配步驟：傳遞配子。但是，在交配之前，雌性又是如何選擇那些**負責**插入與傳遞配子的構造呢？

當然，我如果無法舉例說明，就不會問這個問題了。這個例子就是何騰托金鼴（Hottentot golden mole，學名 *Amblysomus hottentotus*），鼴鼠的一種（審註：金鼴和鼴鼠看起來外觀幾乎相同，但牠們分屬不同的大家族，金鼴和大象、海牛等動物關係較近，反倒與外型相向的鼴鼠關係較遠，這一對物種亦是闡述趨同演化絕佳的例子）。我不知道你對鼴鼠認識有多少，但牠們的主要特徵是生活在土裡的陰暗處，視力不太好（如果有的話），因為眼睛很少派上用場。

18 你也許好奇，研究人員怎麼有辦法未經仔細檢視就知道，這種體長只有大約三公釐的動物身上的後葉處於何種狀態。關鍵在於，將後葉編碼基因的成功移除的話，可對應到一些易於辨識的特徵，譬如眼睛變白（這種蒼蠅的眼睛通常為紅色）。因此，研究人員只需找出所有白眼果蠅即可，因為牠們皆是有基因缺陷的個體。

然而，雌性必須能夠判斷，與潛在配偶玩這場遊戲值不值得。19

研究人員測量這種動物的生殖器官與一些構造，發現與雄性體長特別相關的唯一特徵是陰莖的長度。20他們在陰道的長度與體長之間並未找到類似的關聯。（沒錯！他們也測量了陰道的長度！）雌性似乎在雄性的陰莖插入後，但還沒傳遞配子之前，做了某些選擇（也就是交配尚未完成之前）。21

雖然研究人員承認很難「百分之百確定何騰托金鼴的生殖器官面臨了什麼演化力量」（我們這些學者不都是如此？），但仍提出了一些猜測。⑬這種小動物居住在地底下且不容易監測，但雌性或許會與多名雄性交配。一個可能性是，開始交配時至雄性射精之前，雌性如果覺得對方的陰莖不夠長，就會斷然說不。基本上，這是一種在陰莖插入後與交配完成前的擇偶行為。研究作者們表示，當擇偶條件受限，譬如生活在完全黑暗的環境下，雌性就會這麼做。22

小小紅色護衛艦

一旦交配涉及插入的行為，性擇帶來的選汰壓力，顯然已開始從交配前漸漸過渡到交配後，而插入式生殖器官便承受於這兩種壓力之下。黑紅長蝽（學名*Lygaeus equestris*）是一種帶有黑色斑紋的深紅色昆蟲（英文又稱「地面蟲」）⑭，看起來宛如蟲類的紅色護衛艦，擁有長型流線設計與六具汽缸——抱歉，是六隻腳與備受性擇壓力的雄性插入器。相當不尋常的是，這種動物的插入器長度與雄性成功交配的可能性密切相關，雖然這個構造在交尾開始前不會接觸到雌性。插入器長度也關乎交配之後的發展，不過，是從一個完全相反的機制造成影響。

雄性黑紅長蝽的插入器非常長，可延伸超過體長的三分之二。[23] 其中，尾端占了絕大部分的比例，在多數了解其性擇機制的人看來，這個螺旋形的突出部分是為了在交配時伸入陰道，將配子送到配偶體內的深處。

因此身為人類的你或許會認為，交配前的選汰壓力意圖使插入器演化得更長。但這是人類慣有的思維，這些壓力其實旨在促成更短的插入器，而且只限於特定的社交情況：當有另一名雄性競爭對手出現。如此一來，雄性在交配前就能藏匿這些生殖構造，也就是說，其他黑紅長蝽看不見對手的生殖器官，無法估量尺寸，也無從知道它們的各項競爭指標。事實上，生殖器官若經由手術截短，似乎也不會影響交配的選擇。那麼，雌性是根據什麼構造的長度來擇偶

---

19 研究人員假設，棲息環境視線不佳的動物會出現這種仰賴特定構造的度量來判斷動物整體的行為，譬如住在洞穴裡的蝙蝠與住在地下的鼴鼠。在至少一個鼴鼠物種之中，這種判斷標準是雄性後肢使地面震動的能力，名為「地鳴般的鼓動」。

20 我知道你很好奇，但這種關聯不適用於人類。

21 何騰托金鼴不是唯一一種會在交配前對插入器進行即時評估的動物。其他如地中海粉螟蛾（Mediterranean flour moth，學名 *Ephestia kuehniella*）的雌性，在面對多名雄性求偶者時便會出現與此非常類似的行為（Xu and Wang 2010）。

22 這點不適用於人類。小心，不要因為何騰托金鼴這個例子，又掉入了自然謬誤的陷阱。

23 這裡涉及的單位是公釐，但比例仍相當驚人。若以人類的平均身高來算，就相當於陰莖長達一百二十二公分。

呢？

答案不是雄蟲的體長，因為研究人員實驗過了。一個可能的評選構造是一組外生殖器官：攫握器，這個構造就跟許多其他的攫握器一樣，可在交配前撐開雌蟲的生殖構造。假使出現兩個或兩個以上的競爭對手，雄性就有可能隔空較勁彼此的攫握器，而不是相對隱匿的螺旋形插入器。因此，雌性根本不需為了因應交配前的壓力而做出選擇（選長度較短，而且隱匿不露的生殖器官），只需等雄性各自掏出攫握器比個高下就好，碰都不用碰就能進行選擇。

「創傷性」授精

是時候再舉另一種豆象鼻蟲的例子了，不過這次比較複雜，是關於四紋豆象鼻蟲（學名 *Callosobruchus maculatus*）在壽命、射出物暴露、當公的還是當母的，與交配次數上的掙扎。⑮這個難題在於，牠得同時在每一項因素之間取得有利的平衡。簡單來說，就是精液與傷害兩者間的權衡，對此，雌蟲的生殖道在交配過程中會受到某種程度的損傷，但牠們選中的精液有可能不枉費這些犧牲。

雌蟲怎麼會認為，生殖道受傷是值得的呢？雄性豆象鼻蟲的插入器（技術上來說是外翻的內陽莖〔endophallus〕）看起來就像一把雙排鋼刷。這些鬃毛又粗又硬，因此可以想像它們在插入配偶體內的過程中會傷害到對方的生殖道，而事實也是如此。

然而，有些雌性會回來找配偶再次交配。儘管關於這種創傷性授精有一種說法是，這會導致雌蟲不願意嘗試與其他求偶者發生關係。無論如何，雌性豆象鼻蟲通常是沒在怕的，而且願意再給配偶一次機會。一些探討交配次數有何影響的研究指出，交配兩次的雌蟲壽命比較短，但產下的卵量是一般雌蟲的兩倍。就演化角度而言，這是有利的局面，因為這些雌蟲雖然比較快上西天，但是增加了自己在後代身上的遺傳表徵。不過，雌蟲為什麼會回頭再次交配？兩次的交配又為牠們帶來了哪些資源以達到翻倍的產卵量？

還記得之前提過的聘禮嗎？雄性豆象鼻蟲有源源不絕的禮物可送給配偶。牠們射精時，精液量的體積最多可達體重的八成。以體重八十公斤的人類而言，那相當於一次射出約四公升的精液。有一假說認為，雌性收到兩次如此巨量的精液，便得到了兩倍的養分。這些充沛的養分給了牠所需的資源，產下了雙倍的蟲卵，身體卻也遭受了足以縮短壽命的傷害。

是的，看來似乎如此。之後，另一個研究團隊表示，雄性插入器的棘刺愈長，就能從雌蟲生殖道遞送愈多的精液到雌蟲體內。⑯因此，即使那些棘刺對雌蟲生殖道造成明顯的傷害，但更多精液養分的注入意味著，雄性豆象鼻蟲將有更多後代，而這些後代也將繼承堅硬棘刺的基因變異。另一方面，針對這些傷口，雌蟲也表現出某種適應的作用，牠們演化出愈厚的生殖道內壁[24]⑰，免疫反應也變強，（想必是為了）降低傷口感染的風險。[25]

24 沒錯，有人實際觀測了這個部位！

25 多爾蒂（Dougherty）等人於二〇一七年指出，他們的研究結果「與性別的軍備競賽一致，而唯有當研究同時考量雄性與雌性的特徵時，這才會變得明顯可察覺。」將陰道納入考量，有其必要。

交配栓

據說雄性蜘蛛在插入這件性事上特別笨手笨腳。你或許還記得，牠們的插入器就是特化的第一對附肢，名為觸肢。觸肢的末端有著長得像拳擊手套的構造，因此我一直都稱它們為「拳套插入器」。蜘蛛非常不擅長使用插入器，以致有研究人員表示，插入雌蛛的「失敗案例到處都是」[18]，在他們檢視的一百五十一種蜘蛛當中，有百分之四十的物種會發生這種情況（這種工作是消磨時間的有趣方法）。這些蜘蛛無法將插入器成功插入配偶體內，而是不斷地摩擦、亂摸、戳了又戳，我們可以將這種行為解讀成笨手笨腳或是四處探索，或者可說是笨手笨腳地四處探索。[26]

為了克服笨拙的插入動作，雄蛛會利用特殊構造將自己黏附在配偶身上，並且調整好角度，以在插入觸肢器時可正中目標。這些「預備鎖」是確保成功插入觸肢器的一個方式。但由於雄蛛動作拙劣（審註：而且體型小很多），因此雌蛛通常不太會「在雄性生殖構造的脅迫下進行交配」。

由於雄蛛無法精準將插入器刺入配偶體內並強迫進行交配，因此選汰機制發明了一些解套辦法，乍看之下，這些方式對雄蛛造成的傷害似乎大於雌蛛。其中一招是「切除」，也就是「切斷身體某個突出的部位」。沒錯，這表示某些蜘蛛物種的生殖器官遭到「切除」——也就是在雌蛛體內斷了一截。遭此不幸的有可能是整根觸肢，也可能只是其中的一小段。有些蜘蛛的觸肢會有某幾段長得比較脆弱，確切的部位因物種而異。

這個解套辦法似乎對雄性傷害較大。畢竟，牠失去了一根觸肢或者其中一段，而雌性付出的代價就只是體腔內留了雄性插入器的一截而已——或者在某些情況下，留有好幾根插入器的一部分。[27]然而，這些交配栓（mating plug）可防止其他蜘蛛笨手笨腳地嘗試交配，據一些學者表示，甚至會永遠成為其他雄性競爭者的阻礙。這意味著，雌蛛會失去其他繁殖機會，留給後代的遺傳表徵也可能因此減少。

由於雌蛛的外生殖器官有兩個開口（審註：稱為外雌器與一對受精囊孔），因此其中一個可能會塞住，另一個留作之後交配用，按照一些科學家的說法，這也稱為「半處女」狀態。如果雌蛛左右兩側的開口都曾經接獲來自雄蛛的觸肢插入，那麼由兩個交配栓的存在可知，牠經歷了「雙重交配」。

雌蛛在與雄蛛交合時，也有可能遭受到直接的傷害。在某些圓網蛛（orb weaver，結的網是漂亮的輪狀）物種之中，雄蛛會帶著一小段雌性身上名為垂體（scape）的生殖構造潛逃（我想這種行為應該叫作「躲避」配偶）。這種傷害與交配栓有類似的影響，可防止之後有其他競爭者向雌蛛求歡，因為垂體是確保插入器正中目標的其中一種構造。

26 雖然在某些情況下，「把事情搞砸」也有可能誤打誤撞而發揮作用，譬如消滅競爭對手的精子。

27 以捕魚蛛（fishing spider，學名 *Dolomedes tenebrosus*）而言，雌蛛會將一整隻雄蛛留在體內，將屍體當作交配栓（Schwartz et al. 2013）。

生殖器官數學：兩根半陰莖＝一根陰莖

之前我提過，在課堂上解說鎖頭與鑰匙的生殖演化假說時，我曾經舉蛇的半陰莖為例。現在，我可以透過它們在交配過程中作為感覺器官的例子，來更正一下之前的說法。

紅邊襪帶蛇（學名 *Thamnophis sirtalis*）是一種常見的小型蛇種，分布於北美洲東部。牠們的體色樸實無華，但是長有美麗的紅色條紋（當然是位於側邊），而且不具毒性。如同所有的蛇類，如果你看見一隻蛇，而牠沒有要理你的意思，你就應該假裝沒看見牠，讓牠繼續過牠的生活。

這種蛇的半陰莖長得跟全身的外表一樣低調，每根約一公分長，尾端散布著凸起的棘狀構造，愈靠近身體，形狀愈尖。每側半陰莖底部的其中一個尖棘是發展成熟的棘刺。[19]交配時，公蛇會將這根棘刺連同半陰莖的其他部分一起插入母蛇的泄殖腔裡。

布倫南與研究團隊好奇這根棘刺有何作用，於是展開實驗，測試半陰莖少了它會發生什麼事。他們發現，如果切除這根棘刺，蛇的交配時間會縮短，公蛇留在母蛇體內的交配栓也變得比較小。看來，這個針狀物有助於公蛇在母蛇體內停留得久一點，並且製造更大的交配栓，避免之後母蛇與其他公蛇交配。

基於布倫南實驗室的理念，他們也嘗試研究母蛇。結果發現，在泄殖腔遭到麻醉的情況下，母蛇會與公蛇交配得久一點。除此之外，母蛇陰道肌肉的收縮也會影響交配時間的長短，顯示其神經肌肉系統也發揮了一定的作用。

由這些結果可知，雌雄兩性在交配行為上存在某些緊張關係，而雄性也會透過交配栓來擊退其他競爭對手。如同受精囊口塞了一截插入器的雌蛛，背負這種交配障礙的母蛇也面臨選擇變少的情況，無法物色更多（以及更好）的配偶。交配栓無疑可延遲再次交配的時間，甚至作為緩釋的精莢，分好幾天慢慢釋出精子。這基本上限制了雌性在那段期間的擇偶機會。

並非所有襪帶蛇都一樣。雖然雌性的紅邊襪帶蛇會在交配過程中靜止不動，但草原襪帶蛇（*Thamnophis radix*，特徵是身上的橘色條紋）的活動力要強得多。[20]當交配行為準備好要結束時，雌蛇會捲動身體，將公蛇甩開。交配時，公蛇反而是被動的一方，由母蛇發起攻勢來帶動公蛇，將姿勢喬好，一切以半陰莖為重。

如何讓鯨魚勃起？答案是啤酒桶

你是否曾經好奇，鯨魚的陰道有多大？

答案是非常巨大。

而且，鯨魚陰道的形狀、隆塊與突起構造依物種有所不同，可能跟同樣體積龐大的雄性陰莖（下一章將詳述）的特徵有關。[21]沒有人確切知道，為什麼鯨魚的陰道壁會有這些一路延伸到陰道口的肌肉組織，不過有學者推論，這可能是為了在雄性射精後阻隔海水之用，因為海水不利於精子的存活。

鯨魚和海豚（統稱為鯨豚類動物）的陰莖由強健的結締組織纖維構成，一向處於堅挺就緒的狀態。由於這種纖維組成的結構，可供充血的地方不多，因此研究人員很難在實驗室內，讓死去的鯨豚陰莖變得更加硬挺，好插入實驗室準備好的母鯨豚陰道內。為了解決這個問題，加拿大新斯科舍省哈利法克斯（Halifax, Nova Scotia）達爾豪斯大學（Dalhousie University）的達拉・奧爾巴赫（Dara Orbach）與布倫南合作研究。她們的團隊替迷你啤酒桶加裝壓縮馬達，將食鹽水溶液灌入鯨豚類陰莖的實驗樣本中（這邊的樣本來源全是海豚與鼠海豚）。所謂科學，就是透過創意的方式解決問題。

這些研究人員如此大費周章做實驗，就是想要測試雄性的鯨豚與解凍後這些軟趴趴的雌性同類的陰道有多契合（樣本均採自然死亡的動物）。他們好不容易讓鯨豚的陰莖挺立後，再一一將其插進陰道、縫合兩者、以固著劑浸泡，然後進行電腦斷層掃描。28結果發現，就某些物種而言，雄性與雌性的生殖器官一拍即合，但有些則不然（是的，其中包含瓶鼻海豚〔學名*Tursiops truncatus*〕）㉒，顯示瓶鼻海豚在生殖方面遭遇了某些性別間的角力。之後有研究指出，瓶鼻海豚的陰道有多層皺褶，可阻擋陰莖進入，或者減緩交配對體內其他組織的衝擊。㉓牠們可說是海豚界的鴨子。

這群研究人員將範圍擴大到二十四個鯨豚類物種，並且始終忠於研究理念，同時檢視了雄性與雌性的生殖器官。㉔他們發現，這些動物的陰道構造「特別」複雜，而且似乎急遽演化——這通常只會用來描述雄性的插入器。該項研究發表於二〇一八年，但是在我們找到關於鯨豚類動物的陰道、其背後的演化力量，及它所形塑的構造的正確答案之前，還有好長一段路要走。

陰道的逆襲

第三章介紹過各種構造的插入器。實際上，研究人員見識到插入器如此多樣化的構造都驚嘆不已，但似乎沒有人花太多心力研究或著墨於某些物種除了現有的生殖器官之外，也演化出接受器（可稱為receptomittae?）的現象。沒錯，那就是第二個陰道。

場景是皮下注射式授精，主角是臭蟲（bedbug）。只見雄性臭蟲一步步靠近雌性，牠即將插入自己的皮下注射式插入器，對配偶造成傷害，甚至有可能致命。㉕但是在某個時刻，一些雌蟲的腹部出現一塊盔甲般堅硬的部位，被雄性插入後也沒有大礙。因此，牠們存活了下來並繁殖後代，繼續傳承這種基因變異。[29]演變到最後，一些雌性臭蟲不只發展出這種可耐受皮下插入器的部位，還開始長出與陰道非常相似的構造。㉖

---

28 成像的規則是，愈小的東西要用愈大的設備掃描。若想掃描昆蟲，便需要使用任何有機體研究領域中最先進的設備，而生殖器官的研究無疑是發明之母，如之前提過的迷你啤酒桶就是很好的例子。研究人員也錄製了一些昆蟲、扁蟲與其他物種的交配影片，其中值得一看的是蒼蠅在交配過程中，「雌性陰道的齒狀突起會反覆叉合雄性的攫握器」以誘惑對方。

29 這個部位之所以比較堅硬，是因為具有名為彈性蛋白的蛋白質。

臭蟲不是唯一一種演化出這個構造的動物，有些物種甚至具有能引導精子從注射部位進入輸卵管的構造。㉗演化機制對讓人驚嚇的行為——臭蟲的「創傷性授精」實在殘忍——施了魔法，不只創造了看似來者不善的皮下注射式插入器，也促成了一種可提高成功交配的機率，同時盡量避免雌性受傷的生殖構造。

角色互換

一九八五年，埃伯哈德在著作中表示，雄性在交配上掌握主動權，而他不是唯一一個抱持這種想法的人。不過，自然界中當然有例外。其中之一是雌性的南美銀腹蛛（學名 *Leucauge mariana*），牠們透過一些手段扭轉了雄性的主動地位。㉘

首先，這種雌蛛不是單方面地被動接受雄蛛留下的交配栓；牠其實相當樂意歡迎這個構造，但只有在她心甘情願時才會這麼做——這不是必然發生，而是可以自行決定的。除了藉由控制交配栓來決定是否與其他雄蛛交配之外，雌蛛也會主動求偶，利用螯肢（即蜘蛛的大顎）抓住對方，除非雌蛛求愛，否則雄蛛亦不能與她交配。由於雌蛛的螯肢長有細毛，因此有研究將這種緊緊抓住雄蛛不放的動作稱為「螯毛之吻」。㉙

交配時，雌蛛也可以隨心所欲喊停，用附肢將雄蛛的觸肢推出外雌器，或者鬆開螯肢中止「螯毛之吻」。雄性的南美銀腹蛛完全無法對雌蛛進行身體上的脅迫，因為雌蛛已經早他們一步這麼做了。

俗話說，例外證明了規則的存在。這麼說來，「雄性掌握主動權」的觀點出現了三個例外，到底是證明了這個規則，還是對它提出了質疑？前面提到南美銀腹蛛的螯毛之吻，那回頭來看，豆象鼻蟲又是如何？在皂角豆象鼻蟲屬（*Megabruchidius*）之中，雌性的體型比雄性小，但求偶的一方是雌性，會拒絕交配的是雄性。[30]研究作者表示，這個物種呈現了「角色互換」的狀況，但由於沒有多少研究從雌性追求雄性的角度來探究這個現象，因此難以確定角色對調的程度有多高。

我不是唯一一個注意到這個研究領域具有如此明顯預設性立場的人。有兩位研究作者在二〇一一年寫道，「性別衝突的研究以傳統上的刻板印象來描述性別間的差異，認為男性扮演主動角色，女性則是被動反應的一方。」[31]他們在研究結果中將相關術語整理成表，以找出哪些詞彙與這種對立有關，之後發現，主動的表徵與男性有關，而被動的特質全都歸給了女性。

為了避免被人誤會這些敘述是出自女性作家的偏見，我也要特別強調，那些術語大多也暗指男性在這些主動行為中一向扮演「進攻」的角色，女性則是被動回應的一方。此外，與演化論背景非常不一致的是，研究文獻中對雌性「被動回應」產生的影響卻避而不提，即便照理說生殖器官是在世世代代的呼求與回應中，不斷你來我往地競賽著。

另一個問題是，許多這類研究只關注雄性動物的生殖器官。一份於二〇一四年發表的報告甚至發現，這種情況「自二〇〇〇年以來逐漸惡化」，而這種偏見反映了人們「長久以來認定」，在性行為中，雌性生殖器官處於被動地位，雄性則扮演主導的角色。[32]

如先前所述，即便雄性插入器的演化有多快速，性擇壓力理應在一定程度上涉及兩種性別的共同演化。但似乎很少人評論，例如「雄性負責所有的改變、而雌性始終維持不變」的觀點有多麼詭異。或許雌性並非始終不變或幾乎不變，只是我們研究得還不夠透徹。

二〇一六年，在埃伯哈德發表性擇與雌性選擇所扮演的角色之專著三十多年後，有一個研究團隊呼籲學界應該更加重視雌性生殖器官的研究。[33]這些學者表示，雌性生殖器官存在著「不凡」的多樣性，「而且有多種機制都可能導致雌性生殖器官迅速產生變化」。就讓我們跟著全世界走著瞧吧。

我們引頸期盼

或者，世界上只有**某部分**的人在期待。其他人似乎認為，透過錄影、掃描與特殊設備來研究生殖器官的所有作為，浪費了大量的金錢與資源。又有誰真的在乎雌性豆象鼻蟲陰道裡的那些疤痕，或是采采蠅的求偶細節？有好幾年的時間，美國一位具有商學背景的參議員設立了金羊毛獎（Golden Fleece Award，暗示那些研究人員「剝削」納稅人的錢），頒發給他認為最荒謬與最浪費金錢的研究。從那之後，每年都有學者獲得令人羞愧的肯定。

這些反對生殖器官研究的人或許會意外，生活在地球上的不是只有他們。除了人類之外，還有數十億個物種存活在世界上。像生殖器官這類的基礎研究雖然不能為人類帶來立即可見的效益，卻一次又一次地開啟了實現這種可能性的大門。鑽研不同物種身上各種生殖器官的派翠西亞·布倫南，向來都因為募求研究資金而飽受抨擊。對此，她與同事們為同業的科學家寫了一份有力的辯詞與因應計畫。㉞多年來，生物學研究所提出來的見解，促成了許多有益的成果，包含人類神經學的知識、寄生蟲的根除、國安維護，甚至是飛航安全的提升。[30]

有一個現代的例子凸顯了研究昆蟲性行為的急迫性，尤其是雌性的擇偶。在茲卡病（Zika）、黃熱病（yellow fever）、登革熱（dengue）與屈公病（Chikungunya fever）等蚊媒傳染病盛行的地區，公共衛生官員與相關部門一直設法撲滅這些帶有病原的昆蟲數量。他們採取的一種做法，是利用基因改造的蚊子來杜絕病媒蚊的數量，因為牠能傳播一種基因，使蚊子只有在外界施加四環黴素（Tetracycline）這種抗生素的條件下才有辦法存活。㉟而大多數蚊子是遇不到這種抗生素的[31]，因此，隨著基改蚊子滲透正常的蚊子族群並與雌蚊交配，漸漸地，該族群的多數個體都會帶有這種基因變異，然後在沒有四環黴素的情況下，該群體就會走向滅亡。

引入這些基因改造的昆蟲最初效用極佳，目標地區的蚊子族群數量大幅下滑。然而，基因改造的蚊子所生下的後代中，有部分順利存活且能成功繁殖。於是，蚊子族群的數量再次攀升，其中有些身體機能運作完善的個體顯然從基因改造的親代身上繼承了優良的基因。

研究人員認為，第一次釋出基改蚊子時，基改雄蚊的數量多到爆炸，雌蚊會與牠們交配，

30 研究發現，了解鳥類遷徙的現象，有助於規畫航道時避開牠們的飛行路線。

31 雖然蚊子有可能透過吸了帶有抗生素的人類血液，因而逃過一劫。

是因為牠們無所不在。但是，隨著族群數量減少，雌蚊開始能夠分辨哪些是基改雄蚊和牠們的雜交後代，哪些又是野生型的個體，而研究人員認為，雌蚊傾向選擇野生型的雄性配偶。結果，未經改造的雄蚊在交配上取得優勢，而基改雄蚊與牠們的雜交後代乏人問津，於是族群的數量反彈回到了本來的基準。

了解這種蚊子的雌性擇偶模式顯然有其重要性：哪些線索促使雌蚊偏好野生型的雄性配偶，而不是外型與一般蚊子幾乎無異的基改蚊或雜交蚊？而且，這種雌蚊一生只會交配一次，牠們的擇偶標準至今仍是個謎。有人認為這些野生型雄蚊與雌蚊的聲音訊號較一致，但還沒有證據能夠確定。

拜基礎研究所賜，我們可以肯定的是，雌蚊如果沒那麼喜歡對方，就會狠狠拒絕。㊱該項研究發表於二〇一九年，而且採用的樣本是實驗室飼養的蚊子，因此野生雌蚊考量的擇偶因素依舊不明。假如我們知道那些因素是什麼（如果我們更深入研究雌性的擇偶條件及其結果），也許就能略知野生雌蚊為何偏好非基改或非雜交的雄蚊。[32]如此一來，我們便可進一步了解，如何更有效地進行引入基因改造個體的計畫，進而拯救人類的生命。全世界都在等待這一天的到來。

---

32 我找不到任何針對基因改造或其雜交後代公蚊的插入器的研究，因此那些構造扮演的角色仍然未知。這是基礎科學能夠解答的另一個問題。

第6章

誰的老二比你還大根？

人類談論陰莖時，有一個共同主題是「比較」。人們會好奇，「誰的老二最大？」如果答案不盡人意（意即某種程度上並未凸顯人類的雄偉），大家就會轉而討論同體型、同身高的動物之中，或者在特定類群裡（如靈長類動物），哪一種動物的陰莖尺寸最大。本章設法找出陰莖尺寸最大的動物及真正的贏家。這裡先爆個雷：人類沒有擠進前三名。

陰莖海報

前美國總統雷根（Ronald Reagan）即將卸任的那段期間，從物理學家轉行從事藝術創作的吉姆．諾爾頓（Jim Knowlton），開始在全國各大雜誌刊登廣告，兜售一幅名為「動物界裡的各種陰莖」（Penises of the Animal Kingdom）的海報。這幅海報並未涵蓋所有動物，畫功也不出色，卻在當時民風保守的年代引起極大爭議，讓《花花公子》雜誌（*Playboy*）飽受批評，還差一點搞垮自由派刊物《國家》（*The Nation*）——內部員工（支持這幅海報）與出版商（持反對立場）為了是否刊登諾爾頓的廣告而鬧不和。在此同時，諾爾頓每年賣出數千份海報。這種情況是不可能發生在現代的，因為聲望崇高的新聞媒體都在報導最高法院的法官與川普的那話兒。當年的紛紛擾擾，如今看來顯得離奇又有趣。

諾爾頓的海報掛在冰島的陰莖博物館（Icelandic Phallological Museum）裡顯得毫無違和感，這是一間小型博物館，收藏了歷任館長從世界各地蒐羅來、有關陰莖的各式珍品。好笑的是，一整排陰莖中，人類的陰莖陳列在最右邊，是當中尺寸最小的。當然，人類的陰莖並非最小，再怎麼說也還有果蠅墊背，而且人類的老二比許多哺乳類動物的都還大。然而，從那幅海報的魅力及其掀起的波瀾可看出，人類對巨大的插入器充滿強烈又矛盾的興趣。

如果你想知道有哪種非人動物的陰莖尺寸比自己大（誰又不是如此呢？這就跟我們愛看災難電影是一樣的道理），冰島的陰莖博物館是個好去處，因為那兒位處臨海的冰島，創館人西格魯爾．哈特森（Sigurður Hjartarson）大部分的珍藏品都是鯨魚的陰莖，沒錯，單就長度與重量而言，鯨魚的陰莖確實可觀。

其中最有看頭的是一隻抹香鯨（sperm whale）將近一百八十公分的陰莖，或者應該說是牠整根陰莖的一截：那只是活生生動物整根陰莖的前端（審註：還記得鯨豚是纖維彈性陰莖嗎？在勃起拉直之後，體內還有好大段），一整根陰莖比這要大得多，估計重達三百二十公斤。這無疑讓人印象深刻，但博物館裡還展示了大象的陰莖標本，體積雖沒鯨魚的那麼大，卻氣勢驚人，因為它高掛在牆上往前向下彎，正對著遊客觀看的角度，彷彿在挑戰對方似的。

不過，仔細瞧這根巨大而平凡無奇的陰莖，你會發現，這隻公象生性浪漫，並不好鬥，至少在交配方面是如此，因為這根雞雞沒有武器般的特化構造。事實上，陰莖的尺寸通常（但並非一向如此）與陰莖「武器化的程度」成反比。非洲森林象（學名*Loxodonta cyclotis*；陰莖平均達九十一公分長，稱霸陸上哺乳類動物）則將這種關聯提升到另一個層次。

一九一四年有關大象求偶的一段記敘指出，公象會先「愛撫」伴侶，然後以象鼻互相交纏，將象鼻的尖端放進對方嘴裡。[1]公象會在母象的配合下先進行化學測試，聞聞對方尿液的味道，藉由尿液裡的費洛蒙來確定可受孕狀態，才會進展到交配的行為。但研究人員也發現，兩隻大象交配後，象群裡的其他成員竟然都會靠攏過來，分別聞一下公象與母象的味道，彷彿在慶祝這對幸福伴侶完成交配。對大象而言，親密感是每位象群成員都在乎的事。

「比你大根」的競爭令人玩味的地方在於，關於「巨大」，有多種不同的判定標準：重量、長度、粗度或占身體的比例。以長度而言，藍鯨榜上有名，陰莖平均約有二點四公尺（審註：繁殖競爭更為激烈的露脊鯨，才是長度居冠的物種，長有二點七公尺）。但是就比例而言，藤壺遠勝過藍鯨。藍鯨的陰莖長度只占全身的十分之一，但某些藤壺的陰莖足足有體長的八倍之多。

如果藤壺長得跟藍鯨一樣大，那麼陰莖平均會是一百九十五公尺長。達爾文對藤壺的陰莖敬畏有加，還讚嘆那個構造「發育奇佳」。牠們確實得到了演化生物學之父的高度讚賞。

鯨魚有時會來場三P，譬如灰鯨（gray whale）就經常這麼做（兩頭公鯨，一頭母鯨），但不是因為人多好辦事。[2]牠們會不停翻滾、互相摩擦，消耗大量體力後，兩頭公鯨會輪流利用鰭肢「強迫愛撫」，卻發現母鯨認為時機未到只用背鰭回應他們。事實上，母鯨可能會堅持數天。牠傳遞這個訊息的方法是背部面向公鯨，而不是腹部對腹部的交配姿勢。我想各位應該不難想像這種行為代表的意思。

為什麼鯨類一開始會出現兩頭公鯨同時參與性行為的情況呢？原因是，其中一頭公鯨可助另一頭公鯨一臂之力，一頭在下方支撐母鯨以利另一頭與母鯨交配，然後兩頭公鯨再角色對調。如此一來，公鯨可互相合作以達到交配目的，而不是爭得兩敗俱傷。

演化生物學之父——達爾文

如先前所述，達爾文對藤壺著迷不已，甚至為牠們寫了四本厚如磚塊的專著。[1]他也想盡辦法尋求各種相關資訊，只要有任何蛛絲馬跡指明，在某地有某人知道藤壺的某些事，他一個都不放過。這種瘋狂的執迷，在他寫信給一位朋友，請教有關藤壺奇妙交配行為的一連串問題中顯露無遺。這些疑問中，包括藤壺的插入行為是否算是「強姦」等，值得一提的有：

> 這種長鼻狀的陰莖是否會插入一個以上的配偶？插入的時間持續多久？插入的位置深嗎？從殼口哪一端的蓋板插入？在交配期間，被插入的藤壺有持續伸出蔓足嗎？

配偶有打開蓋板（opercular valve）迎接對方的插入嗎？我很想知道，被插入的一方是為了受精甘願如此，還是一如通姦般另有目的？還是，牠是被迫就範的強姦受害者？如果被插入的一方活力充沛，我認為另一方假如沒有得到牠的同意，是不可能把任何東西插進牠體內的。還有，這些標本有偶爾放進水裡嗎？③

達爾文求知若渴的一顆心沒有苦等太久（就當時而言；畢竟他們通信不是靠電子郵件）。他的朋友很快便捎來訊息，條理分明、鉅細靡遺地回答那封信的問題。對方唯一的遺憾是，之前沒有「更仔細觀察藤壺的交配過程」，但他期待未來還有機會細觀「牠們反覆沉浸於情慾之歡」的習性。在此同時，這位朋友也滿足了達爾文的幾個好奇，包含插入的深度（他回答「在我看來不算深」），交配是否在雙方合意下進行（「被插入的藤壺……一副相當歡迎入侵者的樣子」），並且透露生殖器官的插入僅維持幾秒鐘。

發現「小伙子」

一八三五年一月中的某天，年僅二十五歲的達爾文在智利西南岸的瓜伊提卡斯群

1 儘管與從事單一主題深入研究的任何人一樣，他也曾經絕望和心生厭惡，他在一八五二年十月寫信給一名記者：「從沒人像我一樣那麼討厭藤壺，就連慢速船上的水手也沒有我這麼討厭它。」在同一封信中，他寫到他的妻子，「艾瑪最近對我非常冷淡，我們已經整整一年沒有孩子出生了。」

島（Guaitecas Archipelago）上一座海灘散步。[2]④原本他與其他人搭乘《小獵犬號》（*HMS Beagle*），但船班因為遇上了強烈颶風而停擺數天，而他看那天天氣好轉，便來從事自己最愛的活動：探索之後不可能再看到的自然環境。身為目光如鷹的博物學家，他發現了一種海螺——智利鮑魚（學名*Concholepas concholepas*，但牠其實不是一種鮑魚，中文名是似鮑羅螺）——讓人難以形容的外殼，並注意到奇特的一點。那種外殼不同於他在陸上看過的，布滿了成千上百的細孔。如果你不是達爾文，肯定不會注意到這種構造。

滿懷好奇的達爾文將採集到的樣本帶回船上，並依循人類面對從未見過的新奇玩意時的偉大傳統，拿一根針戳刺那些細孔，同時透過顯微鏡觀察其變化。一如他所預期，那些細孔裡住著一隻隻微小的黃色動物，雖然牠們沒有外殼，但達爾文認出牠們與藤壺屬於同類。然而，這就是令人困惑的地方了，因為藤壺最為人所知的習性是緊緊依附在生物體表，周圍還長有堅硬的殼板；也就是說，牠們不會蜷窩在其他動物外殼上的孔洞裡。由於一些疑點尚待釐清，加上還有一大段航程要走[3]，因此達爾文將這些珍貴的樣本保存起來，暫時擱下了這件事。

然而，他對那些長得像藤壺的生物念念不忘，誰又能怪他呢？他一到英格蘭，便立刻重拾研究。達爾文覺得在這種動物身上開點小玩笑挺有趣的，於是幫牠們取了綽號叫「分節藤壺先生」（Mr. Arthrobalanus）或「小傢伙」。

十年後，達爾文著手進行那本有關藤壺的曠世鉅作，在一八四六年動筆，直到一八五四年才完成整整四冊、共一千兩百多頁的傑作，涵蓋了數百個藤壺物種，而且每一種都至少有一則圖解。他之所以如此嘔心瀝血，原因之一無疑是對於藤壺的瘋狂癡迷，從他如此掛心那位智利附近島嶼海灘上發現的「小傢伙」便可見一斑。由於渴望了解這究竟是什麼生物，以及這種生物在藤壺的龐大系統分類中處於何種地位，他一一探究藤壺物種，最後對一整個族群如數家珍。假使不透徹研究，達爾文就不是達爾文了。

達爾文意外地在常見的物體上發現了奇特生物，之後又竭力尋求所有可得的相關知識，為我們帶來兩點重要的見解。首先，海洋生物學家璜・卡洛斯・卡斯提亞（Juan Carlos Castilla）表示，達爾文認為，這項藤壺研究使他採取系統生物學的方法來了解與歸類一大群生物，進而影響了《物種源始》[4]中的分類論述。因此，在那座偏遠海灘上偶然的發現，對二十五年後人類史上最重要的科學著作之一造成了深遠影響，為大自然的選擇如何改變動物族群的研究建立了合理的論證與論據。喔，小傢伙，在此要對你說聲感激不盡！

第二個重要的見解來自「小傢伙」本身。研究到最後，達爾文認定「小傢伙」屬於藤壺這一類的新成員，但是應該歸入一個全新的類別（以當時而言）。於是，「小傢伙」成為

2 智利天主教大學（Pontificia Universidad Católica de Chile）的璜・卡洛斯・卡斯提亞為知名的海洋生物學家，其最為人所知的或許就屬那項探討人類如果遠離自然環境會發生什麼事的研究了。他是智利鮑魚的瘋狂粉絲與專家，這種生物在智利稱為「locos」，是當地菜餚的常見食材。

3《小獵犬號》直到一八三六年十月才返抵英格蘭。

4 雖然他也不確定「這項研究值不值得自己投入這麼多時間」。

一個新的物種——小扁隱藤壺（*Cryptophialus minutus*）。另外，他也重新判定其性別，因為當初他拿針刺，從殼裡冒出來的那些「小傢伙」，其實是雌性。這種動物是目前已知體型最小的藤壺，雄性會依附在體型較大的雌性身上，雌性個體排出的卵會由依附在牠身上的，二到七隻雄性藤壺個體來受精。

之後，這種小傢伙（還有達爾文）為人性帶來了有史以來最大的小禮物：地球上相對於體型而言，尺寸最大的陰莖，其長度是體長的九倍。⑤雄性[5]本身的體長不到三分之一公釐，而牠們的陰莖長度透過顯微鏡觀察得知約略少於三公釐長。以人類而言，這就相當於陰莖有一整頭座頭鯨那麼長，這種尺寸顯然太過頭了。

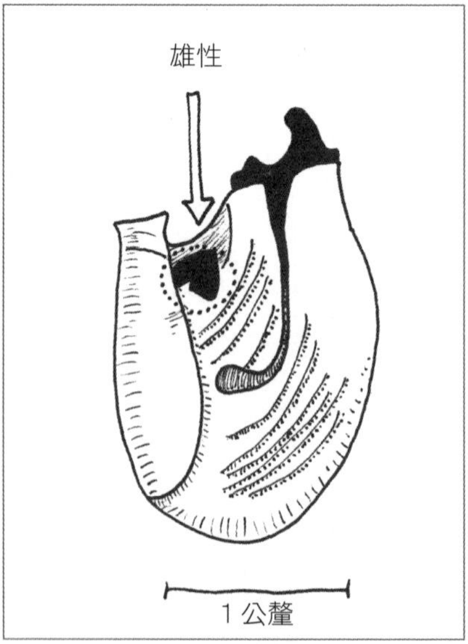

依附在雌性扁隱藤壺上的小伙子（圖中點線圓圈處，是雄性）。昆澤繪自達爾文於一八五四年出版的《物種源始》。

蛞蝓的性高潮

接下來的物種——或稱銀牌得主——在相同的「技術性細節」上也占有一席之地，牠們是蛞蝓屬（*Limax*）中的蛞蝓。這些動物的陰莖可達體長的七倍，表示一隻長度不到五吋（十二公分）的蛞蝓擁有長約三十三吋（八十四公分）的陰莖。⑥如果這聽來像是在炫耀，先別急著批評，我們來看看這種蛞蝓都拿這麼一大根陰莖來做哪些事。

在蛞蝓屬中，陰莖的比例各不相同。例如，雷氏蛞蝓（*Limax redii*）似乎是紀錄保持者，科西加蛞蝓（*Limax corsicus*）稍短一些，緊追在後。再來是豹紋蛞蝓（leopard slug，學名 *Limax maximus*），蛞蝓屬中體型最大的生物。這種蛞蝓的陰莖並不出眾（儘管長度也大於體長），但牠們使用陰莖的方式（及地點）最不同凡響。

豹紋蛞蝓身上布滿斑點（不用說，當然是像豹紋），覆有黏液，移動緩慢。但是，當一隻豹紋蛞蝓爬行時留下氣味迷人的黏液，誘使另一隻同類爬上樹枝時，神奇的事就發生了。首先，牠們黏滑滑的身體互相交纏。扭曲盤繞的同時，牠們開始從枝條上降下一條黏稠滑亮的黏液，跳起了雙人空中瑜伽，同時如十九世紀的編年史家利昂內爾．亞當斯（Lionel E. Adams）形容的，「忙著從對方身上攝食更多黏液」。⑦即使在懸空下降的途中，兩隻蛞蝓仍繼續纏繞彼此、扭來扭去，彷彿是分開數月後再度重逢的戀人。[6]

在垂吊的黏液繩索上轉來轉去時，這對蛞蝓各自從頭部側邊伸出又長又粗的藍色半透明陰莖，像根探針般在空中不停揮舞，同時繼續互相盤繞。陰莖往外伸的時候，末端偶爾盤起邊

5 這種藤壺不是雌雄同體的種類。

6 蛞蝓彼此身體交纏時，總依逆時鐘方向進行。

皺，左右試探著，最後雙方的陰莖如同它們的主人般成功抱握在一塊，交配任務也大功告成。看起來就像一大一小的兩組生物相遇成對。

到了最後，兩根陰莖會緊密交織在一起，有如一顆閃亮的球狀物懸掛在這對蛞蝓下方。在很長一段時間裡，由兩根陰莖組成的這團物體會不斷脹大，變成雲一樣的形狀，帶給旁人無限的想像空間，但這種形式其實是高度定型化且有嚴謹次序的演化成果（見下圖）。

完事後，兩隻豹紋蛞蝓各自收回陰莖，握持黏液繩索的一方會鬆開纏繞，粗魯地讓另一方掉落到地上。落下的蛞蝓會看似筋疲力盡[7]，一動也不動地癱在地上長達十五分鐘，在此同時，還在半空中的蛞蝓開始一邊吸食黏液，一邊往上爬。一切到此，表演結束。亞當斯提到，他曾在一間戶外廁所看過一對蛞蝓吊

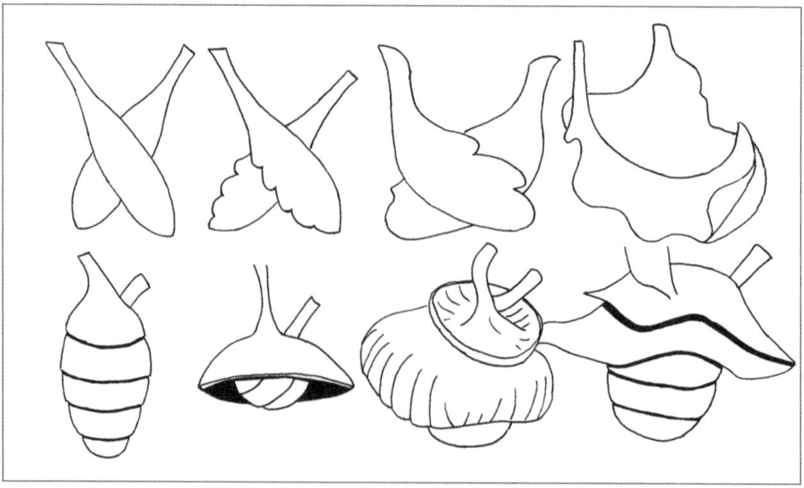

順序由左到右、由上到下，這是一對豹紋蛞蝓的陰莖在交配過程中從伸出到互相交纏時會出現的各種形狀。昆澤繪自亞當斯於一八九八年發表的原始圖解。

掛在挑梁下，我敢說，任何人打開那間廁所或任何戶外廁所的門後看到這幕景象，都會猶豫要不要走進去。[8]

你可能好奇，為什麼豹紋蛞蝓都要吊在空中交配，為什麼牠們不能像正常的蛞蝓一樣在地上交配就好？[9]一個可能的解釋是，有著這麼長的陰莖，牠們需要重力的輔助，以便彼此交纏與交換精液（讓彼此體內的卵子受精）的同時，將那話兒吊在空中。吊在黏液繩索上，利用緊密交纏的陰莖並藉著重力來場轟轟烈烈的性愛？這些蛞蝓贏得了最佳陰莖故事獎，將來你又可以在派對上向朋友炫耀了。

海灘上的配對

二〇一九年一月，一起停車場占領事件鬧得雷斯岬國家海岸公園（Point Reyes National Seashore）天翻地覆，狀況史上首見。由於聯邦政府停止運作了三十五天，該區域的執法權力

7 在寫作本書的過程中，我看了許多動物的交配影片，其中豹紋蛞蝓的行為是我看過最奇特與難忘的一種。我給牠們五顆星的評價（審註：我也給五顆星，是場帶來視覺饗宴的精湛表演，外觀和技法都令人著迷）。

8 英國博物學家看到這些蛞蝓出現在自家地下室與水管時都心懷感激，將牠們視為溫暖的家中較為陰暗的角落裡「最有用的住客」，感謝牠們幫忙清除「水管裡的油汙」，讓整個家的排水系統保持暢通。

9 關於蛞蝓的事情，我沒說的可多了，因為在蛞蝓的世界裡，沒有「正常」這回事。

受限，那座停車場與周圍地區才會無人看守，讓入侵者有機可乘。

然而，跟人類一百五十年來對牠們造成的危害相比，這些入侵者的威脅對人類而言根本不算什麼。這群北象鼻海豹（學名 *Mirounga angustirostris*）在十九世紀遭人獵殺到幾乎絕種，如今牠們只是在宣示自己應有的領土權罷了：這個範圍涵蓋那座停車場與德瑞克海灘（Drakes Beach），從柏油地面一路延伸到太平洋。其中的每一隻海豹都是躲過滅亡危機的倖存者的後代，而這一切全是人類的蓄意宰殺所致。

在這起占領事件爆發前，多年來國家公園巡守員驅趕這些海豹，防止牠們靠近人潮如織的海灘與遊客中心，避免不必要的人豹接觸，否則後果不堪設想。這種具高度侵略性的北象鼻海豹一隻體重可達兩噸半，雌性最重可達一公噸。這五十隻母海豹，連同領頭的大公海豹及其他零星幾隻公海豹，趁聯邦政府停擺、人力緊縮的大好機會，攻占了停車場與海灘。最終，有四十隻海豹寶寶在那裡誕生。

全面關閉停車場與海灘一段期間後，園區人員開始讓一些遊客進來參觀，而許多人長年習慣了國家公園以往的嚴格管制，看到海豹時顯得有些膽怯。事實上，這應該是人類數十年來第一次可以如此近距離觀賞北象鼻海豹。因此，我與家人勢必不能錯過。

我們站在刺骨的寒風中，忍受風沙刮過臉龐的痛楚時，親眼目睹了北象鼻海豹的活春宮。其中一隻母海豹突然察覺到威脅，一拐一拐地從沙灘退到海裡。我們在圍欄後面看著牠撤退時，發現前方有一座沙丘看起來很像海豹的屍體，於是開始你一言我一語，就這麼爭論了十幾分鐘。在此同時，我們還看到兩隻非處優勢地位的公海豹冷不防翻身，不停拍動鰭肢往正在開溜的母海豹爬去，顯然是偵測到了人類察覺不到的某種訊號。

母海豹拼命逃跑時，那兩隻公海豹步步逼近，試圖架住牠，母海豹死命掙扎，淒厲的叫聲大到在風中也聽得一清二楚。這時，那兩隻公海豹突然間針鋒相對，展開生死搏鬥，母海豹得以逃過一劫。

那種明顯想對母海豹硬來的企圖讓人不忍卒睹，因此我們看到兩隻公海豹打起來時，都鬆了一口氣。然而，就在我們熱烈討論之際，前方的那座沙丘爆裂開來，揚起一堆砂礫，一隻體型碩大的北象鼻海豹——相當真實完全不像屍體——以迅雷不及掩耳的速度衝向那隻母海豹，那個速度之快，我不認為人類可以跑得贏牠。母海豹當然也反應不及，那隻大海豹一抵達岸邊抓住母海豹後，牠們就立刻展開交配行為。

我們離開前與公園巡守員閒聊了一會兒，她說前一天也發生了類似的事情，但地點就在**停車場**的大型垃圾箱旁邊。「弄得滿地是血，」她如此描述那些海豹爭奪配偶時的交鬥，「孩子們都嚇得大叫」。

北象鼻海豹屬於鰭足類（pinniped）的成員，這個類群也包含了其他海豹、海獅與海象。這類動物的交配模式往往是由一頭優勢雄性占據多頭雌性後宮，而其他勢力較弱、體型較小的雄性，只能占據距離雌性較遠的領土。這意味著，作為王者的大公海豹會面臨其他也想交配的公海豹的威脅，而母海豹夾在這些血氣方剛的野獸之間，無處可躲。

象鼻海豹沒有求偶儀式，整個過程似乎全靠公海豹以體型與重量（有時再加上利牙）震懾母海豹。[8]你也許會認為，公象鼻海豹的陰莖象徵武裝性的主導權，至少它們驚人地又粗又長，能夠抓住試圖走避的母海豹。

然而根據鰭足類專家的說法，不願交配的母海豹終究能設法脫身，而願意交配的雌性則被動得多，牠們會默默躺著不動，甚至翹高背部以便公海豹將陰莖插入體內。開始交配後，母海豹會乖乖配合，公海豹則進行哺乳動物交配時常見的抽插動作。

雖然我們在海灘上看到的景象十分嚇人，但這種交配過程正如相關研究所描述的那樣。母海豹透過聲音與肢體回應非主導性公海豹的交配企圖，吸引其他雄性的注意，使公海豹開始互相爭鬥。[9]誰取得主導地位，誰就有權利交配。換句話說，母海豹可以好好篩選這些候選者，利用自己挑起的雄性之爭來擇偶。

母海豹拒絕求偶的方式有好幾招，包括大聲喊叫警示其他雄性，以及拍打地面，利用飛揚的沙塵遮擋對方的視線（我得承認，人類與動物在某些方面出奇地相似）。如果未到發情期或還沒做好繁殖的準備，母海豹也會抵死不從。所有未發情的母海豹都會反抗公海豹霸王硬上弓的舉動，但隨著發情期接近尾聲，母海豹被動與安靜的回應方式會愈來愈常見。

因此，雖然那天海灘上的狀況似乎對母海豹造成創傷（無疑也讓我們在回家路上，從人類的角度分析這種經驗），但牠握有的控制權其實比我們知道的更大。牠利用既有的資源（聲音、拍沙、左右擺動柔弱的下半身）來拒絕求歡並且向外求援。那些應聲前來的援助也是一種篩選機制，可以引發雄性之間的競爭，而雌性只需等待贏家即可。

這個物種的雄性具有形似象鼻的巨大管狀器官，可膨脹成直挺狀，發出震耳欲聾的聲音。⑩這個器官連同龐大的體型與強烈的侵略性，是牠們用以接近雌性的工具，此外也能用來對付其他雄性。牠們將大部分的交配資源都投資在這些交配前的特徵，相反的，對於交配後的競爭目標就沒那麼用心了，譬如生殖器官。

因此，鰭足類的陰莖相對不像武器（這種陰莖也只有在面對不太掙扎的雌性時才會派上用場），有著粉紅色的外表、沒有盔甲般的構造，長得也是人類相當熟悉的形狀。

在鰭足類當中，象鼻海豹的陰莖骨是排名第二的大，有二十八公分長，某種程度上反映了陰莖的長度。⑪只有第一名的海象陰莖骨比牠們雄偉，長度可達五十三公分多。然而，就象鼻海豹的體長而言，陰莖骨的長度在同類中算相對短小，鰭足類的陰莖骨與體重的關係平均是每八十二公斤會有一公分的陰莖骨。[10]一些學者推論，太長的陰莖骨很容易在進行陸上交配時斷裂。[11]因此，鰭足類部分成員雖然本身體型碩大，但被包覆在內的骨頭以及陰莖本身並不長（但也比人類的要大）。

10 以人類男性平均約十六點五公分的勃起陰莖長度與七十七公斤的體重而言，比例是每四點六公斤有一公分的陰莖。

11 擁有最長陰莖骨的海象大多在水中交配。

鯨豚類的感知

到頭來，鰭足類的陰莖儘管塊頭大，但並未贏得任何獎項，不過，跟人類的陰莖相比仍大了一些。至於其他體型非比尋常的海洋哺乳動物（MMOUSes[12]）——鯨魚（鯨豚類），又是如何呢？

首先，我們來看看牠們的骨盆（hip bone）。

是的，鯨魚有骨盆，不過沒有任何後肢連接。因此問題來了：鯨魚為什麼會長出骨盆？那些不認為生物特徵具有適應作用的人會說，這沒有為什麼，那些構造就是存在。那是多餘的器官，就像盲腸一樣。當然，有關盲腸是「退化」器官的舊聞，如今已經被證明其有免疫上的重要功能狠狠打臉了。

就我所知，骨盆在鯨魚的免疫系統中並非扮演核心角色。但是，在九十四個現存的鯨豚物種之中，有多達九十二個物種都具有這項構造[13]，顯示它的持續存在有其原因，儘管這種骨頭小到沒人能真正確定這是屬於骨盆裡的哪一塊骨頭。[14] ⑫

研究人員指出，不管這些骨頭屬於哪一塊骨頭，都使鯨魚有能力操縱有如一只龐大笨重的風箏的陰莖。你也許看過在人的操控下活靈活現的那種花式風箏，這種風箏的握把左右兩側都有繩線，可控制風箏維持在中軸的位置，必要時自由調整角度以做出環繞、俯衝或扭轉的動作。

鯨魚的陰莖不是風箏，但在水中活動時的確必須彎成某些相當怪異的形狀，以配合堪比火車車廂體型的動物做出交配姿勢。鯨魚的骨盆是肌肉的附著點，猶如風箏握把控制風箏那樣操控陰莖：一下往這兒來，一下往那兒去，半路再來個翻轉，主人希望它去哪兒，由肌肉纖維組成的圓錐形陰莖就會到哪兒。這些肌肉對其他哺乳動物也十分重要：如果人類身上與骨盆相連的肌肉遭到痲痺，便會導致不舉。更誇張的是，大鼠身上的骨盆肌肉如果不能運作，牠們就做不出「陰莖上彈」的勃起動作（陰莖猛然往上抽動），也無法插入雌性大鼠的陰道。

研究人員從這些骨盆也可對鯨魚讓人難以捉摸的生殖行為有一些認識。就已知的鯨豚而言，骨盆愈是粗壯，陰莖也愈長的物種，通常面臨了愈強烈的性擇壓力（雌性有機會與不只一名雄性交配）。[13]有研究將鯨豚的肋骨作為對照組，以確定骨盆的尺寸在校正體型大小後，關聯性還是存在（結果確實如此）。這些骨盆粗壯的物種，睪丸的尺寸也往往比較大，據信是為了因應頻繁的交配競爭與供應交配所需的大量精液。

這些研究的重要性或許並非立即可見。在鯨魚身上，骨盆與任何組織都不相連，也不具其他作用。它們唯一的功能就是輔助陰莖，讓它可自由活動。這表示，這些小骨盆基本上就是陰

12 同樣取材自電影《公主新娘》，此指涉劇中出現的「ROUS」（Rodents Of Unusual Size，體型非比尋常的囓齒動物）。我保證，這是最後一次了。

13 另外兩個物種在相同位置具有的是軟骨，而不是硬骨質的骨頭。

14 可能是坐骨（ischium）、腸骨（ilium）或恥骨（pubis）。

莖的助攻手，某種生殖器官的延伸。這也意味著，陰莖所經歷的選汰作用，也很可能藉著這些骨頭反映出來（似乎是如此）。

為什麼鯨魚需要可以彈性轉彎的陰莖呢？如本章先前提過，一些雌鯨會迴避雄鯨的追求，腹部朝上並浮在水面，以避免對方的陰莖插入生殖道的裂縫。這種情況下，雄鯨如果有骨盆可以控制陰莖的走向，也許就能調整到適當的角度，幸運地達到交配的目的。

看到這裡，你應該會好奇哪一種鯨魚的陰莖最大，接著，我們就來說說關於鯨豚類陰莖的一些事實（從目前已知的物種來比較）。

北太平洋露脊鯨（North Pacific right whale，學名 *Eubalaena japonica*）擁有超大的睪丸，一對約有一噸重，陰莖平均約有二點七四公尺長。牠的陰莖長度跟勇奪冠軍寶座的藍鯨（平均二點四公尺，但最長的數據達三點六五公尺，直徑達三十公分）不能比，但露脊鯨的睪丸重量可是藍鯨睪丸的近十倍（審註：藍鯨的一對睪丸加起來約一百五十公斤而已）。

就陰莖對體型的比例而言，三種露脊鯨與一種弓頭鯨（bowhead whale，學名 *Balaena mysticetus*）的陰莖長度至少都是體長的百分之十四以上，傲視其他鯨魚。[14]研究認為，鯨魚的陰莖－體型比例愈大，就愈能確定這些鯨魚物種經歷了劇烈的生殖競爭。至於其他的鯨魚物種，陰莖－體型比約介於百分之八至十一。

宛如安全氣囊的插入器

我的博士研究主題是紅耳龜（red-eared slider turtle）。我花了五年研究這種動物生殖系統的各個面向，以生殖研究來說，五年的時間並不算短。因此，當我聽聞有烏龜或陸龜陰莖的影片時，肯定是要一探究竟的。然而有時，我會後悔這麼做。

但是，那同時也是一種不可思議的經驗。從人類的角度來看，這些雞雞不太像陰莖。例如，紅腿象龜（red-footed tortoise，學名 *Chelonoidis carbonaria*）的紫黑色陰莖又大又長，杯狀的頂端相當於一般咖啡杯的大小，會像呼吸空氣那樣不斷開合。有支影片就拍到一隻怒氣衝天的雄龜陰莖外翻，瘋狂地打開又閉合，拼命想插入上頭有紅色狗腳印的綠色玩具球。那隻憤怒的烏龜可能把小球誤當成雌龜，或者就是單純慾火焚身，看到什麼都想上。最後，牠從球上摔了下來，四腳朝天。那隻陸龜體長頂多三十公分，而牠那有如「一根莖桿上綻放的花朵」的陰莖約為體長的一半。[15]在這方面，陸龜大多天賦異稟。

綠蠵龜（green sea turtle，學名 *Chelonia mydas*）不落人後，陰莖長度也非常具有競爭力。牠們的體長約一百五十公分，陰莖則平均有三十公分長。這相當於一個一百八十多公分高的人

15 紅腿象龜的陰莖沒在使用時，會摺疊收在泄殖腔內。影片條碼：

有一根三十五公分長的陰莖。

奇怪的是，烏龜的性別很難辨認，因為牠們十分擅長將用不到的陰莖藏起來。有些烏龜在防禦時會外翻出陰莖，或許是因為這樣，其中一隻末代雄性斑鱉的命根子才會受傷。

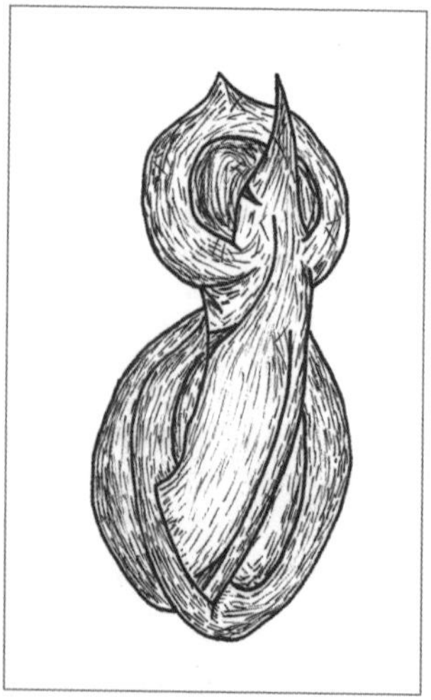

典型的烏龜陰莖。昆澤繪自桑格（Sanger）等人於二〇一五年發表的共同論文。

鱷類動物的陰莖則始終維持堅挺狀態，當控制陰莖的肌肉收縮時，它就會像安全氣囊一樣彈射出來。其彈出的速度與外表頗為驚人，不過尺寸沒有你想的那麼長，通常不到十公分。因此，牠們在陰莖尺寸的競賽中當然拿不到任何獎牌（審註：一頭四公尺的成年雄性美洲短吻鱷只有大概七公分長的陰莖）。

與人類相關的硬數據

以某些關於人類陰莖尺寸的真實硬數據而言，至少就接受保險套尺寸調查（或許因此在討論陰莖尺寸時沒那麼難為情）的美國男性來說，有一項研究指出，受訪者自稱的陰莖長度平均約十四公分，周長約十二公分。⑮周長的數據比長度更一致些，顯示陰莖的粗細經歷了比長度更嚴格的選汰過程。但是，這項研究完全採用男性受訪者在線上自行輸入的數據。

然而，這項研究有個趣聞。在接受調查之前剛經歷過伴侶口交的男性，測量到的陰莖尺寸比自慰的男性來得長。下次與伴侶親密接觸時，不妨來點口交——這可能會讓你的那話兒在勃起時顯得更雄偉！

每項調查陰莖平均尺寸的研究所得到的結果都不同，其中一些差異似乎跟陰莖如何受到對待有關。有兩名作者在共同研究中探討陰莖的尺寸與鞋號的大小是否互有關聯（答案為否，而且假設從陰莖的尺寸就可準確測得知腳掌的大小，這背後能有什麼生物機制？）。[16]他們從至少一項其他的研究中得出了不同的「陰莖拉直後尺寸」中位數，根據兩位作者解釋，這是因為在早期研究中，龜頭在測量前先被「拉伸了三次」。對了，該項調查「鞋號與陰莖尺寸」的研究所得出的陰莖長度中位數是十三公分。

人類的陰莖也可分為「傻屌」與「聰明屌」兩種。從陰莖在軟趴趴狀態下的尺寸（如果大家都裸體走來走去，這就會是我們一般看到的大小），未必能看出它勃起後會有多大根。英國國民保健署（National Health Service）進行的一項研究發現，男性的陰莖若在未勃起狀態下長度較短，勃起時通常有較高機率會是「聰明屌」，增加的長度要大於未勃起狀態下長度較長的傻屌。

墨西哥（Saltillo）一位名為羅伯托・艾斯奇維・卡布雷拉（Roberto Esquivel Cabrera）的男子宣稱自己擁有現代史上最長的陰莖。據他自行測量（錄影）的結果，陰莖有四十八公分長。根據小報的報導，他的言論遭到了質疑。有人認為，他的陰莖會那麼長，是因為他經常拉伸自己的包皮與其他彈性組織，或是多年來都在下面垂吊重物。目前非正式的最長陰莖紀錄保持人是紐約市的喬納・法肯（Jonah Falcon），他的那話兒據說勃起時長達約三十四公分（未經證實）。金氏世界紀錄委員會或許曾經收到要求，但明智地拒絕了為陰莖長度設立一個類別。陰莖長到某種程度，可能會是一個缺點（據陰莖奇長的男性表示），而這也許有助於解釋，為什麼很少有證據指出大自然的選擇機制會偏好變長的人類陰莖。金式世界紀錄中也沒有陰莖粗細的排名，儘管這個特徵在多數針對「女性想要的」調查中名列前茅（單就陰莖本身而言，不考慮男性其他部位）。

當然，數十億個擁有陰莖的人在世界上（或至少在所處環境中）來來去去，因此我們不可能知道誰真的擁有（或曾經擁有）最大的陰莖，不論就長度或粗度而言。但是，尺寸奇特的陰莖（包含人類在內）數千年來始終引人注目，而在古羅馬時代更是贏得了眾人的喝采。羅馬詩人馬可斯・瓦勒留斯・馬提亞爾（Marcus Valerius Martialis，三八～四一至一〇二～一〇四）形容作品中的主角時打趣地寫道，「如果你在浴場裡聽到有人鼓掌，就表示馬羅（Maro）脫掉衣服進來洗澡了。」[16] ⑰

16 這句話引述自馬提亞爾著名的諷刺短詩。「馬羅」這個名字可能指的是當代的其他詩人，以及／或者指涉其辭源上與動詞「閃爍」的關聯，因此可合理作為一個喜好展露其巨大陰莖，且引以為豪的男人的稱號。羅馬人講話實在含蓄又有層次。

第7章

個頭雖小，卻有如利劍

隨著二〇一九年進入尾聲，許多出版刊物一如往常公布了「年度」名單。其中一份是《喧囂》（*Bustle*）雜誌的〈二〇一九年最別具創意的十七項情趣用品〉（The 17 Most Innovative Sex Toys of 2019）。[1] ①如果你跟我一樣花了大把時間研究各種小不隆咚的插入器，肯定對名單中的一些用品不陌生。許多手持式震動裝置讓人聯想到節肢動物與甲殼類動物的插入器（其中一種長得特別像蟹鉗的東西其實叫做「蝠魟」〔manta〕，可以「將陰莖變成震動器」），或是標榜表面有顆粒狀設計，可以同時刺激兩個部位。

這份涵蓋了十七種情趣用品的名單，究竟徹底遺漏了哪一種東西？答案是，典型意義上——或「3D列印假陽具」的意義上——任何種類或形狀的假陽具。名單上的每一項裝置

1 問題來了：是誰發明這些商品？他們又是如何每一年都發揮創意研發新的玩意兒？他們的靈感說不定來自於昆蟲（如之前所述，有些昆蟲相當具有啟發性——或者令人恐慌，端看你的傾向為何）。

都體積小巧，不論是形狀或材質，都能彈性伸縮，以刺激陰蒂與相鄰部位，包括肛門在內。其中唯一的例外是一種吸盤式、可調整大小的假陽具，可供使用者黏附在平面上，只需坐在上頭，玩具會自行任意方向旋轉。《喧囂》雜誌寫道：「三百六十度旋轉，這應該是大多數擁有陰莖的人都做不到的。」[2]無論如何，這份情趣用品名單的目標受眾是那些知道如何讓伴侶開心（或者想學習更多技巧）的成人，而它想傳達的訊息非常明確：情趣用品的尺寸是大或小並不重要，重點是能夠刺激到正確的部位。

令人吃驚的跳蚤

哲學家羅伯特．波伊爾（Robert Boyle，一六二七～一六九一）描述大自然（以及上帝）的豐功偉業時，表示自己偏好觀察「解剖的鼴鼠」勝過活生生的大象。波伊爾寫道，雖然拿這兩者相比，某些人會覺得鼴鼠顯得「卑劣可鄙」，但他「好奇的不是大自然的時鐘……而是手表。」（審註：演化機制有如盲眼的鐘表匠一般，以隨機的遺傳變異進行相當精細的工作，而其結果是無先驗方向的。這一詞最早源自於演化學家理察道金斯於一九八六年出版的書名，這邊指的鐘是大型動物，表則為小型動物。）地球生物微小插入器的演化機制，其工藝之精湛，無疑能從小動物對比大動物的區別而清楚呈現。在我們身旁的昆蟲與蜘蛛、蝸牛與蛞蝓及小型哺乳類動物，牠們生殖器官的奧妙之處，從裡到外皆是。假使牠們的體型跟人類一樣大[3]，我們必定會心存敬畏，自以為是的傲氣也會大減。

以跳蚤為例，這種寄生蟲激發了許多令人意外的正面回應，反映了牠們不可思議的特點。跳蚤專家米莉安・羅斯柴爾德（Miriam Rothschild，一九〇八～二〇〇五）出身銀行貴族世家，她寫到家族在大英博物館（British Museum）的跳蚤收藏時表示，「任何一位工程師若從客觀角度看待如此不切實際的器官，肯定會認為它不好用。」令人驚訝的是，它好用得很。請見下圖。

跳蚤及其生殖器官是如此激勵人心，以致哥倫比亞裔澳洲藝術家瑪莉亞・費爾南達・卡多索（María Fernanda Cardoso，一九六三年生）的博士研究，有部分靈感來自於科學界對於跳蚤「華麗」生殖器官的深刻著迷。她甚至創造了一個名副其實的跳蚤馬戲團，於一九九五年在舊金山

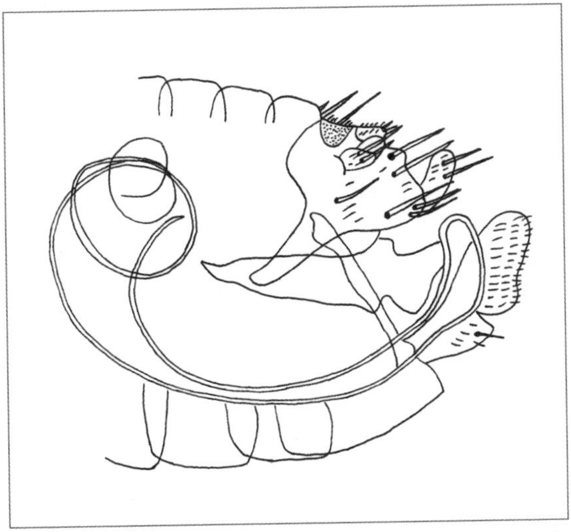

跳蚤又長又捲且纏繞數圈的陰莖可見於呈透明的下半身中。昆澤繪自愛荷華州立大學／昆蟲學共享資源（Iowa State University/Entomology Commons）奇塔姆博士（T.B. Cheetham）於一九八七年發表的論文。

2 的確如此。海豚那可以旋轉與具有愛撫功能的陰莖，讓人類望塵莫及。

3 這或許正是我們對部分的情趣用品所做的事情。

探索館（San Francisco's Exploratorium）首度展出，之後在二〇一二年又策畫了「交配器官大展」（The Museum of Copulatory Organs）。她仔細研究昆蟲生殖器官與精莢在電子顯微鏡下的影像，製作了遠比實體要大的立體雕塑。

她的作品包含一系列不可思議的盲蛛陰莖、豆象鼻蟲的插入器[4]、不同物種的豆娘帶有彎鉤的生殖器官，以及之前從未有人研究過的一種當地常見螺類物種身上，形似蛇妖的陰莖。[5]這些創作既美麗又觸動人心，當我們仔細注視（從人類角度凝視大自然創造的這些小手表），便為自己這麼多年來，寫過這麼多文字與耗費這麼多金錢探究其他物種生殖器官的工作，找到了理由……而這也是你閱讀本書的原因。

另一個原因當然是，這些器官在構造與美學上令人驚嘆。不論是測量尺寸（跳蚤的陰莖長度可達身體的二點五倍以上，就好比一個身材中等的人類擁有四百六十公分的陰莖）、描述武器般的構造、觀看交配過程的影像或推測生殖器官之間如何互動，我們這些做研究的人往往對昆蟲及牠們的生殖器官讚嘆不已。牠們總能讓一向正經八百的科學家提出誇張的結論，譬如「跳蚤具有昆蟲界中最複雜的交配器官」。②之前我們已經看過昆蟲界一些著名的例子，因此你應該知道這是多麼大膽的言論。

廣義來說，這番言論大膽至極，因為我們只看到了廣大世界的一小部分。從事論文研究的期間，卡多索在澳洲無意間發現了一個例子，那是一種常見的螺類，體型約一顆橡實大，出沒於雪梨港（Sydney Harbor）周圍的沼澤區。當時她正在澳洲博物館（Australian Museum）的顯微鏡部門從事研究：這種兩棲螺類現名為女妖陰莖螺（*Phallomedusa solida*，原為 *Salinator solida*）。牠身上的陰莖長得極為怪異，讓人出乎意料，以致蘿絲瑪莉．高汀（Rosemary Golding）——提議重新命名這個生物的三位分類學家之一——認為它可能只是隻寄生蟲而已。[6]③一位蝸牛與螺類的專家怎麼會誤把一隻螺類的陰莖當成寄生蟲呢？看看下圖你就知道原因了。

卡多索一看到這根陰莖的外表驚為天人，當下便決定替它做一個放大版模型。她寫道，

女妖陰莖螺的陰莖。昆澤繪自瑪莉亞．費爾南達．卡多索於二〇一二年發表的〈生殖形態美學〉（The Aesthetics Of Reproductive Morphologies）中編號一百一十二的圖片。

4 卡多索不是唯一一個發現豆象鼻蟲的陰莖值得大肆渲染的人，就如稍後敘述的那樣。

5 植物愛好者要是知道她的作品中還包含了花粉，一定會很高興。

6 這些學者也發現，他們歸類為女妖陰莖螺屬的物種，會將生殖器官繞著固定一點旋轉，而不是外翻，而生殖器官最上頭像海葵般觸手的突起可能是用來在交配時增加摩擦力（審註：這些像海葵的觸手就是他們得名女妖的原因，像梅杜莎蛇一般的頭髮一樣）。

「我認為必須讓全世界一睹女妖陰莖螺的陰莖真面目，而且愈逼真愈好。」④現在你看到了這種奇物，想必也同意她的看法。

光劍

卡多索不是唯一一個有意重新創造放大版昆蟲生殖器官的人[7]，也不是每個藝術家的創作主題都像女妖陰莖螺這樣模糊不明。英國藝術家喬伊．霍德爾（Joey Holder，一九七九年生）根據昆蟲的生殖器官創作了「真人大小的假陽具」[8]，其中包含我們熟悉的豆象鼻蟲。她開設了一項名為「受精儲精器官的革命」（The Evolution of the Spermalege）的裝置展覽，這個酷炫的名稱象徵著那些藉由皮下注射式授精進行繁殖的動物，世世代代以來在其他動物個體身上造成的凹痕。

霍德爾的其中一項作品是尺寸驚人、光彩奪目的豆象鼻蟲插入器模型，其包含形似雙排鋼刷的頂端、交配過程中不可或缺的陽莖側葉，以及至關重要的彎鉤——如果沒有這項構造，豆象鼻蟲完全無法交配。在霍德爾網站所展示的作品中[9]，可以看到「真人」大小的3D列印模型與占滿四面牆的巨型放大圖相映成趣，讓觀者沉浸於各種生殖器官從四面八方逐漸逼近的緊張氛圍，就像電影《星際大戰》（*Star Wars*）中殲星艦（Star Destroyer）壓制X翼星際戰鬥機（X-Wing starfighter）那樣。

不幸的是，對於實驗室人員而言，要放大豆象鼻蟲的體型與操縱牠們的行為，並不可行。

因此，如果他們想研究豆象鼻蟲插入器上長得像顎部的刺狀構造，只能採取近似於雷射槍的研究方法：雷射手術。⑤一群研究西非豆象鼻蟲（*Callosobruchus subinnotatus*）——四紋豆象鼻蟲的近親，看起來就像汙濁版的四紋豆象鼻蟲——的荷蘭學者，只好將豆象鼻蟲標本帶到巴黎，進行這項雷射手術。他們的目標是剪下插入器的一些棘刺，評估這些構造對於豆象交配成功率有何影響。

這個過程聽來可能需要小巧平穩的雙手來操作，但是相反地，他們需要的是一隻插入器可以完全外露、體型微小且狀態穩定的豆象鼻蟲。研究人員替豆象鼻蟲施打麻醉劑，好取下插入器的棘刺。為了讓豆象鼻蟲的陰莖外翻，他們利用一支真空管、細小的配管系統與一小根微量吸管的管尖做成了陰莖幫浦（與操縱鯨魚陰莖所需的迷你啤酒桶形成強烈對比）。等這隻倒霉的豆象鼻蟲不省人事、陰莖勃起後，剩下的就交給電腦技師了。他們透過電腦程式鎖定一道雷射光束，放大檢視豆象鼻蟲的下體，利用特殊的滑鼠指針來標示目標位置，然後**按下滑鼠**，棘

---

7 雖然其他物種的生殖器官也得到了大量關注，就如一九八八年卡蘿・布朗（Carol K. Brown）在蓋恩斯維爾（Gainesville）佛羅里達大學（University of Florida）展示的四種哺乳動物的放大版陰莖（豬、貓、公牛、公羊）。這個地點選得十分恰當，因為那裡正好是生殖學界的重點研究團隊的所在地。

8 在《Vice》雜誌的訪談中，霍德爾表示，她個人不會如此使用這些作品，不過它們的材質是「對皮膚無害」的矽氧樹脂，「絕對可以滿足娛樂之需」。人類真的是一種奇葩的動物。

9 你也可以上eBay購買。作品集設計師的網站：

刺就到手了。藉由這個方法，研究人員想剪多少棘刺就剪多少，而且兩三下就能搞定。

如第五章所述，四紋豆象鼻蟲的生殖器官如果沒了彎鉤，就會徹底毀了整個物種順利繁殖的可能性。但是對西非豆象鼻蟲來說，生殖器官上形似顎部的棘刺即使遭到雷射切除，似乎也毫不影響雄蟲成功繁殖後代的機率——雖然與這些經過手術的雄蟲交配的雌蟲產下的卵比一般來得少。這個生殖器官也是具有攻擊性的構造（這些「長得像顎部的棘刺」會在雌性體內留下傷痕），但又似乎能夠增加生殖的成功率。能否順利繁衍後代是重點，而對於這些豆象鼻蟲來說同樣重要的是，雄蟲釋出了多少「聘禮」予雌蟲，以及完事後雌蟲又還剩下多少聘禮。

雞雞歪左邊還是右邊

人類的身體分為左邊與右邊，兩邊不完全一致。一邊的乳房往往與另一邊不一樣大，而睪丸也是如此。節肢動物的生殖器官也會出現這種不對稱的情形，也就是插入器的一邊與另一邊長得不一樣。這在蜘蛛身上很少見，牠們通常要有兩根都可用來插入配偶體內的觸肢才能交配，因為如之前所述，牠們的「目標」是雙重交配（即雌蛛的兩個生殖道開口都被交配栓堵住），而不是半處女狀態。[10]⑥

昆蟲比蜘蛛更容易出現這種形式上的失衡，因為蜘蛛具有成對的生殖器官，而昆蟲的生殖器官並不對稱。[11]交配時，昆蟲只需將插入器放到配偶身上適當的位置即可，關鍵動作就在於腹部及相關的生殖構造得以就正確位置，以利插入器插入。

有一項根據鎖鑰理論而提出的假說認為，生殖器官的不對稱性與昆蟲的物種有關。如之前所述，假設昆蟲生殖器官的所有差異都限於個別物種之間，便會產生一個問題：單一物種內不同個體間的差異性會遭到排除。此外，某些昆蟲物種似乎不受影響，儘管生殖器官互有不同，但牠們好像一點也不介意與不同物種交配。

以螳螂為例，屬於矮螳科（Nanomantidae）、*Ciulfina*屬的雄性螳螂生殖器官有一個有趣的特徵，不是朝向右邊，就是朝向左邊，研究人員稱之為「右撇子」與「左撇子」。[7]他們比較這個屬當中的不同物種時發現，這兩種陰莖互成鏡像。也就是說，兩邊不對稱的右撇子生殖器官，看起來就像鏡子裡的左撇子生殖器官一樣。（審註：不同物種的左右撇子比例不同，除了少數物種和特定族群以外，多數都是左、右撇子陰莖的雄性個體皆共存的樣態。）

進一步研究顯示，這個屬的螳螂並不在乎生殖器官朝向哪一邊。以*C. klassi*這個雄性個體皆為右撇子的物種來說，其雌蟲竟然也樂於與左撇子的他種雄蟲交配，甚至成功機率與跟右

10 由於蜘蛛偶爾會像專家說的那樣「破壞對稱」，而在某些情況下也確實是如此，正如下一章將提到的。

11 一些哺乳動物也是如此，像港灣鼠海豚（harbor porpoise）即具有不對稱的生殖器官。這種動物的雄性陰莖歪向右側，因此總是會從雌性的左側靠近，趁對方浮出水面呼吸時採取行動。從左側靠近的角度方便插入，而且有利於陰莖頂端的小尖鉤深入子宮頸。雌性的陰道充滿皺褶，以致陰莖必須通過這個管道才能達陣，顯示這物種交配時並不是都在雙方的合意下進行。

撇子雄蟲交配差不多。⑧看來，「鎖鑰理論」不怎麼適用於這些螳螂的生殖器官。基於不明原因，螳螂不顧一切後果，不惜浪費時間在交配上，即使配偶「生殖器官朝向相反方向」也沒關係。該研究團隊甚至測試不同的偏斜方向是否會影響生殖成功的機率，但無功而返。他們得出的結論是，鏡像的生殖器官在演化上沒有所謂的好或壞。就這點而言，反生物特徵適應論者或許是對的。

性狂熱的死亡漩渦

另一個令人困惑的適應論謎題是，有一種長得像囓齒類的有袋動物陷入性狂熱的死亡漩渦，最後甚至到了餓死的地步。⑨寬足袋鼩屬（*Antechinus*）幾乎可說是瘋狂沉迷於性交大事，至死方休。如同鮭魚不惜為了產卵而死（如果在那之前沒有被灰熊吃掉的話），這種小動物的一生都是為了這個關鍵時刻而存在，有著與鮭魚極為類似的適應機制。

還不到一歲，雄性的寬足袋鼩屬已累積了一生中所能製造的精液，四處尋覓能夠置放它們的地方。好不容易找到願意交配的雌性後，牠會與對方纏綿數小時之久（平均六到八小時），那種步調與譚崔性愛（tantric sex，緩慢而深沉的感受式性交）有得比。隨著生命接近尾聲，雄性會馬不停蹄地與一個又一個的伴侶性交，除了交配之外什麼事都做不了，牠們這段時間幾乎不吃也不睡，即使毛皮脫落、體內出血、生理組織開始腐爛。到了死亡的那一刻，身體逐漸瓦解的風流浪子仍持續追逐對自己愈來愈不感興趣的配偶，最終倒地而死，享年不到一歲，腸胃空空如也，但牠達到了目的，留下後代接續未竟的性交之戰。

研究人員已大致了解，是什麼讓雄性的寬足袋鼩屬對性愛馬拉松如此著迷。隨著只有一次機會、為時短暫的繁殖期來臨，寬足袋鼩屬的日常習性出現了轉變。雄性彷彿在回應一種無聲的宣告，拋下了家園，開始齊聚於群體的巢穴。雌性不會這麼做，她們仍繼續四處覓食（一旦交配與生殖，牠們就得照顧新生兒），但會定期前往雄性的聚集處物色配偶。如之前提到的，青蛙也是類似的模式，雄蛙會聚在一起等待雌蛙前來，也就是生物學家所稱的求偶展示場（lek）。除了這個活動之外，寬足袋鼩屬還有其他與哺乳動物十分不同的行為模式。

最多只持續數週的繁殖季，以一個精確的信號為開頭。白晝時間比例的變化，預示著寬足袋鼩交配季的開端，而引發信號所需的時間變化量則因物種而異。對捷袋鼩（*Antechinus agilis*）而言，當一天的白晝時間多了一百二十七至一百三十七秒不等，就代表繁殖季來臨。就另一個物種棕袋鼩（*Antechinus stuartii*）而言，門檻則是九十七到一百零七秒。這些是自然界以秒數為最小單位的計時器。一旦開始計時，寬足袋鼩屬就會展開性愛馬拉松。

有兩個內部因素促使這種小動物深陷於交配而不可自拔，最後還丟了性命。這兩個因素皆是荷爾蒙：一個是睪固酮，另一個是皮質醇。睪固酮的激增讓雄性的寬足袋鼩性致高昂；皮質醇——壓力荷爾蒙的一種——則使牠們到了最後必死無疑。事實上，某項刊物中描述這些生理影響的一張圖表顯示，皮質醇分泌量的曲線驟然上升又陡降，緊接而來的就是「死亡」階段。

皮質醇會抑制免疫與消炎反應，讓雄性的寬足袋鼩飽受壓力、患病染疾、廢寢忘食，而且色慾薰心。這些飢渴的動物死了之後，經研究人員檢視的結果往往是胃裡沒有任何食物，顯示牠們將生命的最後一段日子全都奉獻給了交配行為。

壓力荷爾蒙大量分泌、胃部一無所有，並且不停交配到死，這些現象對生物的適應機制難道有任何益處？這種動物的生命曲線讓人聯想到鮭魚及其獨自逆流產卵的致命旅程與死亡。實際上，研究寬足袋鼩的專家認為，這種有袋動物是少數會採取這項繁殖策略——「單次繁殖」（semelparity）——的哺乳動物之一。跟鮭魚一樣，就寬足袋鼩這個物種而言，雄性相對長壽，一生就交配這麼一次，當然會竭盡全力地把握這一次機會（審註：相反地，人類等多數脊椎動物行的是多次繁殖〔iteroparity〕）。

寬足袋鼩屬於袋鼬科（Dasyuridae），而在這群極為奇特的動物之中，寬足袋鼩的近親——南方似寬足袋鼩（*Parantechinus apicalis*）以陰莖上一種令人意外的附屬器官脫穎而出。[10]澳洲人都稱這種小動物是「掘穴機」，牠們的雞雞上吊掛著一種東西。

經過深入調查，研究人員發現南方似寬足袋鼩不是唯一一種陰莖長有附屬器官的動物。這個附屬器官具有勃起組織，就跟一般的陰莖一樣。雖然研究人員一直無法確定，南方似寬足袋鼩與其他寬足袋鼩物種是否會拿這個附屬器官當作插入器，但他們觀察到，袋鼬（quoll）——寬足袋鼩的遠親——會這麼做。

然而，這並不意味著，這些物種會在交配過程中同時將兩根插入器插入同一個孔洞。根據觀察，牠們會將陰莖上的附屬器官插入配偶的直腸（rectum）。[12]研究人員推測，如此可幫助牠們瞄準，將傳遞配子的陰莖尿道插到正確位置。⑪這麼一來，南方似寬足袋鼩與牠們的近親就不會戳錯地方了。[13]

口器

如果你覺得將陰莖附屬器官插入直腸的行為不算什麼，那蜱的口交呢？許多蜱蟲物種都會進行某種形式的口交。雄蜱會將口器伸入雌蜱的生殖器官，在內部來回摩擦，使洞口鬆開、生殖器官脹大。完成這個步驟後，接著放入精莢。過程中派上用場的器官，正是蜱黏附在我們皮膚上、用來叮刺吸血的口器。

蜱絕對是唯一一種體型渺小但威力強大，而且會在交配時運用口器的動物。某些蜘蛛明顯在性事上挑剔講究，將觸肢插入配偶體內之前，會先徹底清洗與潤滑一番。⑫由於蜘蛛應該不在乎衛生（反正舔附屬器官也不是什麼衛生的事），這種不辭辛勞的舉動可能是為了讓觸肢更容易插入。潤滑液或許不像你想的那樣，是人類與節肢動物之間的共通點。

12 與二〇一九年最別具創意的情趣用品名單上某幾樣東西很像。

13 寬足袋鼩的研究讓人類看到了更多的可能性，而不只是得到了可以在派對冷場時賣弄的學問。這種動物的大腦會累積類澱粉蛋白（amyloid，這種物質會形成腦斑，導致各種類型的失智症），而且是在自然情況下發生，因此我們也許可以從牠們身上了解這種斑塊如何形成，以及哪些療法可望有效治療相關的神經退化性疾病。奇怪的是，除了基因轉殖的小鼠以外，目前人類在這方面現有的唯一模型是一種鮭魚，而牠們也會自然形成這些斑塊。

在交配過程中，一些盲蛛物種會將陰莖插入雌性的口器及生殖道⑬（還記得盲蛛的角質囊和聘禮嗎？），另一種有著相同名字的蜘蛛（屬幽靈蛛科）則會在交配時將眼柄插入雌性的口器。⑭如此的結果是，眼柄受到性擇的限制。因此，這種蜘蛛的眼柄與一般不同，長度頗長，還長有尖鉤與細毛。我們可以說，雌性的嘴巴塑造了雄性的眼柄。

一種海生扁蟲在交配之後會與配偶進行口部接觸。在一篇副標題貼切命名為〈這些蟲會口交〉的論文中，作者們描述了一種會吸吮生殖器官的扁蟲。⑮具體而言，這些體色透明的小蟲（一點五公釐長）在實驗室的環境下「甘願地」完成交配，過程中出現無數次繞圈、旋轉與交纏的動作。雌雄同體的扁蟲在一連串暈頭轉向的動作後開始進行交配（當然有影片記錄[14]），交配後沒多久，雌性扁蟲的生殖口會露出一束精莢。這將「你臉上有髒汙」提升到了全新的層次。臉上有「髒汙」的扁蟲會彎身朝向雌性生殖口用力**吸吮**，就如那些研究人員在論文中特別強調的。他們也統計了吸吮行為的比例：在八百八十五次交配中，百分之六十七的配偶至少有其中一方吸吮了精莢。

他們推測，扁蟲會有這些吸吮行為，是為了盡可能多攝取精莢——意思其實就是吸食精子。[15]他們發現，其他物種也有類似的行為，用一些特別的方式將精子放進體內。屬於透明、住在海裡的箭蟲類（arrow worm）物種——頭翼鋤蟲（*Spadella cephaloptera*）在交配時會直接將精子塗抹在雌性的體表，讓配子自行移動至生殖開口；一種水蛭（盾蛭〔*Placobdella parasitica*〕）也同樣會將精子抹在配偶身上，配子再穿透體壁進到體內。這麼說來，接受精子的那方傾向吃掉精子的原因，也就不難理解了。

創傷的權衡關係

有太多動物都經由所謂的「創傷性授精」將配子傳遞給配偶，因此這種行為不怎麼令人意外：臭蟲會刺穿配偶腹部的硬殼；豆象鼻蟲會猛烈攻擊配偶的生殖內壁；海蛞蝓有雙重雙功能陰莖，上頭還長有棘刺；蝸牛彷彿丘比特般向中意人選發射「戀矢」，⑯輸送分泌物以提高對方接受己方精莢的意願。[16]這些現象都沒什麼好稀奇的。

就每一種情況而言，我們推論戀矢、皮下注射式插入器或雙排鋼刷，這些尖刺會對目標造成傷害，使對方為了交配而付出代價。但就如之前所說的，從配偶的角度思考，按照那些曾經改變或始終不變的構造去發想，你會發現，被動的一方也有好處，譬如從精液中獲得營養，或者得到更多配子以利受精。我們不能單方面根據人類的感官經驗來判斷這些動物的感官體驗。

那麼，你有聽過會互相從頭部進行皮下注射式授精的海蛞蝓嗎？⑰在雌雄同體的腹翼海蛞

14 上網搜尋「這些蟲會口交」（these norms suck）就能輕易找到。

15 不過，二〇一九一項研究的作者們認為，這是雌性的「反適應作用」，藉由移除的動作來控制射出物。其依據是因為發現了特定的基因表現會促成吸吮的行為，顯示這是演化上其中一個選汰的目標（Patlar et al. 2019）。

16 其中一個物種平均會戳刺配偶三千三百一十一次，從到尾就是同一支戀矢（Chase 2007b）。

蝓屬（*Siphopteron*）中，有五個物種會採取皮下注射式的交配方式，但插入的部位各不相同。其中一種會無差別地到處亂插，其他則傾向從配偶的頭部後方授精。然而，有一個無名物種很特別，牠們始終如一，「向來都將生殖器官插入配偶眼睛附近的部位」，而且插入的位置「深入體內，甚至會先後抽再插入」。

這些動物注入配偶體內的物質是前列腺的分泌物，因此這種過程又稱為「頭部創傷性分泌物傳遞」（cephalotraumatic secretion transfer，cephalo意指頭部，traumatic代表創傷）。我知道聽起來很可怕，但這個過程其實相當賞心悅目（當然有影片為證[17]）。這種未指明的動物——「腹翼海蛞蝓一號物種」——是一種顏色鮮豔的海蛞蝓，身體是純白色的，邊緣則為亮黃色與番茄紅交雜。海蛞蝓開始交配時，先是一邊旋轉，一邊互相交纏，接著各自伸出近乎透明的生殖器官，並且岔出兩個插入器。

其中一個插入器瞄準配偶的頭部，另一個插入器則得插入配偶的生殖口。[18]四處摸索對方頭部的那根插入器，尾端尖銳，看起來就像圖釘的釘尖。與此同時，交配的雙方會緩慢旋轉，有時還會輕輕掐捏彼此的背部。最後，雙方的插入器會慢慢溫柔地進入彼此體內，身體則呈彎摺狀包住對方。插入之後，從牠們透明的體壁可明顯看到液體的輸送。在這支影片中，你甚至可以看到，海蛞蝓的其中一隻眼睛就位於插入位置的旁邊，而且正密切觀察一切動靜。

這時，兩隻蛞蝓停止旋轉，也許是因為不想讓精液等分泌物漏出的關係。當傳遞過程結束，牠們會各自收回插入器。整個交配過程最長可達一小時。研究人員甚至觀察到，其中一起案例有三隻海蛞蝓參與。

至於這個物種為何都從配偶雙眼之間的部位輸入分泌物，研究作者們推測是因為前列腺分泌物進入配偶體內的目標是頭部的一束神經叢，其對配偶神經產生的影響仍未知。他們認為，其作用可能就像寄生蟲接管宿主的神經系統，進而控制宿主的行為那樣。簡單來說，就是透過頭部創傷性分泌物傳遞的行為來控制配偶的心智。這聽來一點也不嚇人，真的。

囚禁軟嫩的甲殼類床伴

現在你知道，蜘蛛會利用改造後的附肢——觸肢——進行交配，但我們在序言提過的好兄弟海螯蝦，又是怎麼展開交配的呢？答案是，牠們也會利用附肢來輸送精子。[18]首先，牠們會從第五步足基部的生殖孔吸取精液，儲存在第一對泳足裡（名為腹肢〔pleopod〕），再以這對泳足當成插入器，經由表面的輸精溝（sperm groove）傳遞精莢至雌蝦的腹環溝中（annulus ventralis）。一些其他名為橈足類（copepod）的小型甲殼類動物也會使用附肢來傳遞精莢，只不過位置稍有不同，位於身體下半部（審註：橈足類會使用發達的第一對觸角抱接雌性，再用第五對步足插入雌性體內）。

17 上網搜尋「腹翼海蛞蝓一號物種透過頭部注射進行交配」（Siphopteron sp. 1 mating with head injections），就能找到。

18 同樣讓人想起二〇一九年最別具創意的十七項情趣用品。

除了噴尿的奇特動作之外，某些螯蝦物種沒有獨立的生殖器官，也不依賴特化的附肢來交配。相反地，牠們直接利用輸精管（沒錯，就是男性結紮時切斷的部分）作為「陰莖」來傳遞精莢。[19]其他螯蝦與一些蟹類則會將精莢藏在外骨骼的小囊袋裡。

一些螃蟹與淡水螯蝦也會運用活塞式注射器版本的插入器，來輸送精包。牠們的射精管（ejaculatory duct）可往外延伸，用以插入自身第一對泳足的基部充彈，接著再利用第二對泳足插入第一對泳足上膛，用第二對泳足作為活塞式的皮下注射器，插入雌性體內射精。這讓人對甲殼類動物刮目相看（審註：特化的第一、第二對泳足稱為交接肢〔gonopod〕）。

我們來看看另外一個現象：欖綠青蟳（英文名翻譯為橙泥蟹，學名是*Scylla olivacea*）會為了完成交配而耗上好幾天的時間。雄蟹與雌蟹在交配前會維持某種姿勢，最久可達六十多個小時，過程中，雄蟹利用步足將同意交配的雌蟹「囚禁」在身體底下。牠們甚至在覓食的時候仍保持這種互相交疊的姿勢，同時，雄性也會驅趕其他有意競爭的求偶者。

這個階段結束後，雌蟹開始脫殼。沒錯，在認識配偶六十多個小時之後，雌蟹會脫掉外殼，有時雄蟹也會伸出大螯幫對方一把。[19]經過將近五個小時的脫殼（結束了螃蟹生命的這個過渡期），雌蟹便做好了交配的準備，因為牠新換上的外殼柔軟易彎，方便調整姿勢。於是，雄蟹會將雌蟹的身體翻面，雌蟹敞開腹部、露出生殖孔，接著雄蟹將由泳足特化的生殖肢插入並傳送精子。當牠們完成交配時，你不會不知道，因為雄蟹會將雌蟹的身體翻轉回來。

螃蟹的交配可持續六個多小時。完事後，雄蟹至少會在雌蟹身旁守護個半天，為的是保護剛交配過而外殼柔軟脆弱的配偶。⑳等到雌蟹的外殼變硬，雄蟹就會放開對方。假如雌蟹在這段期間死亡，例如脫殼時遭到攻擊，雄蟹就會拋棄配偶，任由其他雄蟹啃食屍體。就這點而言，甲殼類並不是值得人類效仿的榜樣。

斷開連結！可自由活動的插入器

在《海底兩萬哩》（*20,000 Leagues Under the Sea*）一書中，作者儒勒・凡爾納（Jules Verne）描述一隻章魚展現了一種最不像章魚的行為。船蛸屬（*Argonauta*）這一類章魚不會逗留於海底的礁石周圍，也不會窩在角落與鑽進裂縫裡獨處，相反地，牠們會數百隻一起集結成龐大的陣仗，靠著包裹在身體周圍的「帆狀物」浮上海面活動。這些「帆狀物」分泌自雌性的第一對腕足，外觀彷彿輕薄的鸚鵡螺貝殼，因此有些人叫這種動物作「紙鸚鵡螺」。㉑實際上，這些章魚在海面上載浮載沉時，看起來很像鸚鵡螺，但這兩種動物的相似之處僅皆有外殼這點而已。

雌性船蛸蜷縮身體窩進薄如紙的殼中時（壓縮裡頭的空氣，讓外殼成為壓艙裝置以利下沉[20]），看起來並不嚇人。這種章魚體型不大，雌性連同殼在內長約三十公分，雄性則只有約二點五公分長，重量只有雌性的六百分之一。對於有意向體型巨大的戀人傳遞配子的雄性船蛸來

19 這種「等待脫殼」的現象常見於甲殼類動物。

說，這樣的差距使牠陷入相當危險的處境，因為雌性難免會把牠當作點心一口吃掉。

為了避免被雌性吃掉，同時滿足自己的繁殖欲望，雄性船蛸徹底發揮了「把陰莖當作第三隻腳」的精神。如同所有的章魚，這種動物有八隻腕足，其中一隻（審註：章魚類群通常是左側或右側第三隻腕足）末端缺乏吸盤、呈現鞭狀的腕足末端大有玄機：上面有一個小溝槽可吐出精莢。腕足的尖端會像陰莖一樣脹大，而雄性再將這個非常特別的附屬器官插入雌性體內。與配偶隔著一臂之遙的距離，雄章魚得以釋出精莢。

這種雄性船蛸還有最後一個特有的把戲：牠可以將自己的附屬器官——在頭足類動物身上名為交接腕（hectocotylus）[21]——插到雌性體內，然後斷開這項構造，再飛速躲到安全的地方，留下還在蠕動的交接腕完成傳遞配子的危險任務。[22]研究發現，雌性船蛸體內會藏匿著一個以上的交接腕。事實上，早期的博物學家對這些會像蟲一樣蠕動的構造感到困惑，以為這種脫節的觸手是寄生蟲。結果不然，這只是某種可以自由活動的插入器在獨自進行艱難的繁殖任務。

釋出插入器的行為不是船蛸專屬的花招。事實上，從蛞蝓到蜘蛛等許多小型物種，都會利用這種先插入後斷開的陰莖來克服致命的交配問題。研究指出，雌雄同體的香蕉蛞蝓（Banana slug）在交配過程尾聲，牠們的插入器會卡在配偶體內，導致其中一方不得不開始啃食對方的插入器。[23]在這種噬莖（apophallation）的行為後，體內仍有插入器殘留的一方顯然會吃掉插入器。在難以獲得養分的情況下，任何不會危害生命的東西都能算是食物。（審註：該種行為並非每次交配過程都會發生。與海蛞蝓不同，香蕉蛞蝓的雞雞被咬斷後長不回來，從此，這倒楣鬼只能當懷孕的一方。）

磷蝦的操練

說到體型細小、身體透明的甲殼類動物磷蝦（krill），往往讓人想起鯨魚張大嘴巴濾食的畫面，或是海洋食物鏈隨著磷蝦數量減少而崩潰的現象。磷蝦的繁殖在生態的崩潰與海洋的健康之間扮演關鍵的平衡角色，但直到近年，才有人真正深入研究磷蝦在其中扮演什麼角色。這實在可惜，因為這種生物在生殖方面訓練精實。「磷蝦的操練」大致包含五個階段，追逐、探查、擒抱、收縮與推進，而精莢會在其中某個階段傳遞出去。

想實地觀察磷蝦的交配並不容易，至少南極磷蝦（Antarctic krill，學名*Euphausia superba*）就是如此，因為這種體型渺小的動物[22]大多棲息於寒冷地帶的海底。然而，關於這些動物的研究特別重要，因為牠們有可能正是這些海域整體生態系統的基礎，也是地球上所有多細胞生物

---

20 凡爾納注意到了這種行為，並在同一段敘述寫道，「然後，牠們突然感到驚恐，天曉得為什麼。每一隻船蛸彷彿接收到信號似的，瞬間沉了下去；腕足收摺起來，身體蜷縮，利用重心的改變翻轉外殼，完全消失在浪濤中。一切發生在片刻之間，沒有任何一個艦隊能像牠們那樣和諧一致地航行。」

21 在船蛸屬物種中，這隻腕足一開始長在靠近左眼的囊袋裡，以致雄船蛸看起來彷彿只有七隻腕足——等到牠用上了第八隻腕足，這便成了大家熟知的八隻腕章魚。

22 體長約六點五公分。

中生物量最龐大的一群。[23][24]因此，磷蝦的相關研究事關重大，值得我們仔細了解一番。

駐派南極的研究人員將耐低溫、防水及可承受高度水壓的無人攝影機設置於海底十六處不同的位置，以捕捉磷蝦的交配過程（雖然當時他們對磷蝦的操練一無所知）。完整記錄磷蝦交配過程的同時，研究人員也設想周到地拍下了牠們操練的經過，以供一般人了解那是怎麼一回事（是的，有這樣的影片）。

在這項研究出現之前，人們總以為磷蝦的交配相當無趣，而且應該是發生在淺層海水層。實際上不然，也並非總是如此。於是，深水攝影機派上用場。

體內滿是卵子（或者如生殖生物學家所說的懷孕）的雌性磷蝦身型臃腫，就跟許多懷孕的生物一樣。雄性磷蝦會追逐這些懷孕的雌性（「磷蝦操練」的第一個步驟）。這時候，雄性的插入器有可能尚未「充滿精子」，意思就是，牠還沒填裝第一對泳足（pleopod，又名為腹肢）上的**交接器**（petasma），做好傳遞精莢的準備。假使牠在追逐的同時填裝精莢，身上的負重就會拖慢移動速度。因此，牠們會避免在腳上掛滿精莢的時候去追逐配偶。

然而，追逐的階段結束後，接著就是探查與擒抱。擒抱時，雄性或許會將交接器閉鎖起來並裝入精莢，因為擒抱時不會用到這一對腹肢。牠可以利用一個交接器從生殖孔中吸取精莢，然後移交給另一個交接器，就像你用一隻手拿下腳上夾的東西，然後轉移給另一隻手那樣。接著，雄性磷蝦再用交接器上的尖鉤將精莢戳進雌性的胸甲生殖開口內。

從「擒抱」過渡到「收縮」（雄性控制腹部肌肉）的同時，磷蝦會完成精莢的遞送。這段期間約持續五秒，因此磷蝦可說是生活在海洋的快車道上。

操練的最後一個步驟是推進。不同於上述四個步驟（也見於一些蝦類與關係相近的甲殼類），推進這項第五個動作只出現在磷蝦身上。過程中，雄性磷蝦會將自己的頭部抵住雌性的身體，形成字母「T」的形狀，然後一起旋轉。

研究人員認為，這個「推進」的動作也許有助於精莢在雌性體內爆開，釋出精子。因此，雄性磷蝦將氣球般的精莢插入雌性體內，然後用頭推撞雌性，好讓精莢爆開。

整套操練約需時十二秒。在你閱讀這幾段文字的時間，磷蝦能做的事情可多了。

爆裂彈出的蜜蜂

對一根尺寸細小卻利劍的陰莖而言，還有什麼比為了交配而斷送自我（還有主人的生命）更慘烈的犧牲呢？雄性蜜蜂的飛行在一開始就像夢幻的「高空性愛俱樂部」，但很快劇情便急轉直下。雄蜂會組成一大群陣仗，這種群聚現象稱為「雄蜂彗星」。一旦受到這群雄蜂的吸引，保有處女之身的女王蜂會離開巢穴，直直飛入嗡嗡作響的雄蜂群裡。之後，能跟得上女王蜂速度的雄蜂們（不知道算不算幸運），會一隻接著一隻與女王蜂在空中雲雨交歡。

23 磷蝦目共有八十五個物種，學界對於其中任何一種的生殖行為知之甚少，尤其是野生物種（這很重要，因為動物在人工飼養的情況下生殖行為可能大有差異）。

隨著雄蜂一一完成交配，精液的射出將使雄蜂的身體彈離女王蜂，內臟連同插入器被扯開，仍卡在女王蜂體內。女王蜂完事後拍拍翅膀加速走人，雄蜂則自空中墜地，一命嗚呼。這時，另一隻雄蜂會緊接就位，移除前一位留下的斷裂的器官與陰莖並展開交配。經過一連串這種爆炸性的交配，女王蜂的體內會貯滿精子，之後每次產卵時便可從中挑選（審註：而沿路能夠發現一具具沒了生殖器官的雄蜂屍體）。

雄蜂的陰莖非常小，必須透過電子顯微鏡才能清楚檢視。然而，其射精的威力強大，就像爆裂一樣，讓體型微小的蜜蜂在反作用力下向後仰身彈出。有不計其數的物種陰莖雖小，威力卻出人意料地強大，蜜蜂就是其中之一。

雄性蜜蜂不是唯一一種會為了繁衍後代而犧牲小我的動物。就此而言，雄蜂在交配時留下的致命傷口可說是自作自受，儘管這可能是因為牠受到了戀人分泌的費洛蒙所迷惑的關係。

蜜蜂的這種行為令人費解，因為殘留在配偶體內的插入器無法阻止其他雄蜂前來授精，最後一位交配的雄蜂其生殖成功率也沒有比較高。牠們的近親熊蜂（又稱大黃蜂，bumblebee，屬名 *Bombus*）[24]就不同了，牠們在配偶體內留下的交配栓可有效防止對方再度交配。如此說來，這種影響有可能曾經在蜜蜂身上發揮了作用，但之後就莫名消失了（原因是，演化機制也牽涉了生物特徵的**喪失**。人類可能原本有尾巴，但後來退化了。）

另一種在交配後似乎會刻意斷開插入器的動物是雌雄同體的裸鰓類物種（nudibranch）——多彩海蛞蝓（學名 *Chromodoris reticulata* 或 *Goniobranchus reticulatus*），其名稱源自於深紅色的網狀外表。牠們看起來就像濕軟且帶有荷葉邊的扁扁小兔子，頭部長了一對像兔耳朵、可偵測氣味的嗅角（rhinophore），尾巴則有蓬鬆的次生鰓（secondary gill，這也是它們被稱為裸鰓類的由來），看起來就像舊時女裙後部的裙撐。[25]

研究指出，多彩海蛞蝓在交配時可以截斷插入器，而且體內還至少留有兩段以備之後使用，由於這種「備用陰莖」的特性，讓多彩海蛞蝓在生物界聲名大噪。㉕牠們的插入器在未派上用場前呈螺旋狀蜷縮在體內，截斷後會逐漸再生成原狀。

同時，插入器的斷裂也有助於消除前一位競爭者的精子。研究人員表示，多彩海蛞蝓經歷插入器的創傷後，可能需要一天的時間重整旗鼓。相較之下，一些海螺與藤壺的復原期則來得緩慢與漸進些，牠們的陰莖會隨著季節的更迭逐漸脫落，㉖等到下一次的繁殖期來臨，新長出的陰莖也發育成熟了。

---

24 湯瑪斯．哈迪（Thomas Hardy）在《嘉德橋市長》（*The Mayor of Casterbridge*）中對熊蜂所做的評論，據說是J.K. 羅琳（J. K. Rowling）在構思《哈利波特》（*Harry Potter*）中幾位角色的名字時的靈感來源。小說中與此相關的段落為，「結果……她不再說『鄧不利多』（dumbledore，英國舊時指稱蜜蜂的單字），而是『謙遜（與熊蜂只差一個字母）的蜂』……如果她前一晚徹夜未眠，隔天早上不會跟僕人說她『惡夢連連』（hag-rid），而是『消化不良，胃痛整晚』。」

25 我在《富比世》（*Forbes*）雜誌網站上寫到這些構造時也用了類似的詞。

一億年前的年度最佳蜘蛛

蜘蛛有時也會折斷插入器或其中的一部分，之所以會有這種策略，可能是因為許多雄蛛尋求交配時，對方將牠們視為最終的結婚大禮，試圖吃掉牠們。如二〇一五年的年度蜘蛛所闡釋的，這是解決長期存在的問題的一種古老方式。耗費數十年在實驗室裡研究蜘蛛化石的約格．溫德里希，正是將這份榮耀授予這塊無生命蜘蛛標本的人。

雖然琥珀裡的古緬甸葉蛛（*Burmadictyna excavata*）榮登當年的年度蜘蛛寶座，但牠們一億年前就已存在於今日的緬甸。這塊長度僅二點八公釐的迷你標本，為圓網蛛中已絕種的物種之一。溫德里希會選擇這隻作為年度蜘蛛，是因為牠的插入器——觸肢器最尖端的構造——可向雌性配偶傳遞精子。

溫德里希也根據現代圓網蛛的習性來推論這種蜘蛛在一億年前還沒因為一坨樹液而一命嗚呼之前，是如何生存與繁殖。他發現，蜘蛛的插入器長有一個「十分奇特的構造」，那根圓筒由十二個螺旋物組成，伸長後可達蜘蛛本身體長的三點五倍。擅於洞察蜘蛛生理構造的溫德里希還注意到，這根圓筒的底部比較窄。以如今所見的圓網蛛來說，雄性的觸肢器先天就有一個斷點，在交配後會有部分遺留在雌蛛體內。因此，他斷定那隻年度蜘蛛的插入器上的圓筒也是如此。

溫德里希握有三個這種蜘蛛的標本，而根據前述的結論，他判定這些動物在性事方面缺乏歷練，因為牠們的插入器都還健在，觸肢也完整無缺，上頭的斷裂面明顯可見。牠們還來不及交配，就被樹液奪走了生命。

這種交配栓普遍見於今日的蜘蛛身上，但之前分類學家低估了它們的使用率，因為他們經常「清理」雌性生殖道以查看其他構造[27]，而這個步驟同時也清除了交配栓。這些遭到清除的物質大多都是觸肢器的片段。

有一種屬於姬蜘科提達倫蛛屬的物種（*Tidarren cuneolatum*），其雄蛛還沒走到交配那一步，就已完全失去觸肢器。[28]牠會自行決定從哪裡切斷觸肢器，在牠開始靠近體型大了許多倍的雌蛛前就動手自宮（審註：因此，性成熟的雄蛛都只有「一個」插入器）。

這樣的自宮行為聽來萬分痛苦。首先，牠會仔細清潔自己的觸肢與步足，在蛛網下方原地旋轉著，接著以「特殊姿勢」將單側的觸肢黏附在蛛網表面，身體則懸在半空中。牠利用另一根觸肢托住第一根觸肢，用蛛絲纏繞並旋轉八到十五次，勒斷第一根觸肢。如果第一次未能成功，牠會不斷重來直到成功為止。[26]

接著輪到雌蛛上場。牠會透過一種稱做「以第二步足彈撥」與震動身體的過程向雄蛛表明自己願意交配。雌蛛「以第二對步足彈撥」的東西是雄蛛吐出的交配絲。經過一小段時間的延

26 截肢可能是為了減輕身體重量，以便跑得更快、更遠。沒了第二對觸肢，雄蛛的移動速度快了將近一半，移動距離也多了三倍。這些雄蛛通常得朝垂直方向長途跋涉，才能找到理想的配偶。

遲，雄蛛將一條蛛絲黏在雌蛛的步足上，然後快步爬離並挑動絲線。雌蛛感受到震動後會情不自禁地擺好求歡姿勢，身體側臥，面向雄蛛，向上仰起步足。兩隻蜘蛛相遇後轉向同向展開交配，雄蛛從一側將觸肢器插入配偶體內，接著腹部搏動四十七至兩百四十六次（過程持續約一百三十～三百五十秒）。隨著插入搏動頻率加快，雄蛛的頭胸部逐漸乾萎皺縮，生命就這樣隨著每一次的搏動而一點一滴流逝，在交配中死去。

盡興之後，雌蛛會推開雄蛛，吐絲裹住對方，將牠吸食榨乾。據記述這些習性的研究人員指出，「雄蛛任憑雌蛛擺布，明顯是精盡而亡。」一些雄蛛撐不到交配結束就死了。

同時，雌蛛仍可透過另一側的受精囊口進行交配，甚至會開始彈撥另一條交配線，將上一個配偶啃食乾淨後即展開下一次的交歡。赤背寡婦蛛（*Latrodectus hasselti*）在交配時還會刻意翻筋斗，將自己的身體送到配偶的嘴邊，彷彿雄性還不夠犧牲似的。這是最終極的結婚大禮。

第8章

從沒有陰莖到模稜兩可的生殖器官

到目前為止，上述提及的陰莖經常用於彰顯單一物種兩個或兩個以上的成員之間，是如何演出從求偶到交配的戲碼。不論是否具有武裝配備，外表是花枝招展或是樸素單調，陰莖的特徵都透露了它本身的使用方式。在可以輕易取得陰道相關資訊（與陰莖相比少得可憐）的領域中，我們同樣也能找到關於物種求偶習性的線索。但是，如果當插入器樣本受限、缺乏，或甚至在某些物種是存在於雌性身上，這麼一來，精子的傳遞方式仍然是體內受精嗎？我們將於本章看見，在此情況下，若想建立親密感，就得使出各種精心策畫的複雜招數，說些甜言蜜語，以及偶爾耍點小手段。

一大窩得來不易的胚胎

亨利（Henry）閱歷豐富、見多識廣。牠是世界紀錄保持者，自喪偶以來養育後代數十年了，甚至吸引英格蘭的哈利（Harry）王子前來拜會。畢竟，牠可說是全世界最知名的喙頭蜥，更是該屬當中唯一的一個物種——喙頭蜥（*Sphenodon punctatus*）。這個類群的爬行動物在中生代時期（Mesozoic，距今約兩億五千兩百萬至六千六百萬年）曾經涵蓋多達四十個物種，如今除了喙頭蜥以外，其他物種皆已消失無蹤。

自從人類帶著不受控制的掠食者與競爭者登上紐西蘭這片土地，亨利與其他喙頭蜥親屬們便瀕臨絕種。僅僅數百年後，這種長壽且奇特少見的爬行類動物只有在圈養繁殖計畫下才能蓬勃生長，這也是亨利能馳名國際的原因。

一九七〇年，七十多歲的牠加入了一項圈養繁殖計畫，以一般壽命可達上百年的動物而言，這個年紀正值壯年。在長達三十九年的期間裡，人類試圖讓亨利對各種雌性喙頭蜥產生興趣，但牠不是視若無睹，就是激動地攻擊對方[1]，從來不跟牠們交配。

不過到了二〇〇八年，活了一百一十年的亨利經歷一項轉變。牠接受手術，移除了生殖器官下方的一顆腫瘤，之後突然間變得能夠忍受異性。在那之前，繁殖計畫的人員將亨利與一隻名為米爾翠德（Mildred）的雌性喙頭蜥配對，結果牠咬斷了對方一截尾巴。①但在二〇〇九年，牠與米爾翠德再度相遇，而牠顯然受對方所吸引，終於順利交配。[2]②

過了好幾個月（喙頭蜥的孵蛋期長，可度冬達十六個月，是現生孵化期最久的爬行動物），牠與米爾翠德生下了十一隻幼蜥。喙頭蜥不會養育後代，有時甚至會吃掉自己的小孩，因此那些幼蜥出生後只能自力更生。雖然如此，牠們從照育人員身上得到了滿滿的關愛與照顧，其中一位喙頭蜥專家琳賽・海茲利（Lindsay Hazley）[3]甚至曾在休假期間特地回來迎接牠們的誕生。

身為雄性喙頭蜥，亨利完全沒有使用任何插入器就繁殖了後代，不靠陰莖、陽具、陽莖、擬陰莖、腹肢、插入器、交接腕、觸肢、偽陽莖（pseudophallus）、精莢、產精管、皮下注射器、戀矢、稻草叉（我在後面會提到），或任何長得像陰莖的器官。相反地，牠與米爾翠德透過一種名為「泄殖腔之吻」的非插入式體內受精成功繁衍了後代。男方有一個泄殖腔，女方也有一個，猜猜看，牠們用這兩個構造做了什麼事。

從泄殖腔互相貼合到雄性將精液遞送至雌性體內，整個過程只需短短數秒。與其說這種泄殖腔的碰觸是「接吻」，不如說是輕輕一啄。不到幾秒，交配就結束了。

1 牠非常易怒，以致大家都叫牠「脾氣暴躁的老頭」，並讓牠與其他喙頭蜥分隔開來。

2 米爾翠德可說是耐心的優良典範。

3 海茲利在亨利所在的南地博物館（Southland Museum）擔任喙頭蜥復育專家數十年之久。在館方與當地毛利酋長達成的協議下，圈養計畫的一百零五隻喙頭蜥之中，目前有部分生活在鄰近島嶼的自然環境，但亨利仍留在原本的博物館內。

考量喙頭蜥的交配習性與其給人一種老派的感覺，學界起初認為這種不具插入器的特徵，代表了羊膜動物在演化出陰莖之前的繁殖方式。實際上，如我之前所提，假設喙頭蜥與其相關支系在演化上丟失了陰莖，這便意味著在其他羊膜動物身上，陰莖的起源不只出現過一次。然而我們依舊認為，喙頭蜥會有這種交配行為，全是亨利即將破殼而出的當下發生的一連串事件所致。

世紀之謎

正當二十世紀的黎明照亮地平線之際，英國動物學家與成就非凡的胚胎學家亞瑟・鄧迪（Arthur Dendy）[4]到紐西蘭基督城（Christchurch）的坎特伯里大學（Canterbury University）擔任講師，並繼續從事海綿動物[5]及一些櫛蠶（velvet worm，稍後將詳述）的物種編錄工作。那段期間，另一位學者「力促」鄧迪研究喙頭蜥蜥這種動物，但當時他對此一點興趣也沒有。[6]

直到檢視澳洲石龍子的胚胎時（從事生物研究的人應該都得感謝這隻石龍子帶來的啟發吧！），鄧迪才發現喙頭蜥值得一探究竟。原因是，他在石龍子的胚胎中發現了一隻「顱頂眼」（parietal eye），而且這種長在後腦中央、極像眼睛的構造也見於喙頭蜥身上。[7]

對喙頭蜥深感好奇的鄧迪與史蒂芬斯島（Stephens Island）一位熱心的燈塔看守員合作，藉對方的勤務之便展開了研究，因為那裡是喙頭蜥主要出沒的地點，還被政府劃定為喙頭蜥「保護區」。那座島其實稱不上是保護區，因為那位燈塔看守人亨立漢（P. Henaghan）與家人在當地飼養家畜[8]，並且替鄧迪採集了數百顆喙頭蜥蛋，摧毀喙頭蜥的巢穴，讓這些動物面臨嚴重的死亡浩劫。在那之前，島上的喙頭蜥已經為鼠類的失控繁殖與人類帶來的掠食者頭痛不已，更別說是死在遍布島上的乳牛的腳下了。儘管如此，紐西蘭政府為鄧迪大開方便之門，允他商請亨立漢幫忙採集喙頭蜥蛋。

這項計畫可能不夠周詳縝密，因為頭幾批的喙頭蜥蛋經由水路運送，每六個星期才會運送到本島，而且在各種裝箱處理方式下難以存活。經過幾次想必無法維持喙頭蜥生命的失敗運輸之後，研究人員發現，裝滿島上泥沙的錫罐似乎是最適合用來裝運喙頭蜥蛋的工具，儘管這些

---

4 一八六五年一月二十日生於英國曼徹斯特（Manchester），一九二五年三月二十四日卒於倫敦，死因是「慢性盲腸炎」手術。

5 他在當地找到了近兩千個標本，徹底重整了多孔動物門（Porifera），並成為世界知名的海綿動物專家（B. Smith 1981）。他也因為發明「隱生動物」（cryptozoic）一詞來指稱那些隱而不顯的稀有動物而遠近馳名。

6 後來鄧迪對喙頭蜥極感興趣，因而寫了一部傑作記敘自己探索這種生物的旅程，書名為《回憶錄：喙頭蜥的發展概況》《*Memoirs: Outlines of the Development of the Tuatara, Sphenodon*（*Hatteria*）*punctatus*》。

7 之後鄧迪也發表了關於「顱頂眼」的研究，他發現這個長得極像眼睛的構造，其功能與位於顱內相同位置的松果腺（pineal gland）相似（M. Jones and Cree 2012）。

8 有次燈塔看守員寫信給鄧迪，「我有一位助手在通往羊圈的斜坡旁開了一條路。過程中，他挖到了喙頭蜥的巢穴但渾然不知。一月中的某天，我們運送一隻待宰的綿羊時經過這條路，我的一個孩子發現路邊有顆喙頭蜥蛋。仔細一看，那兒有個巢穴。」對喙頭蜥而言，人類的殖居不是一件好事。（審註：我的媽呀，這種超級少見的動物，以前居然那麼多啊！！！）

蛋仍有可能因為泥沙太過潮濕（使其發霉）或乾燥（使其萎縮）而死亡。事實上，在頭幾趟的貨運中，鄧迪只取得了一個「生長情況良好，富有研究價值」的胚胎。

在蒐集喙頭蜥蛋的這件事上，鄧迪似乎面臨一位「德國收藏家」的激烈競爭，對方在島上宣示主權，而且親自走訪，假借鄧迪的名義先發制人。鄧迪透過文字抒發失望的心情時，不禁顯露出幸災樂禍的想法：「那年夏天好不容易找到的其他喙頭蜥蛋都被他拿去了，但我聽說，那些蛋在運送的過程中死了。」夾在那位無名德國人與鄧迪之間的喙頭蜥，肯定不是贏家。

最終，鄧迪在幾季的期間裡蒐集到大約一百七十顆、各處於不同發育階段的蛋，並且利用英文字母來區分各個階段。在與燈塔看守人的書信往返中，鄧迪也了解了喙頭蜥生活史的許多知識。

喙頭蜥在本地禽鳥築造的複雜地下通道裡產卵與生活，偶爾還會捕食牠們的雛鳥。[3]沒有任何證據指出，這種不幸的安排為那些鳥類帶來了任何好處。鄧迪也請亨立漢在不同的時間採集喙頭蜥蛋，這麼一來，他就能取得發育階段各異的胚胎。事後證明，這個要求對一個世紀後的喙頭蜥學者們而言影響重大。

鄧迪擅作主張，從「一大窩得來不易的胚胎」中挑了四個樣本寄給查爾斯・米諾特（Charles Minot，一八五二～一九一四），哈佛大學胚胎採集計畫的主持人。米諾特認為這些樣本具有研究價值，於是準備了切片放在顯微鏡下檢視。然而之後，那些載片就這樣被塵封了起來，直到下個世紀都無人過問。

在二十一世紀即將到來之際，生殖學家仍未理清羊膜動物的陰莖到底經歷了多少次演化。喙頭蜥——即喙頭目（Rhynchocephalia）唯一的倖存物種——似乎象徵著基礎的生物樣貌，缺乏插入器這項特徵被視為原始且祖先型的狀態。這種動物利用泄殖腔之吻進行體內受精的行為，是相當老套的交配方式。這意味著，在其他具有陰莖的羊膜動物類群（或多數丟失陰莖的鳥類）中，陰莖肯定數度演化而出現。

若想解開這個問題，一個簡單的辦法是研究喙頭蜥的胚胎發展。雖然胚胎階段無法完整反映生物的演化史，但多少能透露大致的端倪。動物尾巴的基礎演化，正是人類在早期發育階段所具備的構造。這種構造一下子出現，一下子不見的現象意味著，遠古人類原本長有尾巴，後來在天擇的適應作用下逐漸退化。自然界的汰選通常不會抹除一項構造的所有機制，而從胚胎的發育中，我們或許能一窺演化史的奧祕。

但是，如果說喙頭蜥的命運在二十世紀到來時令人憂心，那麼在二十一世紀來臨之際，牠們的生存可謂岌岌可危。政府制定了嚴格法規，禁止有心人士隨意盜採喙頭蜥蛋，甚至完全不允許類似的事情發生。然而，有鑑於喙頭蜥緩慢的生殖過程（如亨利與米爾翠德的例子），每隔數年才繁殖一次的習性，以及性成熟較晚（約到十四歲），即便施行圈養繁殖計畫，成效也不怎麼顯著（審註：喙頭蜥的代謝率極低，生長速度緩慢，晚熟且每隔三、四年才繁殖一次。一次繁殖季的成功交配也產下至多十九枚卵，且卵亦可留置在母體內八個月，產下後孵化的時間又能長逾一年。族群翻新率相當低）。如此一來，想透過喙頭蜥的胚胎來研究其生殖器官的發育，可說是難上加難。

或者，還有其他方法？一九九二年，哈佛比較動物學博物館（Harvard Museum of Comparative Zoology）接管了先前由米諾特建立、混亂無章的胚胎標本收藏，開始整頓並有序地管理樣本。那些玻片標本全是近一個世紀前，米諾特利用鄧迪從世界的另一端寄來的標本製作而成。佛羅里達大學的湯瑪斯·桑格（Thomas Sanger）、瑪莉莎·格雷德勒（Marissa Gredler）與馬汀·科恩（Martin Cohn）聽聞此事，看見了希望。假如——就真的假如—其中一個胚胎正好完美結合了對的時機與完整的發育構造，呈現了喙頭蜥的生殖器官在關鍵的發育時刻究竟出了什麼事呢？

在鄧迪寄給米諾特的四個樣本中，只有一個（編號一四九一）有這種可能。它的角度有點歪斜，略微偏向側邊，肢芽（limb bud）所處的位置相當靠近生殖器官，幾乎擋住了這個重點區域。但是，桑格與同事們藉由現代科技克服了這個問題。就如同生物學家利用電腦斷層技術掃描切片，他們借助3D生物列印技術，在電腦上將胚胎切片重建成完整的胚胎。

之後，他們消除了肢芽，拉直彎曲的胚胎，結果成功看到一對生殖隆起，長得就跟其他羊膜動物發育出生殖器官之前具有的構造一模一樣。[4]喙頭蜥胚胎開始長出陰莖，然而在牠孵化前的某一刻，發育機制抹除了那項構造。就這個老派的物種來說，其祖先可能仍是具備陰莖的，這意味著所有羊膜動物的祖先可能皆具有陰莖，這個基因深植於胚胎密碼中代代相傳，供自然機制（視需要）加以運用或捨棄。如此說來，這個意外被運來世界另一端、一百二十年前喙頭蜥胚胎裡的這對肢芽，徹底改寫了羊膜動物生殖器官的演化樹。

熱舞調情，而不是霸王硬上弓

喙頭蜥胚胎生殖隆起之謎，經歷了一百多年來所得到的解答，與目前已知針對鳥類的結論一致。如第二章所述，百分之九十七沒有陰莖的鳥類，在胚胎階段會經由肢芽（就如研究人員在前述的喙頭蜥胚胎裡發現的那個構造）發育出陰莖雛形。之後，基因編程介入，消除了這個基因，就跟雞禽一樣，於是出現了沒有雞雞的公雞。[9]研究人員推測，或許也有類似的基因編程對喙頭蜥胚胎進行了相似的干預現象。

雞禽與其他無陰莖的鳥類還有一點也跟喙頭蜥相似，就是透過泄殖腔之吻向配偶體內遞送精液。泄殖腔實際的接觸只需幾秒鐘，但前置過程與珍・奧斯汀（Jane Austen）小說中任何儀式性的方陣舞有得比。

我們就來看看，動物進行體內受精所需的親密且無安全之虞的接觸耗費了多大的力氣。這不像雄性圓網蛛切斷觸肢並獻出生命那樣，而是相對溫和、輕柔地與配偶進行感官與肢體的交流——至少從旁觀的人類角度來看是如此。

我從公雞開始說起，因為我需要先介紹「tidbiting」舞。⑤進行這一步時，公雞會向夢中

9 我們有這麼多的詞彙用來指稱沒有陰莖的鳥類，對陰莖來說無疑是一種諷刺。

情人獻出小口的美食或其他東西（周遭環境有什麼就拿什麼）。此外，牠還會獻跳自己精心編排的舞蹈，藉此吸引母雞，讓對方抵擋不了魅力而蹲坐下來以便交配。

順序是這樣的：公雞先慢慢靠近中意的對象，跳起華爾滋舞轉個好幾圈，往前一步，然後向一側微傾，壓低身體展開翅膀，就像路易十四（Louis XIV）的朝臣之舞那樣。這時，母雞可能會蹲伏下來，表示對這隻公雞有興趣，不然就是轉頭就走或急忙逃跑，視牠有多討厭追求者的舞蹈風格而定。

跳了幾回踏步與傾身的舞蹈後，公雞如果察覺對方有意思，就會開始嘗試跨乘，用嘴喙啄著母雞的後頸，使母雞向兩側撐開翅膀，一隻腳架著對方騎上去。假如成功了，另一隻腳也會架上去，接著開始像騎單車那樣不停踩踏，同時進行泄殖腔之吻。倘若公雞的尾巴基部向下彎並觸到母雞的尾基，就代表交配成功了。

現在回頭來看喙頭蜥，牠們也跟雞禽一樣利用泄殖腔之吻進行交配。⑥你可以想像，如果精子的傳送需要伴侶的泄殖腔互相貼合，那麼當雙方的生殖構造開口都靠在地面上時，如果為了求快而隨便碰觸一下的話，是行不通的。幸好，我們完全了解這是怎麼一回事，因為許多影片都拍下了畫面，另外還有一項研究詳細記錄了整個過程，讓外界得以一探究竟。

為了追蹤喙頭蜥的求偶行為，這些研究人員將一隻雄蜥與一隻雌蜥置於喙頭蜥的玻璃飼養箱[10]裡（審註：原文寫 tuatararium，是用喙頭蜥 tuatara ＋ 飼養箱 terrarium 組合而成的），並且調整光線，創造夜晚的氛圍。在那之前，兩隻喙頭蜥靜靜待了六個小時，一動也不動，但是當人為操縱的「夜晚」來臨，雄蜥便向前靠近雌蜥，開始大展身手。牠挺直身體，豎起背上的鱗片，就像公雞那樣。接著，牠展開一段表演，研究作者稱之為「洋洋得意的走秀」，或戲稱為「stolzer Gang」，在德文中意指「趾高氣揚」。雄性喙頭蜥霸氣地來回闊步，轉動一隻腳，然後抬起前胸。假使牠有翅膀，那模樣就像公雞揮舞翅膀、傾向一邊，神氣地來回踱步，只不過牠是四隻腳輪流觸地。這隻雄性喙頭蜥在一分鐘內重複這套動作二十五點八次，同時一步步逼近雌蜥。

一開始，那隻雌蜥不感興趣，警覺地跑走了。雄蜥追了上去，這次牠奮力一撲，咬了對方的脖子，然後又再大搖大擺地表演一次。不出所料，那隻雌蜥又跑開了。這對喙頭蜥就這樣你追我跑了十二次。我想，喙頭蜥一定知道自己會活很久，才敢耗費這麼多時間在交配這件事上。

十三顯然是一個奇妙的數字，因為這一次，雄蜥沒有咬對方，而是跨乘到了對方的背上。雌蜥往前爬，而雄蜥緊緊抓住牠的背。牠繼續爬行，繞了幾圈。雄蜥不小心滑了下來，又爬了上去，如此掙扎了八回，雌蜥終於停下腳步。雄蜥把握這個機會，對準彼此的肩膀，用細小的臂肢環抱對方，後肢夾住雌蜥身體兩側，將尾巴塞到下方，展開泄殖腔之吻。十五秒過後，大功告成。兩隻喙頭蜥分開，各自退到飼養箱的一角，靜靜地待了兩個小時，也許是在思考之後

10 沒有這種東西，是我瞎掰的。

該何去何從吧！

特殊的精莢傳遞

本書提到了各式各樣的精莢，但其傳遞方式向來涉及某個類型的插入器。我們接下來將要認識可自由移動的精莢、高掛在頭上的精莢、黏附在地上的，還有潑濺在配偶身上讓對方吸取或攝食的精莢。而這些，都不需要插入器的輔助。

然而，許多情況下需要的是精心編排的求偶舞蹈，有時候，帶頭起舞的不是雄性，而是雌性。

跳蟲的精莢森巴舞

即使跳蟲（springtail）很可能是地球上數量最龐大的動物群體，但你可能從未注意到牠們的存在。[7]牠們的存在感之所以如此低落，是因為我們人類體型碩大、動作笨拙，觀察力又有限，而跳蟲體型渺小（約零點一八公釐）、彈跳力強（故有此名），生活在幾乎只能靠顯微鏡才能觀察的微型世界。

雖然跳蟲有好幾種生殖招式，包含犧牲雄性的生命（本章稍後將詳述），但是當牠們使用了精莢來辦事，便會大張旗鼓，譬如使出頭捶或大跳搖擺舞，風格各異。當然，有影片錄下了這些過程，畫面著實讓人賞心悅目。

這支影片的主角是名為*Deuterosminthurus bicictus*的球跳蟲物種，其求偶的過程於二〇〇二年在波蘭華沙被拍了下來。[8]研究人員描述那項儀式有如古老的舞步（華爾滋、恰恰等），最終目的都是讓雄性跳蟲得以釋出精莢，透過足以媲美演員兼舞蹈家的弗雷德·阿斯泰爾（Fred Astaire）的敏捷腳步，來吸引雌性撿拾精莢。雄性面臨的一個問題是，雌性的體型比牠大，因此牠不能出半點差錯。

如研究作者所述，整個求偶過程的「戲劇性」在於，雄蟲釋出精莢後，雌蟲做何反應。這不是「牠會不會」把精莢放進體內的問題，重點是牠會放到體內的**哪裡**。

一開始，雄蟲慢慢接近雌蟲。牠小小的金黃色身軀上，有兩個前後排列、寬大的深褐色斑點，雙眼周圍布有黑色斑紋（審註：左右側各有一共八顆細小的單眼，圍繞起來的區域皆填滿黑斑）。雌蟲則要大得多，體型顯得臃腫，可能是身體裡面都是蟲卵的關係。[11]雄蟲靠近時，雌蟲剛開始會自顧自地忙她的，直到某隻雄蟲以頭對頭方式碰觸了雌蟲的觸角。氣氛開始發酵，雌蟲開溜，雄蟲尾隨，並且擋住雌蟲的去路，繼續頭對頭用觸角輕觸雌蟲。雌蟲被擋住去路，開始迅速往順時針或逆時針原地轉向，此時，雄蟲會死命側向跟著跑，畫面像極了雙雙相擁的華爾滋舞。如果雌蟲有意願，進行到下一階段[12]，牠們會開始輪流一前一後地往前碰觸對方，

11 研究人員並非根據生殖器官來區別這個物種的性別，而是根據相對的體型大小、觸角長度與行為來判斷。

再後退，再往前，經歷步驟繁複的頭錘式調情後，雄蟲開始思考下一步。這個環節顯而易見，因為他會開始固定每隔一段時間就停止頭錘並轉過身去，將尾部向著雌蟲的頭，彷彿在搜尋適合暫放精莢的地方。

最後，重要的時刻來臨。牠轉身背對雌蟲的頭部，射出精莢，只見那棍狀物上有一顆寶石般的精包，然後牠轉過身來，似乎迫不及待想知道結果。接著，雌蟲利用口器檢查那些精子。這是關鍵時刻。雄蟲會將觸角伸到精莢的位置，在觸角與對方的口器之間形成一座橋。藉由這座濕黏黏的橋梁，雄蟲可以引導雌蟲，以正確的對位透過生殖孔拾取精莢。[13]

這對跳蟲再次展開頭對頭的角力，但是這一次，雄蟲的目的是讓雌蟲就定位，腹部下方對準精莢的位置。一切就緒後，牠們會爭鬥一番，誰贏了就能把多餘的精莢吃掉，而這一次，雙方的動作少了挑逗的元素。體型較大的雌蟲通常是獲勝的一方。

回到前段，有可能出差錯的，是牠釋出精莢之後，雌蟲伸出口器探查的這一刻。儘管雄蟲會試圖利用觸角來幫忙，但有時這招並不管用。有些時候，珍貴的精莢沒能到達雌蟲的生殖孔，而是進了牠的胃裡（或者如研究作者說的，「牠一口一口地把精莢吃個精光。」）。整個過程結束之前，雌蟲是不會罷手的，即便雄蟲嘗試利用連接自身觸角與對方口器的橋梁拉開牠也一樣。

事實上，有將近三分之一的求偶行為都是這麼結束的。該研究團隊表示，「據推測，在交配的後期，掌握精子處置大權的是雌性。」

不過，不只雌蟲會攝食新鮮出爐的精莢。[9]已知有至少一種跳蟲——環帶長角跳蟲（*Orchesella cincta*）——會將地面當作精子比拼的戰場，而不是在雌性的生殖道一分高下。牠們會循著其他雄性分泌的化學物質找到對方的精莢，然後用自己的精莢取而代之。

其實，比起雌蟲待過的地方，牠們更有可能在其他雄蟲到過的地方出現這種行為。同性的競爭者比雌性配偶更能激起雄蟲對於精莢的競爭意識，而如果將一群雄性跳蟲放在同一個地方，牠們便會互相吃掉對方的精莢（絕對不會誤吃了自己的寶貝）。此外，面臨顯而易見的雄性競爭時，牠們製造的精莢數量通常也會比較少。這種精子競爭完全不隱蔽，因此，我們至少可以說，在光天化日下競爭，選擇的責任當然不該由雌蟲承擔。

頭上的稻草叉有對準嗎？

威廉．埃伯哈德在著作中提到，蟎蟲會將精莢當作陰莖使用。[14] [10]但在這之前，牠會先

12 這部影片中，有一段插曲是兩名雄蟲在爭搶一隻雌蟲，另一段插曲則是另一名雌蟲殺出個程咬金，前來帶走一對正在儀式中的雄蟲，這時字幕打上，「雄蟲被前來競爭的雌蟲給接管了」。

13 不只跳蟲會出現這種幫助雌蟲到達正確位置抓取精莢的行為。擬蠍（pseudoscorpion）因為外表與蠍子極為類似而得其名，在另一方面也如假似真。在某些擬蠍物種裡，雄性會利用觸肢與配偶大跳探戈，敏捷地引導對方找到自己小心放置的精莢。這種互相合意的親密行為以授精告終，只是沒有陰莖參與而已（Eberhard 1985）。

14 這明顯不是他會用的詞彙。

將口器伸入雌性的陰道，「彷彿在飽餐一頓」[15]，時間長達三十分鐘以上。這個馬拉松般的階段結束後，雄性蟎蟲會利用鉗狀螯肢將精莢戳進任何行得通的部位：陰道、附屬的受精囊孔（accessory spermathecal pore）或步足。埃伯哈德指出，這個招數凸顯了挑逗與授精的差異。

Florelliceps stutchburyae 這種櫛蠶擁有其他櫛蠶物種喜愛的體格，牠們將挑逗配偶和授精的行為合而為一。作為該屬的唯一物種，這些動物的頭部構造足以媲美所有曾出現於英國阿斯科特賽馬會（Ascot）出現的駿馬，猶如玉米穗上織了一對山羊角，但這樣的外貌並未讓雌性櫛蠶打退堂鼓。

研究人員過去發現，某些櫛蠶會將精莢掛在頭上。[11]由於這種構造通常不會出現在頭部，這項發現自然引起了一些疑惑。[12]而這項答案，終於在紀錄 *Florelliceps stutchburyae* 的交配行為時找到了。

該篇研究指出了這些精莢的用途（至少就這個物種而言）。雄性會外翻出針織狀的山羊角，用頭部抵住雌性的生殖開口。雌性則會利用一對葉足上的爪主動固定雄性的頭部，直到彼此分開為止。研究人員調查後證實，分開後的雌性櫛蠶其生殖開口內有一個精莢，而且裡頭已空空如也，因為精子早已滑入生殖道。雄性櫛蠶利用頭上的稻草叉向雌性傳遞配子，在雌性的全力配合——實際上是極力堅持——下，完成了生殖任務。

單性生殖

寒冷一月的某天下午，波士頓新英格蘭水族館（New England Aquarium）的動物照護小組正進行餵食與清籠的例行工作時，其中一人發現有事不尋常：一處森蚺展示區比平常多了幾位住客，而且全都個頭嬌小，似乎才剛出生不久。

事實上，這些住客全是森蚺的寶寶，十八條幼蚺體長都只有六、七十公分而已（最後只有兩條存活下來）。安娜（Anna，我猜牠的姓應該是康妲〔Conda〕）——森蚺的英文是anaconda）生下了牠們，儘管牠與另外三條母蛇住在一起。（名字不詳，可能是康妮〔Connie〕、安妲〔Onda〕和妲〔Da〕吧！）事實上，安娜從來不曾與公蚺共處。牠全憑一己之力生下了一窩六十幾公分長的幼蚺，不靠任何授精的幫忙，過程中也可能未牽涉插入器。[16]

安娜未經交配就生下幼蚺，在有鱗目動物（蜥蜴與蛇類）的紀錄中不全是荒誕的怪事。在周遭只有同性與本身明顯具有生殖能力的情況下，牠啟動了開關，讓體內未受精的卵子展開完整的蚺蛇發育過程。安娜也非該物種的首例，在牠之前，已有圈養的母森蚺做過這件事。[13]

然而，野生的有鱗目動物也會進行孤雌生殖（Parthenogenesis，意指「處女生殖」〔virgin

15 這才是他會有的說法。

16 雄性蟒蛇屬於蛇類，具有半陰莖。顯然，這種構造也有不必要的時候。

birth〉)。沙漠草原鞭尾蜥（*Aspidoscelis uniparens*）就是一個例子，牠們展現出兩件非比尋常的事情：能夠進行孤雌生殖，以及在同個時代下與其祖先共同生存。牠們的親本物種小條紋鞭尾蜥（*A. inornata*，為其母親祖先）與峽谷斑點鞭尾蜥（*A. burti*，為其父親祖先）至今依然存在。這兩者孕育出一個雜交子代，而這個雜交子代再回頭與小條紋鞭尾蜥交配，生出了有三套染色體（而不是一般動物的雙套）的物種——沙漠草原鞭尾蜥（單一性別）。自此，沙漠草原鞭尾蜥占據主導地位，藉由卵子的有絲分裂（mitosis）過程來產生全克隆（full clone，審註：就像複製人一樣）的子代，就像身體其他任何非生殖細胞會自行複製一樣。只不過，這些細胞是卵子，而它們生來就是要製造新生的蜥蜴。

沙漠草原鞭尾蜥似乎得受到一些刺激，才會自行繁衍後代。母蜥會經歷偽交配的過程，在這當中，這種長有條紋的雌性蜥蜴會騎到配偶身上，像甜甜圈一樣環抱對方。顯而易見地，過程中不會有任何插入器，而這些行為的幕後推手，似乎是黃體素（progesterone）。然而，這些行為引發了細胞分裂，促使卵發育成新生的沙漠草原鞭尾蜥。[17]

仰賴孤雌生殖以解決繁衍問題的動物不勝枚舉。[18]當然，經由這種方式誕生的每一個後代，撇開自體變異不說，都是母體的複製品（審註：按物種不同，由於細胞分裂的機制有差異，有可能做出半克隆體或全克隆體，即子代為親代基因組合的其中一半乘以二，或是整組一樣）。但是，只有一小部分的動物會採取這種行為，因為牠們受到細菌的宰制，尤其是昆蟲。

你或許會想到剛才提過的跳蟲。其中一些物種採行孤雌生殖，但牠們不是因為有趣的雜交事件（hybridization）或迫於單一性別的危急情況（像是動物園只有單一性別的圈養環境）才這麼做。就這些動物而言，沃爾巴克氏菌（*Wolbachia*）的感染與孤雌生殖的選擇密切相關。[14]

沃爾巴克氏菌會優先寄生在生殖器官內，尤其是宿主的卵子。[15]原因有二，一來，這種細菌在卵子提供的細胞內環境中會大量繁殖；二來，卵子細胞具有可推動新生兒早期發育的機制。

沃爾巴克氏菌的招數是，誘使跳蟲的卵子像一般的體細胞那樣運作與分裂。[16]之後，卵子依照既有的生物機制發展成幼蟲。如果這聽來不足為患，那麼你應該要知道，這種細菌在昆蟲宿主身上也能驅動雌性的孤雌生殖，方法是減弱雄蟲的生殖能力或是引導雌蟲去殺害雄蟲。沃爾巴克氏菌與宿主之間的連結甚至會強烈到，如果消滅了宿主身上的沃爾巴克氏菌，有可能導致之後產下的所有卵子都無法發育。

陰蒂就是陰蒂

人們普遍認為陰蒂是未發育完全的陰莖，就連我自己也掉入了這個陷阱。這種說法極具說服力，因為在胚胎發育時期，這些器官具有相同的原始構造——生殖結節（genital tubercle）。

17 世界上還有許多蜥蜴物種為孤雌生殖，而從那條名為安娜的森蚺可知，森蚺面臨天擇壓力時當然有可能採用這個辦法。有些蠑螈物種一樣也採行單一性別的孤雌生殖。

18 例如，一些不是蜘蛛的盲蛛（Tsurusaki 1986）。

發育成手與腳的肢芽也具有相同的原始構造，但沒有人認為手是次要形式的腳或「長得像腳的附屬器官」。

儘管如此，科學家似乎也不禁抱持這種看法。這裡舉一個有關陰蒂（人們經常將這個構造與女性連結在一起）的敘述為例：「位於兩片陰唇的正中央，包含一顆嬌嫩欲滴的小圓釦，外表類似陰莖。」[17]唉，真是讓人無言。

類似的情況也發生在斑點鬣狗身上，這種動物的陰蒂是出了名地長，而且也是雌性的產道。這條狹長的陰蒂長達十七公分，自然下垂略呈彎曲；裡頭有著用來勃起的海綿體組織，還有一根同樣彎曲但更為狹窄的尿道、陰道、產道管狀物。不難想像，斑點鬣狗的生產過程伴隨著陰蒂的撕裂傷，相當折磨。但是，這還沒有可怕到讓斑點鬣狗拒絕繁衍後代。

人們不可能單純以「非比尋常的陰蒂」或「草原住民身上長到不可思議的陰蒂」來稱呼雌性鬣狗的陰蒂。即使是最著名的鬣狗學者，也忍不住稱之為「巨大的陰蒂——偽陰莖」。沒錯，這些學者是男性。現在換個角度，假設數百年來從事科學研究的學者都是女性，我想大家會說比平均尺寸來得小的陰莖，是一種「短小的陰莖——偽陰蒂」。

同樣的情況也見於其他物種。舉例來說，研究人員將某種雌性鼴鼠出奇雄偉的外生殖器官稱為「陰莖形狀的陰蒂」。[18]這種將所有事物都視為男性相關構造的深刻偏見之所以存在，有個原因在於昔日的分類學家。就許多昆蟲而言，學界往往認為雄性象徵物種的「模式」，是具有辨識性物種特徵的性別（不過也有學者例外，將雌性視為一些甲蟲與社會性昆蟲的「模式」)。在這種假設性觀點下，雌性及其生理構造屈居次等地位，而且始終在雄性這些「模式」構造的背景下。這樣的慣例毒害了大部分的生物學領域，還有整個社會。

生殖學者派翠西亞·布倫南表示，強調一切都與男性脫不了關係、就連雌性動物也是如此的這種觀念，將女性、女性的生殖器官及女性的生殖行為全都關進了「交配的黑盒子」。[19]

「女性的陰莖」

一九八四年，柯林·奧斯汀在一篇生殖器官評論中寫道，「本文關注雄性的器官與行為勝過雌性，因為雄性的特徵更具特色，在不同動物群體中的差異也較為明顯。」[20]

如果你從未仔細研究，那麼找不出事物的差異不是再正常不過的事嗎？

奧斯汀的評論比威廉·埃伯哈德對性擇與女性擇偶的轟動性評論早了一年發表。[21] 就連在那本科學啟蒙著作中(我會這麼說，是因為在那個年代，花時間論述雌性動物是相當開明的作為)，埃伯哈德也清楚劃分了具有生殖器官與不具有生殖器官的動物。「有數個動物類群的雌性個體型態似乎異常『具有侵略性』或與雄性相似，」他寫道，「但這些雌性生理構造在功能上的重要性仍是未知。」[22]

即便在當時，埃伯哈德也承認，某些類群——四類蟎蟲——的雌性個體具有「交配管」。但是，他依然直接以雄性的詞彙指稱它們，說那些是「外部導精管」，功能與輸精管無異，只不過是存在於雌性身上。

在埃伯哈德撰寫那本書的時代，人類還有一些謎題未解。這正是為什麼他可以大言不慚地說，「只有雄性具有主導權與插入器」，如果雄性與雌性的目標一致，最終目的都是受精（精卵的結合），也就是繁衍後代[19]，那麼至少會有一些雌性物種在生殖方面扮演主動和插入的角色。他問道，「為什麼雌性始終都沒有插入器？」還有「為什麼雌性始終被動接收配子，而不主動提供配子？」

結果證明，這兩個假設都站不住腳。世界上的動物何其多，從各形各色的動物類群中，實在不難找到例外。

海馬

埃伯哈德自己描述，海馬正是證明規則的例外。實際上，他那本開創性著作的初版出現了一對可愛的海馬，牠們的臉頰緊挨著彼此，尾巴交纏得難分難捨。即使是小學生，在課堂上學到公海馬會孵卵時，也知道海馬是「規則中的例外」。母海馬體內有一根管狀構造，可將配子放進公海馬身上的囊袋裡。如你所見，這個構造並不符合插入器的所有基本定義。母海馬並未將這個構造插入任何生殖器官內，公海馬的囊袋嚴格說來也不完全在體內，而是可以在海水中短暫張開的。

由於這根管子被母海馬用來放置卵子，因此名為「產卵管」。公海馬身上用於存放卵子的囊袋上方，有一根管子。公海馬的精子會瞬間從這根管子釋出（速度飛快，大約六秒的時間，否則就沒用了），並且盡快進入囊袋，稱為孵育袋（頗有袋鼠的味道）。

在旁計時的研究人員得出了結論，指這種生殖形式其實稱不上是體內受精，而是「發生在內部環境的體外受精」。㉓卵子的存放與精子的釋出時間如此接近的好處是，精子競爭不可能發生——指的就是另一隻公海馬前來爭奪卵子的情況。

因此，海馬不算是規則中的例外。這種動物的交配行為不算是真正的體內受精，過程中也未牽涉插入器的交合。那隻母海馬的產卵真正顯示的是，利用產卵管與囊袋進行交配，有助於防止其他海馬使牠們的配子陷入競爭激烈的生殖大戰。

交配的控制

一些蟎蟲物種具有可作為插入器的「交配管」，並在交配時利用「類似墊子」的器官讓雙方彼此靠近。聽起來是節肢動物正常會做的事情（不管對牠們來說什麼情況算是「正常」），但其中暗藏玄機。透過「類似墊子」的器官進行交配的伴侶，其實已成化石，凍結在琥珀中。這些蟎蟲如今已絕種，過去生活在上始新世岩層（upper Eocene），大約是三千七百二十萬至三千三百九十萬年前。有研究描述牠們是「保存狀況極佳的交配標本」㉔（這是我們這些退休

19 那些會孵化或孕育後代的性別必須在繁殖方面付出更多心力，因此牠們得到的好處未必與那些不會孵化或孕育後代的性別一致。

人士都希望達到的目標），其中雌性擁有螯狀的伴侶抓取器。今日我們看到的（雌性）蟎蟲都有插入式的交配管。雌性會將它們插入雄性的生殖開口，吸取精子。這是真正的體內精，利用管子抽吸精子，而不是遞送精子。

這種抽吸式插入器見於許多蟎蟲身上，從各種類型的軟管狀物到堅硬直挺的構造都有，外觀看起來「更像是真正的陽莖（部分雄性昆蟲的交配器官）」。沒錯，這種說法一樣也從男性的角度出發，儘管這些構造出現在**十七個**目（目是涵蓋非常多物種的分類等級）的雌蟎身上，而且還有第十八個交配管「極短」的一個目。這些雌性當家的類群涵蓋了浩如繁星的物種（這種蟎蟲可分為成千上萬個屬）。

同樣地，埃伯哈德在一九八五年的著作中提到一種行為模式類似的沼澤甲蟲 *Cyphon padi*。其中雌性具有握取器（prehensor），這種可延伸的構造可以插進雄性體內，像摘花那樣採集精莢。埃伯哈德稱這些構造是「插入式握取器」，並且認為它們不是正統的插入器，因為功能是接收配子，而非傳遞配子。海馬的情況當然也是如此，交配時負責接收配子的是雄性，但沒有人提議重新命名牠們的「產卵管」。

一些蝴蝶物種的雌性也具有插入器，可在插入雄性體內時採集精子。例如，綠豹蛺蝶（*Argynnis paphia*）具有一個「謎樣的器官」，其外表令人難忘地被描述成「玫瑰花結裡的手風琴」，甚至有人形容為像是陰蒂、「富饒的象徵」與「豐饒之角」等。那些學者之所以如此詩情畫意地替這個構造取名，是因為觀察到雌性的綠豹蛺蝶在交配時會進入「勃起」的雄性體內，然後從雄蝶體內的精莢中吸取精液。雄蝶體內有一種類似尖鉤的構造，展開後可引導雌蝶找到精莢。埃伯哈德總結道，「因此，雌性利用一個看似奢侈浪費，但運作無可挑剔的系統進入雄性體內。」㉕

一位研究雌性動物插入器的審稿者適切地指出，「這整個概念需要進一步的探討」。㉖然而，就連這位寫過數本暢銷昆蟲著作的作家皮耶・約利維（Pierre Jolivet），似乎也不認同這種雌性插入器的用途僅限於雌性。在一篇題為〈顛倒的交配〉（Inverted Copulation，但這似乎不太符合事實）的全面回顧中，他強調雌性只有「稍微」進入雄性體內而已。我不知道各位怎麼想，但剛才提到那種蝴蝶的交配習性聽起來不太像是「稍微」進入配偶體內而已。他的結論是，「也許雌性的勃起現象到處都有，只是還沒被發現而已」。如你將在本章末段所見，皮耶・約利維說的沒錯。

有鱗目動物的半陰莖

我有個家人養了一隻鬆獅蜥（*Pogona vitticeps*），並幫牠取名為裴卓斯（Petraeus）。我在想，那個孩子應該知道，他幫這隻全身帶尖的生物取的名字，有「生長或居住在多岩環境」的意思，而裴卓斯的確如此，因為牠所待的飼養箱裡擺了一些石頭。裴卓斯整天無所事事，不是懶洋洋地曬太陽，就是吃蟋蟀當點心，在一般人眼中看來平凡無趣，而牠可能也對人類沒啥興趣。但是，其實裴卓斯這種蜥蜴的生殖器官背後藏有一些祕密。

研究人員發現，雌性的鬆獅蜥都會長出半陰莖。㉗這些雌蜥誕生之前，半陰莖會重新長成體積較小、名為半陰蒂的構造，並在蜥蜴孵化的前夕徹底消失。這群研究作者稱之為「暫時性的雌雄同體」。㉘在某些物種之中，譬如胎生的墨西哥短吻鱷蜥（*Barisia imbricata*），這種「暫時性」的狀態可在其出生後持續超過一年。㉙

從這些蜥蜴胚胎的生長路徑可知，在牠們的演化史中，半陰莖是生殖器官的初始發育指令，當「雌性」的發育訊號出現，它們便會退化。這實在令人玩味，因為有很長一段時間，學界都認為雌性是「預設」被動發展的性別，雄性則需要基因、荷爾蒙與寬肩訊號（還記得一開始的海螯蝦的步行方式嗎？）的強力干預，才能創造大自然的奇蹟。裴卓斯與其他同類的情況意味著，體內的活性會使半陰莖在發育之初就逐漸退化。

這些密切相關的構造間的界線並不明確，也不能單純歸因於性別差異。原因在於：許多蛇類與蜥蜴不論是公是母，都有半陰莖，在某些情況下，雌性的半陰莖甚至比雄性更加粗壯。目前已知的事實僅僅如此，因為就如一群研究人員所述，關於雄性的研究要比雌性來得「詳細許多」。他們在二〇一八年發表的論文中大膽提出，「往後的研究應該也要將雌性的發育過程納入考量才對」。㉚沒錯，本應如此。

令人大開眼界的熊、鼴鼠與野豬

這麼說來，或許我們也應該將生長過程中的變化納入考量。如果你是實境秀《倖存者》

（*Survivor*）的忠實觀眾，可能有看過二〇〇四年播出的第九季，製作團隊在萬那杜島（Vanuatu）（新赫布里底群島〔New Hebrides〕）上搭設人工的生存情境。其中有兩集節目的內容包含「部落」住民追捕野豬與展現各種奪取獠牙的英勇武藝。節目統籌將萬那杜土著舉辦殺豬儀式以迎接工作人員的內容放在第一集的安排，也引起了爭議。

那些豬隻的出現並非電視實境秀的噱頭。（就我所知）該季內容隻字未提島上某些獻祭用的豬隻不尋常的生殖特徵。其中一個品種約在三千兩百年前從亞洲傳入島上，其他品種則在不久後從歐洲傳入。較早傳入的品種名為「獠牙豬」（Narave），牠們的獠牙長到蜷曲時需要悉心照顧，有時還會彎成兩個螺旋形，穿透下巴。以大部分的標準而言，牠們長得並不好看，黑色的毛髮稀疏又粗糙，外表醜陋，還有著刺穿下巴的獠牙。但是，這些野豬對當地人而言舉足輕重，特別是絕大多數的豬隻都表現出疑似繼承自上一代的跨性別特徵。

在殖民者仍然將萬那杜稱做新赫布里底群島的時代，牛津大學動物學家約翰．貝克（John Baker）接下了記述部分野豬的任務，據他表示，農民都叫那些野豬做「wildews」與「wilgils」（但顯然不是「Wilburs」）。他解剖了其中九隻豬，鉅細靡遺地記下其生殖器官與生殖構造的所有細節。為了讓事情順利進行，他在一九二五年發表的論文中將關於這九隻野豬的敘述按照「最女性化」到「最男性化」的順序排列。

這些豬隻呈現了卵巢、卵睪（ovotestis，卵巢與睪丸的組織）與睪丸的各種組合，一些有隱睪，一些擁有特大號的陰蒂、陰道、前列腺、子宮與子宮頸。這些器官在不同豬隻身上展現了各種奇特的組合（譬如，編號三的野豬具有陰道、前列腺、子宮頸與睪丸）。但是全都長有他所謂的「錐形臍後突出物」，也就是肚臍突出的尖狀構造，這個構造的用途至今未明。

行為上，這些動物展現了「雄性的性本能」，如果察覺雌性對象正處於發情期，就會瀕臨發狂邊緣（就像狗的「發情」，也就是願意交配的意思）。如果牠們有陰蒂，在察覺到雌性的時候就會勃起。儘管貝克寫作的當下，現代演化綜論（Modern Synthesis）尚未整合遺傳學與演化學，但他仍主張，這些豬隻的生殖器官與生殖構造的特徵「一定會遺傳」，再加上九隻豬當中至少有兩隻豬是同一個父親生下的。

他說的對。一九九六年展開的一項研究顯示，有些母豬生下的幼仔中，固定約有兩成具有跨性別特徵。[31]作者詹姆斯．麥金泰爾（James McIntyre）也觀察到，這些豬隻的侵略性比其他不具跨性別特徵的豬隻還要明顯，在些微程度上駁斥了雄性具有絕對侵略性的觀念。

豬並不是唯一一種混合了多個讓人聯想到單一性別生理構造的動物。某些鼴鼠剛出生時也是跨性別的狀態，又具有難以歸類的生殖器官。[32]一九八八年，加拿大野生動植物學家馬克．卡泰特（Marc Cattet）對熊做了跟約翰．貝克六十多年前對豬做的一模一樣的事情，發表了自己仔細研究一系列美洲黑熊（*Ursus americanus*）與棕熊（*Ursus horribilis*）及其令人意外的生殖器官與生殖構造的結果。[33]在卡泰特歸為雌性的熊隻當中，有幾隻「發展出輕微的雄性特徵」，包括陰莖、尿道與陰莖骨。其中幾隻互為手足，也都同樣長出陰莖骨——不同於這種熊通常會有的陰蒂骨（長度僅三到四公釐）。這些熊身上的陰莖骨長達五十三公釐。

其中一隻棕熊具有三十公釐長的陰莖，但是似乎曾經懷孕與生產過，因為其成對的生殖道內壁可見一些疤痕。另一隻黑熊育有兩隻幼獸，也會哺乳，卻同時具有一條一百二十公釐長的尿道（黑熊的陰莖一般約一百六十五至一百八十公釐長），以及一根九十五公釐長的陰莖骨，而且都長在陰莖的「正確解剖位置」上。卡泰特歸結，這種熊有可能透過尿道生產，因為這個構造也與子宮相連。

卡泰特針對這些特徵提出了解釋，他認為這些熊過去接觸了某種會干預荷爾蒙分泌，進而影響相關的發育過程，譬如類激素的殺蟲劑（即環境賀爾蒙）。這個假說只有一個問題，那就是這種化合物很少會阻礙熊與性相關的構造發育；它們普遍被歸類為雌激素或具抑制作用的男性荷爾蒙，而不論是哪一種，都會導致動物的生理構造更偏向「雌性」方面。

太陽底下——或洞穴裡——沒有新鮮事

「在交配過程中插入配偶生殖器官內並傳遞配子的東西。」

還記得第三章提到的這句話嗎？你會注意到，我們在定義插入器時並未指明配子是由哪一方傳遞到另一方。這意味著，蟎蟲與其他雌性會將插入器插進雄性體內、吸取配子並存放到自己體內的物種，嚴格說來都具備我們先前描述的所有特徵。牠們具有插入式構造；可以利用這種構造進入配偶的生殖器官；這種行為發生在交配過程中；也能傳遞配子。

二〇一八年，有一種新發現的洞穴昆蟲顛覆了一般對於生殖器官與交配的認知，令科學界與社會大眾瞠目結舌。這些動物來自被歸類為*Neotrogla*（嚙蟲目的一個屬）與*Afrotrogla*的兩個屬，體型小到透過顯微鏡才看得見，沒有眼睛，並且以遍布在洞穴地面的蝙蝠糞便作為營養來源。[34]其中，雌性具有插入器（兩個屬的形式頗為不同），用來吸取雄性體內的精子。這些「雄蟲的精液禮物」——研究人員習慣如此稱呼——有兩個目的，提供蝙蝠糞以外的一些養分，以及將配子當作籌碼。

該份報告的作者們與所有其他研究這些動物的人士都以「逆轉的生殖器官」來形容這種情況，甚至發明了「雌器」（gynosome）一詞來指稱雌性身上的插入器，不過他們似乎更常使用「雌性的陰莖」這個說法。他們還提到了「傳統性擇方向」的「逆轉」，雖然所謂的傳統並非洽當的形容，但因為過去的我們對於作用在雌性上的性擇方向並不熟悉，也缺乏給予更多關注。

你應該可以預期這些昆蟲的逆轉特徵。如同前面介紹的蟎蟲、蝴蝶與甲蟲，這些雌性動物利用插入器將雄性的配子傳送到自身體內。然而，這些過程的重點幾乎全擺在這種洞穴小蟲的雌性具有類似陰莖的插入器上，殊不知還有其他數百個物種的雌性也是如此。

事情是這樣的：洞穴小嚙蟲新奇的特點其實不在於雌蟲身上的插入器，儘管這件事登上了各大報章雜誌的頭版。真正奇特的是，**這些昆蟲的雄性沒有插入器**，而雌性卻碰巧具有這個構造。除了這些嚙蟲的雄性個體具有像陰道一般內縮的囊袋之外，這個屬內的不同物種，雌蟲還演化出了不同的雌性插入器特徵。

這些研究作者表示，「隱蔽性的雄性選擇」（這個形容詞原本是用在雌性的擇偶方式上，現在局面改變了！）有可能介入了選汰過程並且偏好具備特定雌性插入器的特徵，而這正是大多數學者所未能察覺的「傳統性擇」之「逆轉」，儘管這個發現遠比會吸取精子的雌性插入器來得新奇有趣。

提出這項發現的研究引起了一場混亂，讓科學家與普羅大眾突然間不知道該如何指稱這樣的構造。[35]是否應該依照動物的性別來命名，以區別雌性囓蟲的插入器與其他雄性動物的插入器？或者我們應該根據功能——在交配過程中插入配偶生殖器官內並傳遞配子——來稱呼這種構造，不管它們屬於雌性還雄性？

由於許多物種都是雌雄同體（monoecious，表示牠們同時具有兩組生理構造的技巧性說法。審註：這個詞本來是用在被子植物的雌雄同株現象），加上有不計其數的物種介於雄性與雌性之間，我認為根據功能來指稱這種構造會是比較合理的做法。這就跟大腦不論是在女性或男性身上都叫做大腦，是一樣的道理。

你也許會想，這種洞穴昆蟲的插入器傳遞配子的方向與一般的雄性插入器**相反**。沒錯，因此生物界裡有兩種插入器：一種是抽吸式插入器，譬如洞穴中小囓蟲的構造；另一種是射出式插入器，譬如人類的陰莖。

十二歲的陰莖

人類大腦最富有人性的特點在於彈性。我們擁有範圍最廣泛的行為表現，擴展「正常」的極限，但仍能持續生存與蓬勃發展的高超本領。這是一項天賦，好壞取決於我們如何使用。從不同社會如何看待某些孩子的性別傾向不同於非「男」即「女」的二元路徑，我們可以同時得到正面與負面的例子。雖然我們經由生物學家（大多是內分泌學家）的研究得知這些兒童的生理機制，但是對於他們在所屬社會環境下是否成長茁壯的認識，都是來自於人文研究。不管在科學上做了再多的努力，都無法取代人文研究從整體脈絡探討這個議題的迫切需求。

一九四〇年代，西克斯托・因喬斯特吉・卡布拉爾（Sixto Incháustegui Cabral）、尼羅・埃雷拉（Nilo Herrera）與路易斯・烏雷尼亞（Luis Ureña）這三名多明尼加共和國的小兒科醫師，開始注意到一些不尋常的病例，並於一九四六年在一場醫學研討會上提出。[36]一九五一年，他們針對這些病例做了初步描述，最終促成了重大的藥物發現。[37]這些兒童從出生起就被社會依據外在的生殖構造當作女性對待。幼年時期，他們過著女孩般的生活，被當成女孩一樣對待，儘管其中有幾個人偶爾顯露出牴觸這些既有認知的跡象。

然而，當青春期來臨，戲劇性的事情發生了。這些孩子非但沒有迎來月經與乳房的發育，反倒聲音變得低沉，還長出胸毛與鬍鬚。他們的肌肉輪廓長成男性在睪固酮（雄性素）的主導下會有的樣子，也開始發展出男性相關的生理特徵，譬如寬闊的肩膀。由於這些變化大約在十二歲的年紀出現，因此當地人稱他們為「guevedoces」或「十二歲的陰莖」。[20]沒錯，在看似女孩的外陰部會出現陰莖般的構造，長約數公分，也同樣在性興奮時會勃起。這些孩子的睪丸原本縮在體腔內，在這些變化出現的同時也開始向下降至外顯的陰囊內。

孩子的朋友與家人們有著莫名的兩極感受：感到有些困惑，但又似乎完全能夠接受。這種現象在當地十分常見，約每九十名兒童中會出現一個例子。有些孩子會沿用小時候的名字，因此在今日的薩利納斯（Las Salinas），一些男性的名字在一般的社會文化看來相當女性化。[38]

埃雷拉與同事於一九五一年在《多明尼加醫學期刊》（*Revista Médica Dominicana*，*Journal of Dominican Medicine*）中描述部分病例之後，美國西北部的一些學者注意到這項研究，急欲了解這個奇特的族群到底發生了什麼事。來自康乃爾大學（Cornell University）的研究人員花了二十年的時間與當地既是醫師、也是學者的特奧菲洛・戈提爾（Teófilo Gautier）合作，獲准對這些兒童進行評估，找出這種現象背後的生理機制。

在隨後發表的一系列論文中，由茱莉安娜・因佩拉托－麥金利（Julianne Imperato-McGinley）率領並與戈提爾合作的康乃爾研究團隊揭露了原因：這些孩子體內無法製造一種名為5α還原酶（5-alpha reductase）的酵素。[39]這種酵素會切下睪固酮分子的一小部分，用以製造出另一種雄性荷爾蒙——二氫睪固酮（dihydrotestosterone）。雖然聽起來這兩種分子應該具有十分類似的作用，但實際上並非如此。人類陰莖在胚胎時期的發育，仰賴二氫睪固酮對於重點組織——生殖結節——發揮的作用。[21]倘若沒有二氫睪固酮的介入，生殖結節便無法順利生

20 一些人似乎認為這個名稱有失禮貌，原因不難理解。
21 並非所有哺乳類動物都是如此，這裡只人類的胚胎發育過程。

長，並在個體出生時發育為成熟的陰蒂。

然而，胚胎／胎兒皆會分泌睪固酮與發育出睪丸，只是睪丸會留在腹腔內。等到青春期來臨，睪丸便開始大量分泌睪固酮。這種荷爾蒙可對不同部位發揮作用，讓兒童轉變成大人，促使兒童進入青春期該發育的第二性徵。最後，該團隊找出了數十名依照這個模式發育的兒童。[22]

儘管這些研究人員與醫學科學無疑將 5α 還原酶的發現視為這項研究的關鍵成果[23]，但其中另一個面向可能會讓那些習慣了西方文化經常採取的醫學干預的人們感到訝異：當地人對於依循這種軌跡成長的孩子傾向保持接受的態度。生物化學畫出了一條起初讓人意想不到的弧線，但社會創造了心態健康的回應，也讓這些孩子大部分都能擁有美好的生活。這並不是因為多明尼加共和國是自由主義與標新立異者的堡壘[24]，而是這些孩子來自許多不同的家庭，而這些家庭承擔了許多接納壓力㊵，另外，或許也跟社會認為男性的地位高於女性有關。這些孩子開始進入青春期時，當地人甚至為他們舉辦成年禮。

其中一個孩子是唐．荷西（Don José），他在村裡極受歡迎，是一位以浪漫情懷著名的風尚設計師。他在插入式性愛中採取了一個聰明的方法，替下半身裝了一套滑輪系統，用來上下擺動陰莖義肢（他有兩根）。

這些孩子看似怡然自得的生活，相反的，住在巴布亞新幾內亞（Papua New Guinea）東部高地辛巴里安加（Simbari Anga）語言聚落[25]㊶與位於土耳其的另一群人口[26]㊷中、有著相似生理變化的孩子，面臨了相當負面的社會反應。因佩拉托－麥金利與研究的共同作者也調查了巴布亞新幾內亞的人口，發現這些兒童在「目前已知最嚴格施行性別隔離」的社會中飽受壓力與排斥。實際上，這表示男孩尚未達青春期前的第一次成年禮後就不得接觸女孩，同時，從第一次成年禮到適婚年齡前，所有部落裡的少年都都須經歷同性別的口交儀式。性別隔離的制度之嚴重，甚至在儀式上若出現女孩皆會判處死刑。研究作者們以「粗暴狂烈的反應」來形容，這個社會有多麼難以接受兒童在青春期經歷意料之外的變化這件事。到了一九九〇年代，部分的反對聲浪逐漸平息，因為助產士愈來愈能夠正確判斷孩子的性別，在那之後，原生家庭會將這樣的孩子當作男孩（跨性別的）一樣地扶養長大。

22 這個酵素的發現促成了藥物非那雄胺（finasteride）的研發，其可抑制二氫睪固酮的生成，因此可用於治療二氫睪固酮導致的病症，譬如攝護腺肥大與禿頭脫髮。

23 這碰巧對於製藥公司來說也是驚天動地的發現，使多明尼加共和國首都聖多明哥城（Santo Domingo）同樣缺乏這種酵素的人口從中受益。

24 聖多明哥當地報刊《自由日報》（*Diario Libre*）有詳細的報導。在二〇一六年題為〈衛生當局漠視的一起人道悲劇〉（A serious human drama t hat health authorities ignore）的報導中，記者瑪格莉塔・科德羅（Margarita Cordero）記述了當地醫生與衛生官員的態度，暗示並非每件事都充滿希望。一些案例尋求手術的協助，或是因為社會、甚至法律對他們在青春期經歷的轉變所提出的某些觀點而承受巨大的心理壓力。

25 這些聚落中有一些兒童還缺乏另一種酵素。

26 研究在土耳其（al-Attia 1997）與黎巴嫩（Hochberg et al. 1996）也發現了其他族群。土耳其的案例在青春期過後性別認同差異甚大，儘管他們都在相似的環境中長大。至於黎巴嫩的例子，孩子在青春期出現明顯的變化後，似乎從社會地位較高的男性身分中獲得了一些好處。

就多明尼加共和國與巴布亞新幾內亞這些體內缺乏 5 α 還原酶的孩子而言，這個器官與他們面臨的不同處境毫無關聯。這樣的結果，與生殖器官本身或他們如何使用生殖器官可說是毫無關係。相反地，真正的決定因素是周遭人們的心態及其創造的文化。他們在寬容接納與「粗暴狂烈的反應」之間做了抉擇，而前者顯然帶來了較為正面的結果。

第9章

陰莖的崛起與衰落

許多人類都有一個觀念，認為性是固定不變的，認為插入器專屬於男性。大自然藉由一個個物種駁斥了這些假設，擴展了我們試圖單純根據生殖器官為「男性」與「女性」畫下的界線。本章將探討，一直以來我們如何利用這些假設將人類貶為除了生殖器官——尤其是陽具，或是勃起的陰莖——以外什麼都不是的生物。即使這個構造簡單的器官沒有任何特徵與性別間的拮抗（sexual antagonism）有關，我們依然陷入迷思，將陰莖視為威脅與侵略的化身及仇視的目標，完全排除了人性。如此的陰莖本位主義，不只削弱了無陰莖者的力量，也貶低了有陰莖者的個人特質與人性。現在，是時候將焦點從陰莖轉移到另一個器官：人類的大腦。

陰莖博物館

準備寫作本書時，我思忖如果沒有實地走訪冰島陰莖博物館一趟，自己與讀者的經驗就會不夠完整。那兒占地不大，應該跟一間小平房差不多，外頭有一條平凡單調的人行道，「很容易讓人誤以為自己來到了信用合作社」。博物館裡展示了許多處於各種保存階段的陰莖，從脫水乾縮如一個領結，到塞進玻璃圓罐並以透明固定劑封存的都有。（備註：我拿 iPhone 拍下它們，結果手機系統原本還建議將這些照片標示為「飲料」類別。實在離譜啊！）

抬頭看，只見虎鯨與藍鯨的陰莖標本懸吊在牆上（呈圓錐狀，看起來就像一塊細長的中世紀婦女頭巾包著一根東西）。往下看，從真海豚（*Delphinus delphis*）身上取下的一根陰莖裝在罐子裡，看起來就像有一根長柄的淡粉色香蕉甜椒（banana pepper）插在半根醃黃瓜裡。轉過頭去，你會看見一根又細又長的野豬陰莖直直朝上，漂在裝滿固定劑的罐子裡，微呈尖鉤狀的末端猶如一根小而肥厚、似乎帶有怒氣的枴杖。還有幾個罐子裝著山羊的陰莖，陰莖上有著狀似盲腸的花飾末端，呈細絲狀。許多展示品都出自鯨豚，因此尺寸龐大。如先前所述，其中一面牆上垂掛了乾燥後向下彎曲的大象陰莖標本，另外也展示了一些陰莖骨，包含雪貂嬌小的陰莖骨在內。

僅僅待了幾分鐘，我便覺得館內的陰莖標本大同小異，它們基本上都跟長柄的香蕉甜椒、海鷗頭部的側面，或是布滿稜紋的頭巾相去無幾。館內也展示了鰭足類動物與其他哺乳動物的陰莖骨，顏色同樣蒼白，和其他包裹著這些陰莖骨的陰莖一起展示在一塊。整體上的印象即為現實：全室擺滿了以防腐劑保存的身體部位，充滿皺褶、毫無血色且了無生氣，過了一會兒再看還是一樣。[1]展示品周圍的藝術裝飾風格從荒謬可笑到超現實都有，稍微實用些的陰莖形狀日用品也是如此，譬如一盞雕刻成陰莖形狀的原木檯燈，它是冰島陰莖博物館裡唯一還能正常運作的陰莖。

兩間狹小的側室專門展示與人類陰莖相關的各種構造，擺設顯得有點雜亂。有些人希望為館藏的豐富性盡一份心力，忍不住寄來了朋友的露鳥照或與陰莖有關的藝術品。其中最堅持不懈的一位是科羅拉多州的湯姆・米契爾（Tom Mitchell），他宣稱自己的那話兒曾當過假陽具的模型，應該展示在博物館裡。①在此同時，他的陰莖模具艾爾默（Elmo）（他幫模具取的名字）肯定適合，因為他不可能在活著的時候就捐出自己的陰莖。[2]

米契爾就像是一齣美國廣播劇假想的小鎮——烏比岡湖[3]（Lake Wobegon）——裡的角色，自視甚高地不斷將自己的陰莖裝扮成太空人或維京海盜等的照片寄給博物館，還因為推特帳號（@elmothepenis）違反規定而遭到暫停使用——大家都知道這種事幾乎不可能發生在白人男性

1 不過，黑面飛羚的陰莖的末端異常多毛，我懷疑這一定是飛羚身上其他部位的殘骸。

2 米契爾愛國地在陰莖上刺了美國國旗的星星與條紋圖案，作為死後捐出生殖器的準備。

3 譯註：美國作家蓋瑞森・凱羅爾（Garrison Keillor）在小說中虛構的小鎮，那裡的任何人自認比其他地方的人們還要優秀。由此衍生出的「烏比岡效應」用於指一個人高估自身能力與條件的心理傾向。

身上。他還試圖將艾爾默當成超級英雄角色來販售，結果乏人問津，不過《艾爾默：陰莖超級英雄的冒險》（*Elmo: Adventures of a Superhero Penis*）的雜誌封面獲得了不錯的迴響。[4]

冰島陰莖博物館企圖遊走在合法正當的收藏品展示，與無可救藥的幼稚和色淫之間。訪客簿裡的內容正反映了這樣的歧異。「我正在用手上這支又粗又大的鞭（音同pen〔筆〕）寫字。」一位玩弄雙關語的遊客寫道，想必他應該是使用了那枝放在旁邊的陰莖造型木雕鋼筆留言。一位來自德州的遊客則寫道，「我很想來一個絕妙的雙關語，但我一個字也想不出來。祝大家玩得開心。」另外還有一位奇人寫出了重點：「這些展示品並未呈現出任何有關陰莖的謬誤（令人難過）。」

展示品的標籤破舊零落，但遊客可以從以各國語言印製的導覽簡介中了解每一項物品的名稱與細節。參觀後，還可從一系列陰莖形狀的鑰匙圈、開罐器、開瓶器、杯子、調味料罐及其他小玩意兒中挑選喜歡的紀念品，買回去送給親愛的家人朋友或自己收藏。畢竟，誰不希望開車出門時，可以從口袋裡掏出一個十幾公分長的陰莖木製鑰匙圈？

我很想說，看到虎鯨或甚至人類的陰莖[5]陳列在架上（以及適度仔細地記錄展示許可與相關的道德考量），讓我心中充滿了正面的感想。我或許看過太多太多的陰莖，但我不覺得這種疲乏（實際上我也沒有這種感覺）是自己在參觀陰莖博物館時感到無趣的原因。蒐集各種動物身上的同一個部位，並且排除它們所屬的個體及其背景，彷彿那些都不重要，是恐怖可怕卻又莫名乏味的一件事。除此之外，館內並未展示任何昆蟲的插入器，足見其陰莖種類的局限。

認為陰莖只不過是一個性別區分器官的觀念，以殘酷且有害的方式抹煞了活生生的動物。如本書反覆提到的，如果沒有人格、感官系統與所屬個體的行為，陰莖就什麼都不是，而這個道理也適用於人類。這些保存在密封罐裡、吊掛在牆上或（最令人反感地）被印製在衣物上的陰莖圖象，並未引起遊客的敬畏（鯨魚的陰莖）或興趣（陽具藝術品）。我觀察其他遊客（包括幾名尚未進入青春期的女孩），絲毫未見任何強烈情緒。他們就只是停下腳步看個幾眼，然後繼續往前。

陰莖與人類的關係怎麼會演變成這個樣子？

陰莖的崛起

引人入勝的著作《被馴化的陰莖》的作者蘿瑞塔．科米爾與沙林．瓊斯[6]令人信服地主張（儘管未提出新奇的研究發現），隨著農業發展、土地持有與動物馴養的興起，人類也見證了陰莖逐步成為繁殖力與力量象徵的演變過程。他們（及其他學者）表示，在絕大部分的人類歷史

4 在紀錄片《最後的成員》（*The Final Member*）中，你可以了解到米契爾與第一位人類陰莖捐贈者向冰島陰莖博物館捐出生殖器的詳細過程。

5 據說這間博物館的創辦人對這根陰莖感到失望透頂，發現它了無生氣，儘管謠傳它的主人在世時耽溺於情色歡愛。

6 我未必同意他們提出的所有看法，譬如我就不認為人類陰莖是複雜的構造，但這是一本好書。

中，我們是狩獵採集者。大家相互合作，過著群居生活，並試圖讓每個人都能得到溫飽。

農業的出現使世界上的某些區域發生了變化。人們在土地方面遭遇的所有權限制，演變成大規模的土地衝突（其實還是與食物脫不了關係），在此情況下，陰莖除了守護欣欣向榮的土地，也逐漸成為權勢的代名詞。人們將陰莖的印象帶進農田，豎立了擁有超巨大陰莖的稻草人，用來嚇跑任何會危害作物的東西[7]，像是惡魔之眼、掠食者與其他人類。

之後，陰莖有了新的任務，負責將成功耕作與守護牲畜所需的肥力與力量，與成功繁殖的生育力與權勢融為一體。邪教在世界各地興起，死忠的信徒向神龕虔誠敬拜，祈求上天保佑個人平安與順利孕產。

這種現象不難理解。在許多社會，陰莖與精液明顯在新生命的創造上扮演了至關重要，但或許不盡人知的角色，不論對於人類或是非人動物都是如此。某些表現生殖概念的圖像甚至將胎兒描繪成在精子裡縮成一團，被放在女性的肚子裡等著茁壯成長。這麼說來，一些開墾家園、並且飼養牲畜與種植作物維生的人類族群，自始至終都將重點放在陰莖及其生育能力上，也就不令人意外了。甚至，人們將希臘神話中生殖之神——普里阿普斯（Priapus）——的巨大勃起陰莖，用此意象來製作稻草人，保護作物不受侵害。

於是，人們開始崇拜陰莖。然而，這個現象的起源與結束頗為不同。②起初，這個器官象徵個體具有力量：顯然與生育力及強健的體魄有關。但隨著人類深入認識生殖這件事，再加上宗教儀式的改變，崇拜對象從陰莖象徵的個體轉變為陰莖本身。這就好比我們原本將心臟視為愛的象徵，之後漸漸將心臟所象徵的力量與關聯看得比其生理與運作能力還重要。

在現代社會，不論是有陰莖或沒有陰莖的人，都會接收到各式各樣的訊息。大眾對陰莖的尺寸、力量與外觀的著迷，是陳舊過時的象徵文化所遺留下來的影響。這個文化包袱不是陰莖本身的錯，是人們的大腦促成了這個錯誤。然而，水能載舟，亦能覆舟，我們可以善用頭腦，從更實際與健康的角度看待陰莖，將它視為一個值得在情感親密與雙方一致同意的條件下深入認識的器官。

「陰莖如何能傷人？」

一九八五年九月，印尼格萊（Gerai）一名年輕的寡婦與年紀最小的孩子睡在屋子裡的一頂蚊帳下，與他們同住的還有她的母親、妹妹與其他孩子。③那天傍晚在夜色的掩護下，住在附近的一名男子從窗戶偷偷爬進她的房間。那名婦人醒來後，發現男子搭著她的肩，威脅她「不得出聲」。她非但沒有乖乖聽話，反而用力推開他，胡亂搥打一頓，還試圖拿蚊帳纏住他。衣衫不整的男子急忙跳窗逃跑，婦人一邊大聲呼救，一邊追趕在後，好奇的左鄰右舍議論紛紛，而男子倉皇的身影也逐漸消失在夜色之中。

7 有鑑於人類的陰莖明顯平凡無奇，我很想知道，如果這些稻草人不只象徵著「這裡有人，你最好小心一點」，會是什麼情況？相較於女性外生殖器官，這些陰莖顯得稍微嚇人，是隨手可得且易於脹大的人類存在象徵。

隔天，這件事傳遍全村，婦女們一邊挑揀米粒，一邊七嘴八舌地訕笑談論。甚至有人模仿那名男子匆忙爬出窗外時，紗籠滑落並露出生殖器官的窩囊樣。據西方人類學家克莉絲汀・赫利威爾（Christine Helliwell）描述，目睹事發經過的每個人都認為這件事滑稽可笑。

赫利威爾寫道，她並不這麼覺得。她認為那名男子的行為已構成強姦未遂，並問那些村婦這件事哪裡好笑。她們猶豫了一會兒回答，這件事並不「壞」，而是「愚蠢」。那名遭到非禮的婦人（赫利威爾未指明其名）耿耿於懷，公開要求男子賠償以示道歉。赫利威爾進一步詢問那名婦人是否感到恐懼與憤怒（得到的答案都是肯定的），還有為何不在對方企圖逃跑時利用手邊的器具痛打他一頓。那名婦人一臉疑惑地說，沒有必要傷害對方，因為對方並沒有傷害她。這時，換赫利威爾困惑了。「他試圖與你發生關係，而你並不願意。他試圖傷害你。」那名婦人憐憫地回答：「那只是一根陰莖罷了。陰莖如何能傷人？」

赫利威爾發現，她將西方的文化背景嫁接到了當地的這起事件上。她表示，自己跟其他女性主義人士一樣，思考這個情況時仍帶著文化包袱，認為女性遭人強姦是「生不如死，或者跟死亡一樣悲慘」的命運，是對個人身分的一種粉碎。她注意到，在西方社會中，強姦犯若是意識到大眾將遭人強姦視為見不得人的汙點，那麼除了生理上的傷害之外，就又多了一項工具可用來脅迫被害者；倘若強姦犯知道被害者也抱持這種觀念，就會變本加厲。[8]

西方文化還有一個根深柢固的觀念（或許現在已有所改變？），就是男性與女性的身體構造不同，其中一方能夠利用生殖器官進入另一方體內，進而造成傷害。以這個概念而言，陰莖是用來犯罪的一種工具或武器，擁有陰莖的人通常是強姦的加害者，而沒有陰莖的人往往是被害者。[9] 赫利威爾說的對（她寫作的當下是二〇〇〇年，而這種觀念直到近年都不見顯著改變），西方人經常從二元論的角度看待生殖器官，認為擁有陰莖的人是「男性」，在社會上被塑造成充滿男子氣概，沒有陰莖的人則被視為「女性」，在社會上被塑造成嬌柔的形象。[10]

探究格萊當地居民如何看待生殖器官時，赫利威爾請他們描繪男性與女性的生殖器官。令她意外的是，這些圖畫如出一轍。她發現，格萊人認為男性與女性的生殖器官一模一樣，只是部位不同而已——分別位於體內與體外。

實際上，他們以為所有人類都是如此，但赫利威爾看起來不太符合這種模式，因此他們不確定她是男還是女。她在著作中寫道，自己呈現了某些傳統上屬於男性的特質，譬如身材高大與留有短髮。但是，她明顯胸部突出，而當地人也知道，並在她到排泄用的水溝如廁時實際查

8 赫利威爾指出，這種情況不只見於西方社會，只是在其他地區並不普遍。她也強調，這不是要指責被害人，而是點出並證實受社會所影響的情感與心理回應，跟身體遭受的傷害一樣鮮明而真實。在所有物種之中，人類最不會分辨生物與社會文化影響的差異，而實際上這兩種影響顯然密不可分。就我在本書序言所描述的個人經歷而言，假如當時「艾迪」沒有露鳥，他的威脅行為也許就不會立刻引起法律的關注，而我認為，艾迪很清楚在我們共通的文化理解中，他的所作所為一定能夠帶來這樣的影響。

9 顯然這並非事實。

10 生殖器官與性別當然不適用二元論（一些人生來就沒有生殖器官，且這種外觀可見的構造具有一段漸變的特徵變化，而它們並不是人類唯一的性器官），或者有辦法毫不含糊地分別對應到純男性或純女性的表現。

看過，她的下半身具有陰部。赫利威爾問他們為何不確定她是女性，他們回答，因為她似乎對稻米認識不多[11]——在當地，這項知識決定了一個人的地位，不論他／她的生殖器官為何。畢竟，那些格萊人以為，西方男性可能是基於某種原因才會擁有突出的胸部。

這個故事有一些元素與其他文化相通。當地人認為侵略與暴力是粗野的行為，本章稍後也將提到，希臘人會將巨大的陰莖與野蠻的行為聯想在一起，因而偏好尺寸小的陰莖。古希臘人對男性與女性生殖器官看法與格萊人相似，認為它們都是一樣的構造，只是模樣顛倒過來而已。

相對於這些信仰，有另一種恐怖的觀念源自相反的體制，認為陰莖是男性權力的王座（或是箭矛？權杖？），直到它本身**成為了**男性權力——只要失去了陰莖，這種權力就會消失。數世紀以來，這個信念造成了深刻的傷害，導致人們擔心會有人（通常是女性）企圖偷走這個權力象徵，掌握權力，或者讓其他人登上權力的寶座。

羅馬的衰敗

希臘人正是西方文化中根據陰莖來劃分社會地位的一個早期例子。[12]希臘社會偏好小而美的陰莖形態。劇作家亞里斯托芬（Aristophanes）在作品《雲》（*The Clouds*）[13]中提到古希臘典型的男性樣貌時如此形容：「男人都有線條明顯的胸肌④、煥發光澤的皮膚、寬闊的肩膀、短小的舌頭與小巧的生殖器官。」相反地，對粗野男性的風行崇拜，意味著不同的外貌：「換成是現代，男人的肩膀頹軟無力、皮膚蒼白、胸部窄縮、舌頭大又扁、臀部狹小，還十分擅長捏造雄偉的尺寸。」[14]

如亞里斯托芬的敘述所示，人們認為大而堅挺的陰莖是野蠻的象徵，是奴隸與未受教育者的武器，不是典型希臘人希望擁有的特徵。他們認為巨大的陰莖「古怪又可笑」，雖然這種看法之所以出現，究竟是因為幼稚男性總愛拿此大開情色玩笑，還是因為這種構造會造成一些限制，目前仍不得而知。⑤最引人注目的對比是薩堤爾（satyr，半人半獸的森林之神），在希臘人眼中，祂有著驢一般的耳朵與尾巴，面目奇異，陰莖特大[15]，看起來就是會借酒裝瘋、耽溺

11 之後，她學到了一些關於稻米的知識，總算在當地人的眼裡變得比較像是個女人了。

12 如各位讀者所知，人們也會利用陰莖來表達種族主義的立場。一八四五年出版的一本比較解剖學著作（Wagner and Tulk）在論述陰莖骨時展現了十足的種族歧視觀點，宣稱「在陰莖尺寸巨大的黑人種族中，許多人的這個器官長有一小塊一、兩線（約零點二五到零點五公分）長的稜形軟骨，是為陰莖骨的雛形。」這種說法試圖指明黑人與非人動物關係較近，與白人關係較遠，而這完全是不正確的。然而，這種說法始終存在。另一項發表於一九八七年（Jervey）的資料相當實用地從文化角度來呈現陰莖的象徵，並在文末提及一個令人不悅地種族主義「笑話」，描述一名白人男性嫉妒一位黑人男性擁有雄偉的陰莖。只能說，人會無所不用其極地設法找證據來支持自己的偏執與成見。

13 西元前四二三年寫成。

14 意指雄偉的陰莖，就像野蠻人的生殖器官那樣。

15 後來羅馬人將這些人物與希臘神話中的牧神潘恩（Pan）混為一談，並指他們都因為下半身長有羊蹄而出名。

女色的典型色狼。[16]

這種態度讓人想起格萊人的文化，他們唾棄暴力與侵略行為，但也不認為陰莖會帶來任何潛在威脅。然而，這也凸顯了人們對於陰莖看法，與陰莖象徵一個人在社會地位與行為規範的意義有所不同。

羅馬的普里阿普斯即代表了這種歧異，顯示在人們的眼裡，陰莖從原本作為保護、生育力與力量的象徵，演變成某種值得崇拜的神聖之物。普里阿普斯原本是守護田野、果樹與園藝的陽具之神，面對任何惡意入侵者，祂會將雄偉的陰莖插入對方體內作為懲罰，因此可說是，沒錯，會要脅強暴你的稻草人。[17]到了最後，人們將他奉為（次要地位的）神祇[18]，以永久勃起的碩大陽具與一把長柄大鐮刀作為主要神器（雖然一般認為祂的其他方面不具有吸引力）。

說到陰莖，羅馬人還會聯想到其他形式的威脅。大人會幫孩子在脖子戴上護身符，祈求這能保護他們不受邪惡之眼、潛在的攻擊者或任何外來威脅所傷害。這種護身符通常刻成直立的陰莖與一對翅膀，名為「法西努斯」（fascinum），而英文「fascinate」（意指使人陶醉或蠱惑人心）一字正是由此演變而來。

雖然這些長了翅膀的陰莖具有象徵性與保護意味，而不是拿來膜拜的物品，但有另一個羅馬神祇存在的目的純粹是供人敬仰。最終，羅馬人甚至將這個神祇塑造成神聖的陽具穆圖努斯・圖圖努斯（Mutunus Tutunus），而這個形象也意味著，它可能與普里阿普斯及其他掌管情慾、生殖與樂趣的神祇有親緣關係。後來，身為基督徒的作家們或許是為了給羅馬人難堪，聲稱羅馬的女性會在婚禮前夕「使用」穆圖努斯・圖圖努斯，當作為新婚夜做準備的一種練習。⑥於是，神成了陽具，而陽具成了神聖之物。

自農業[19]興起以來，人類的陰莖受到各文化與時期的對待，比跳蚤插入器的演化更迂迴曲折。[20]埃及神祇敏（Min）——「陰莖之神」與「擁有碩大陰莖的雄獸」——的起源可追溯至西元前四千年。祂的形象被塑造成一手握持與地面平行的勃起陰莖，另一隻手握持牧羊人的連枷，代表生育與支配的雙重角色。埃及人為後世留下了方尖碑，這種陰莖意象尤其受到西方人的喜愛，是歐美國家公共場所最顯著的地標，例如美國的華盛頓紀念碑。

在東方世界，人們崇拜的則是其中一個濕婆神的化身——動物之神（Shiva Pashupati），其形象為盤腿而坐，有著一大根勃起的陰莖並且頭頂數根水牛角。在這個地區，形態明顯的男性生殖器官像（當地稱為「林伽」〔lingam〕）占有重要地位，被視為濕婆的抽象化象徵，而生命皆源自於此。雖然兩千多年前的當時還只是公元時代的開端，但如今在西藏與不丹的某些區

16 也被認為是在浪擲美好的光陰、胡作非為。

17 在羅馬的普里阿普斯出現之前，希臘人已運用類似的方法，例如藉在雅典被用來標示邊界、刻有人頭像的方體石柱，來代表勃起的陰莖，而他們會這麼做，可能基於類似的用意：藉著「會被強暴」來嚇阻不肖之徒。

18 因其直挺的模樣象徵雄偉英姿，加上與糧食的生產有關，而且是敏神的象徵性近親。

19 如果農業發展有得到任何特別關注的話（在某些文化中並非如此）。

20 這裡單純簡略概述一個龐大的研究領域。

域，依然可見家家戶戶在房屋周圍的牆上繪製了大量的陰莖圖像以求平安。如法國人種史學家法蘭索瓦．波瑪萊（Françoise Pommaret）與作者塔希．托傑（Tashi Tobgay）在共同著作中表示，「在不丹……人們在家門口的每一面外牆上繪有陰莖圖像，或者雕刻陽具木像然後擺放在屋內的各個角落或插在田地裡，弄臣在宗教儀典上也會向國王獻上這種雕像做為供品。」

西藏首都拉薩（Lhasa）的大昭寺（Jokhang）在一個主要的朝聖場所裡擺設了一個十分顯眼的陽具飾品，而這起因於西藏國王的兩位皇后之間的一段談話。其中一位來自中國的皇后對另一位來自尼泊爾的皇后表示，西藏「就像一個仰面而臥的女妖」，必須廣設寺廟以震懾妖魔，方能國泰民安。除此之外，這套風水術法還需要建造一座洞穴，派人全天候監守照看，因為洞穴就有如女妖的生殖器官（許多洞穴均以此為主題）。於是，王宮又下令建造那根陰莖雕像，並將它對準象徵女妖生殖器官的洞穴，如此想必是為了趨吉避凶。女性的影響廣泛而帶有威脅性，必須透過陰莖加以壓制。

如今在不丹，某些人會在住家擺放五根陰莖，期待它們能發揮類似的功用。其中四根用於鎮守屋外的四個角落，另一根置於屋內，全用於祈求好運、求添男丁與避免口舌是非。波瑪萊與托傑研究發現，這些信仰有部分起源於竹巴昆列（Drukpa Kunley，一四五五～一五二九），據傳說，這名喇嘛以驚天動地的陽具之槌擊退了女妖。

接著是位於更東邊的日本，當地的陽具崇拜也從古代（很明顯地）延續到了今日。根據考古紀錄，日本人的陽具情結至少可追溯至西元前三千六百至兩千五百年。來自愛爾蘭的外交家與日韓語言文化學者威廉・艾斯頓（William Aston，一八四一～一九一一），描述自己在一八七一年從宇都宮市（Utsunomiya）前往日光市（Nikko）的旅程中發現，「路上每隔一段距離就會出現一群陰莖雕像」，這些陽具是為了每年夏季登上男體山（Mount Nantai，音譯同意譯）朝聖的男性而建。如同世界上許多其他地區的文化，這種崇拜至少有部分起源可追溯至人類隨農業的興盛（在意象上與實際上）而落地生根的那段歷史。在日本各地的古代遺址都可以看到陰莖的象徵——日文音作「sekibo」。

在陰莖本身脫離軀殼所面對的世俗庸擾、成為西方社會普遍崇拜的對象之後，基督教的勢力逐漸壯大。正如其「一神論」所明確表述，在基督面前不存在任何其他神靈，這也意味著，陰莖與人類看待陰莖的方式必須有所改變。為確保成功，這個「真實信仰」（true faith）不得不消弭異教儀式與陽具崇拜。

但是，掌權的男性似乎不願意就這麼放棄隨陰莖而來的支配優勢，深怕過去飽受壓迫的社會族群——女人與奴隸——會奪走他們原有的地位。這股恐懼對文化造成的荼害直至今日仍揮之不去。

維京人的故事

很久很久以前，在十一世紀的一個維京人家庭裡，有一名「奴隸」（或家僕）屠宰了一頭已經死去的馬，由於身為不熟悉「真實信仰」的「異教徒」，他們會吃馬肉。⑦屠宰時，那名奴隸「割掉了馬的陰莖，也就是大自然賦予所有透過性交繁殖的動物的構造，而古代詩人都將馬的命根子稱為『巨根』。」[21]

那個家庭的兒子「生性幽默、愛調皮嬉鬧」[22]，他撿了馬的那話兒進到屋裡，當時他的母親、姐姐[23]與另一名女僕都在。這位「愛開玩笑」的兒子拿著陰莖在這些女人們面前晃來晃去，大開黃腔。女僕盡職地「捧腹大笑」，他的姐姐感到惴惴不安，母親則認為這偶然的事件應該不全然是開玩笑，應該認真看待這根東西。她拿走那根陰莖，用亞麻布連同藥草、韭蔥與洋蔥等植物包起來，並放在一個專屬的盒子裡保存。每天晚上吃飯前，她會拿出那根馬陰莖，對它頌詩，像在祈禱一樣。餐桌上的每一個人都必須輪流做相同的事。這個故事以「跋扈專橫」[24]來形容那個要求全家這麼做的女人。

之後，挪威國王奧拉夫二世（King Olaf II，九九五～一〇三〇）出現了，當時他正在躲避克努特大帝（Cnut the Great，九九〇～一〇三五）的追殺，同行的還有他的至交芬恩·阿納松（Finn Árnason，一〇〇四～一〇六五）與冰島詩人托爾莫德·柯布納斯卡爾德（Tormod Kolbrunarskald，九九八～一〇三〇）。[25]除了逃亡之外，奧拉夫二世也身負傳播基督教的重任，希望能勸服遇到的每一位異教徒皈依「真實信仰」。

他與伙伴們來到這戶農家前，屋內正在進行巨根的膜拜儀式。他們隱藏身分，聲稱是格里姆（Grim）氏的一家人，而那戶人家似乎也相信了，儘管這個名字有「偽裝」之意。農家的女兒聰明伶俐，識破了他們的來頭，於是奧拉夫二世指示她不要張揚。

在餐桌上，那名婦人拿出了聖物。大家輪流祈拜，傳到兒子時，他對姐姐開了噁心的玩笑，直到奧拉夫二世將巨根接了過去。他吟頌了自己編造的詩文（聽來似乎有點在吹噓國王的崇高地位），接著便將這個「怪異之物」丟給狗吃。[26]「跋扈專橫」的婦人見狀氣得跳腳，後來，奧拉夫二世揭露了自己的身分，成功勸說了那一家人皈依基督教。以傳教徒身分經歷了這起事件與其他挑戰後，奧拉夫二世最終獲指任為挪威的守護聖徒（patron saint）。[27]

基督教的第一項教條：視陽具崇拜為無物。

21 我倒覺得，或許除了古代詩人之外，其他人也都這麼稱呼它。

22 在這個故事裡，以現代西方人（可能還包含他的姐姐）的觀點看來，他是個惹人厭的混蛋，而這段描述似乎想藉由「男孩子就是這樣」來合理化他們的無禮行為。

23 故事中描述「較為年長的她雖然跟弟弟在同一個家庭長大，但反應機靈，生性聰敏」。

24 顯而易見，需要有人來挫挫她的銳氣。

25 他的姓源自於一位愛慕對象的名字「Kolbrún」，意思是「煤炭額頭」（coal brow），聽起來不太討喜，但其實指的是「炭黑色的頭髮」。這對戀人的故事，出現在愛莉森．芬萊（Alison Finlay）所稱的「一段浪漫的愛情故事」裡，愛莉森是倫敦伯克貝克學院（Birkbeck College）的中世紀英國與冰島文學系教授，同時也是翻譯家。這篇擷取自「聖奧拉夫傳說」的故事翻譯自她之手。

26 現代的狗狗也會吃類似的東西，寵物食品商將這種由動物陰莖製成的狗副食稱為「比薩」（pizzles）。

27 這個故事以一段凸顯奧拉夫對傳教懷有極大熱忱的敘述作結：「由此可知，奧拉夫國王不遺餘力地革除所有邪惡的實踐、異教信仰與巫術，即便是在邊遠的森林地區，也跟在大陸的中心區域一樣用心。」

種在托斯卡尼的一棵樹

在羅馬的陽具崇拜與奧拉夫二世交會之際，基督教興起並廣泛傳播各地，各種與陽具有關的訊息也隨之而來，延續至今。當政者確實試圖制定規範。如冰島主教波拉庫爾．波哈爾森（Porlakur Porhallsson，一一三三～一一九三）即明文規定，對男人而言，陰莖遭到「溫柔深情的女人所玷汙」是最微不足道的恥辱。但是，「用雙手自慰」比這更為不潔，而最嚴重的汙點是，陰莖遭到另一個男人所「汙染」。至於利用「有凹洞的樹木」來獲得性快感的恥辱程度，則介於自慰與同性性交之間，原因不明。我不知道有多少男性曾經動過這個念頭，但顯然這件事在這個汙染程度的階層中通常值得一提。或許這種「射在樹洞裡」的行為，正是西方地區出現一棵形貌奇特的陰莖樹的原因。[28]

奧拉夫二世與馬的巨根的故事流傳不到幾百年，十三世紀托斯卡尼南邊的馬薩馬里蒂馬鎮（Massa Marittima）[⑧]便出現了一座水流清澈的公共噴泉，周圍有拱型磚牆，上方有頂篷，充滿了古色古色的莊嚴氛圍。事實上，噴泉鄰近熱鬧的廣場，因此這座中世紀城鎮的居民（包含兒童在內）肯定會行經此處，可能也會在炎熱的天氣來此戲水消暑。

這座噴泉的另一個特點是，頂篷的三面牆上繪有一幅壁畫。畫作的主題是一棵樹，樹上有至少二十幾根充血脹大的陰莖，每一根都有一對睪丸，垂掛在樹枝上，宛如結實纍纍的果樹。這些不尋常的果實往四面八方突出，樹上長了幾片零落的金黃色葉子，隱約透著秋意。

彷彿這些還不足以吸引路人注意似的，那幅壁畫（可分為三等分，至今全都清晰可辨）的中間區域，還繪有五隻姿態優雅但長相怪異的鳥兒，牠們體色漆黑，各自朝不同方向飛去。那些鳥兒的下方——在地面上與陰莖樹的茂密枝葉下——至少有八（或九）個身穿棗紅色、天藍色與橘紅色衣裳的女人。她們的臉部大多缺乏細部描繪，倒是有一個身穿金衣的女人手持一根細長的器具，滿臉歡喜地仰望那棵樹，像是在採收「果實」。

左邊則是另一個身穿棗紅色衣裳的女人，她低著頭一臉哀矜，彷彿在祈禱或懺悔，然而在這般陰鬱的景象中，有兩個地方特別突兀：一是有隻黑鳥身體垂直朝上，停駐在這個女人的頭上，末端形似百合花的堅挺尾巴就靠在她的頭頂；二是她的身後似乎藏了一根帶有兩顆睪丸的陰莖。

右邊有另一對女人，她們分別穿著藍 衣與紅衣，一起握著從籃子拿出來的巨大陰莖，彼此一手抓著「果實」，另一隻手拉扯對方的長髮，像是在爭吵似的。[29]在她們旁邊與樹幹前方有一個看起來像是紅色桌子的物體，上面有個大圓盤，盤裡放著一截陰莖。樹的另一邊還有四個女人，她們全是金髮，身材豐滿，雙手都擺放在不同的位置。

在她們身後，有一個像斑駁羊皮紙的不明蛇形物體漂浮在空中。

28 為了避免引來不必要的嘲弄，我必須澄清，不，我其實不認為這就是陰莖樹的起源。

29 另一種解讀是，她們在互相摔乾頭髮，但這個說法似乎有點牽強。而且，這是一棵陰莖樹。

如果這幅壁畫旨在描繪一群女子採摘蘋果，看起來就應該既充滿田園詩意，又如實刻畫秋涼時節常見的一種活動，可能還會加上女人們爭相採下最飽滿多汁的果實與小口品嚐的細節，另外再畫上幾隻體型過大的鳥兒。然而，樹上的蘋果變成了陰莖，鳥兒全身漆黑、貌似不祥，背景似乎還有一條像柴郡貓（Cheshire Cat，《愛麗絲夢遊仙境》裡擁有特殊笑容的紫貓）那樣笑容詭異的巨蛇。這一切全都巧妙地畫在西元一二六五年的馬薩馬里蒂馬鎮，一座公共噴泉池面積約三千平方公尺的牆上。之後，它被塗上了灰泥，直到二十與二十一世紀交替之際才又重見天日。

我們該如何理解這幅被某位藝術史學家譽為「在西方藝術史中無可比擬」的傑作⑨呢？一些專家認為這是羅馬人陽具崇拜的遺風，即便到了那個時代，人們依然將陰莖視為對抗邪惡的護身符。其他人則從畫中的蛇形背景看到了聖經裡夏娃（Eve）與知善惡樹（Tree of Knowledge）的影子。他們認為這棵樹有可能是某種無花果樹，而由於這種植物與性愛、情慾和陰道有關，因而將其解讀成一棵長滿陰莖果實的陰道樹。⑩

那些詭異的鳥兒應該是後來才加上的，如果沒有這些鳥，整棵樹看起來肯定更加歡欣愉悅，而非肉慾橫流。除了這幅畫之外，中世紀還有許多樹木畫作都描繪了女人們採集陰莖的意象，據信這是時代的風氣所致，那時的教會只當陽具崇拜是人們的一項娛樂，不足以構成威脅。

實際上，一卷出自十四世紀的著名手稿呈現了些許非主流藝術的元素，刻畫一名修女[30]從某種樹上採摘陰莖並放入籃子裡。圖註文字如此寫道，「抗拒大自然的呼喚只是徒勞，即使努力像聖人般清心寡慾，也救不了你。因此，你應該盡情享受生活。」⑪這凸顯了這種意象有趣的一面，但也暗藏了指涉女性懷有惡意與施展巫術的黑暗面。

馬薩馬里蒂馬鎮的孩童們在公然可見陰莖樹圖像的噴水池前乘涼玩耍的數百年後，事物有了變化。或許是這類描繪女性採集與挑選陰莖的圖像開始讓日漸成形的父權體制感到緊張，使那些主導天主教會的男性產生了有如奧拉夫二世傳教般的滿腔熱忱，極欲整肅女性的這股歪風。就在某個時刻，基於自治自主的雄心，並且擔心這股歪風可能導致社會混亂，他們達成了一個共識：女人正在展開某種形式的惡行。與她們聯手的惡魔，擁有碩大而令人無法抵抗的陽具。[31,32]

無論如何，那些撰寫獵巫手冊的宗教裁判官是這麼想的。在那之前的歐洲，任何人都可能

---

30 這並不是唯一一幅描繪修女與其他女性採集陰莖的圖像。事實上在十四世紀，有一對名為理查・德蒙特巴斯頓（Richard de Montbaston）與珍妮・德蒙特巴斯頓（Jeanne de Montbaston）的夫妻，為早期一首敘事詩〈玫瑰傳奇〉（Le Roman de la Rose）創作了插畫，而珍妮在畫中添加了許多有關修女與陰莖的淫穢意象（Wilson 2017）。

31 唯恐屬於懵懂時代的一段久遠歷史遭人遺忘，二〇二〇年初有一部關於福音派基督徒寶拉・懷特（Paula White）——前美國總統川普指派為白宮「信仰與機會計畫」（Faith and Opportunity Initiative）的特別顧問——的影片在網路上廣為流傳，她在片裡呼籲「所有懷了撒旦孩子的女性立刻墮胎」。

32 宗教裁判官對惡魔的陰莖尺寸備感興趣，他們認為那個陽物體型龐大且始終是直立的狀態（Jervey 1987）。

被指控為女巫（如今在女巫真實存在且影響深遠的地區仍大多如此）。然而，有一件作品改變了這種看法，將西方巫術重新定位成女性的唯一起源，主張人們應以懷疑與恐懼的眼光看待女性，原因是：她們企圖偷走男人的陰莖。

敲下審判之槌

這本專為宗教裁判[33]而寫的獵巫手冊（首度出版於一四八七年），鉅細靡遺地列出女巫的判定標準以確保萬無一失。如果馬薩馬里蒂馬鎮的陰莖樹是舉世無雙的傑作，那麼這本書可說是「前代的遺毒」與「世界文學史上最災難性的著作」。諷刺的是，這本手冊旨在摧毀女性（從書名明顯可知）與保全男性的陰莖。到了最後，它對那些擁有陰莖的人們所造成的心理創傷，可能比西格蒙德．佛洛伊德（Sigmund Freud）成名之前的任何一個文化因素都還要嚴重。

《女巫之槌》（*Malleus Maleficarum*，或 *Hammer of Witches*）[34]於一四八七年出版，在隨後的兩百年內銷量超越了聖經，在歐洲賣出三萬多本。這本書由兩名作者——海因里希．克雷默（Heinrich Kramer）與雅各．斯普林格（Jacob〔或 Jakob 或 James〕Sprenger）——合著，但一般認為內容的走向（與寫作）均由克雷默主導。這個男人非常奇怪。列出「女性因為貪得無厭的情慾[35]」所犯下的各種潛逃行為時，他強烈抨擊並直指女人們偷取陰莖的傾向，並表示她們的手段之一是「魅惑」男性，以讓對方在不知不覺中失去陰莖。[36]

這本書也提到了陰莖樹的意象，描述女巫會偷走陰莖，並將它們放在隱密的巢穴裡以燕麥供養，就像餵養雛鳥那樣[37]，顯示女性的形象已經從採集陰莖的修女轉變成了偷竊陰莖的巫婆。提出眾多關於「女人是陰莖小偷」的嚴正告誡後，克雷默愈寫愈誇張，說了一則他或許認為寓意幽默的故事。

身為神父的克雷默描述，女巫們會偷走男性的陰莖，再從中挑選尺寸大的。一個陰莖失竊的男人試圖向女巫討回命根子，而掌管歸還流程的女巫伸出手指對他揮了揮並說，「不，哈哈哈，你不能要那根回去，因為它屬於村裡的神父。」這則笑話流傳已久（研究這類事物的學者都稱之為「軼事」），意指神父們的那話兒得天獨厚，要不是正向地表示這是一件好事（但他們礙於莊嚴的神職身分必須對此視若無睹），就是負向地指出女巫們跟希臘人看待陰莖的態度一樣，暗批神父們俗不可耐、虛偽至極。[38]

考量到《女巫之槌》的受眾，很難確定克雷默寫出這則故事是為了讓自己顯得接地氣，就像現代的政客假裝親民那樣，還是單純文筆拙劣罷了。抑或是，本身是神父的他，在藉此暗中誇耀自己的老二有多雄偉？

33 然而，宗教裁判認定女巫邪惡的權力在學術與道德上均站不住腳。你知道的，如果宗教裁判認為某件事缺乏充分的證據基礎且過於殘酷，那件事就是天理難容的大錯。

34 看到沒？這很明顯是想迫害女性。

35 女性不是冷若冰霜，就是貪得無厭。女人在他們眼裡似乎總是過猶不及。

36 真是讓人對「魅力」與「魅惑」等詞彙在今日所指的意義與用法有了全新的理解。

37 陰莖和小鳥之間的關聯是一個常見但奇怪的主題。

他在《女巫之槌》中提到另一個故事，一個他聲稱自己深信不疑，而大家一致認為他就是裡頭的「神父」的故事。在那當中，受害者是一名年輕人，他去教堂向神父告解，說情人將他的那話兒變不見了。故事中的神父堅持「眼見為憑」，確定他的生殖器官真的消失了，才能給予建議。親眼確認後，神父建議那名年輕人對情人說些甜言蜜語、許下諾言（是否必須遵守就不知道了），如此就能拿回自己的陰莖。克雷默描述，這招似乎奏效了。

儘管書中的故事聽來荒謬可笑，但克雷默可沒有胡說。當時的人們真的相信女人會偷取男人的陰莖，而這種罪行稱為「魔法去勢」或「魔法閹割」。雖然宗教裁判領袖拒絕採納克雷默的著作當作評判與懲罰女巫的依據，但《女巫之槌》在接下來的數個世紀裡廣受歡迎，成為殘酷處決的基礎。據信，這本獲教宗[39]背書的仇女鉅作造成了成千上萬人死亡。宗教改革（Reformation）後，新教徒也高舉獵巫旗號，延續這個傳統。因此，陰莖會失竊的信仰持續存在。[40]

失竊的陰莖

二〇一九年九月，名為森戴（Sunday）[41]的男子走在奈及利亞一座城市的公路上，突然間崩潰大叫。根據新聞報導，另一名男子阿納約（Anayo）「揮了揮手」，瞬間就讓森戴感覺自己的「雄風大減」。森戴聲稱，他的老二被阿納約碰到就消失不見了。幾名路人發現不對勁，衝上前毒打阿納約一頓。在報導中，警方也將身為侏儒的阿納約列為「嫌疑犯」。後來，阿納約沒有被起訴，森戴也是，但他「大減的雄風」是否有找回來，我們就不得而知了。

推特上的奈及利亞網友紛紛嘲弄這起事件，顯然對森戴的指控與警方的反應及相關報導感到不以為然。也有新聞指出，一些有心人士學森戴在路上冷不防地大吼大叫、指控某人偷了他的老二，好吸引民眾上前痛打歹徒，並趁大家不注意時下手行竊。這並不在我們的討論範圍內，但總而言之，那種害怕有人會偷走陰莖的恐懼，似乎深植於男性的心中，因此他們深信，如果與疑似會巫術的人握手或有過接觸，自己的老二就會縮到身體裡。

這種相信生殖器官會縮到體內的症狀，稱為縮陽症（koro，或恐縮症），儘管世界各地都

---

38 在菲律賓安蒂克省（Antique Province）的一個小村莊，當地人依然會在每個黑色星期六（Black Saturday，復活節星期天〔Easter Sunday〕的前一天）架起巨大的猶大（Judas）雕像，從頭到腳掛滿鞭炮。其中唯一沒有掛上爆裂物的部位，是由一大塊潮濕的緣木做成的直挺陰莖（Cruz- Lucero 2006）。猶大雕像在熊熊烈火中燃燒之際，村民們高聲唱起〈珍重再見〉（Aloha ʻOe），直到雕像燒得只剩下陰莖為止，這時大家才可上前觸摸與敬拜。一些學者認為，這種熱烈演示猶大出賣耶穌的聖經故事的儀式、以及在柴火中倖存的陰莖，象徵當地人戰勝了粗暴入侵與統治當地的天主教會，尤其是一位極度不受歡迎的神父。

39 英諾森八世（Pope Innocent VIII）。

40 這種恐懼還有另一個更暴力的版本，那就是常見的文學主題「有牙陰道」（vagina dentata），意指有牙齒的陰道會咬斷插入的陰莖。這個主題至今依然往往與人類有關。另一個較為溫和的方法研究指稱陰道是一種會說話的生殖器，往往向權力說真話。

41 為免引起外界對當事人不必要的注意，這裡未寫出全名。

有這種病例，但如今最常見於西非與某些東亞地區。森戴與阿納約的事件呈現了與縮陽症相關的所有元素。在某些案例中，加害者是女巫或巫師，有男也有女。也有案例指控加害者是難產而死的女性，說她們為了報復導致自己懷孕的陰莖而這麼做。還有其他案例繪聲繪影地描述，有女鬼覬覦這個器官，於是偽裝成狐狸來偷取陰莖。雖然女性也可能出現縮陽症（患者通常會相信自己的乳頭凹陷內縮），但這種情況大部分與陰莖有關。

害怕失去陰莖是一回事，但將這種恐懼擴大，相信有人會試圖吃掉你的老二，又是另一回事了。如此一來，你就成了佛洛伊德的同路人。

愚蠢的佛洛伊德

在精神科醫師的診間裡，坐著一位被各種心理問題纏身的年輕人。除了「戀母情結與手足對抗」的煩惱之外，他在夢中也不斷與心魔拉扯。他夢見一艘船，船的中央豎立一根巨大的排氣管，就在舵輪旁邊。周圍有許多大船疾速繞行，而他嫉妒那些船比自己的還壯觀。

如果你認為這個夢的寓意可想而知，先別這麼肯定。夢裡的其他船隻其實象徵著他的父親與兄弟，有排氣管豎立的船代表他自己，而那根排氣管則象徵陰莖。

這個故事不是我編的；這篇在一九五九年發表於《精神分析季刊》（*The Psychoanalytic Quarterly*）的論文題為〈自我膨脹的陰莖〉（Flatulent Phallus）。[12]分析師指出，這名可憐的病患身為男孩，他希望自己的陰莖不只能用來解尿，還能排便。分析師寫下，這種心理「導致幾年前他會刻意用力放屁，好跟其他小男孩一較高下。」男孩會互相比賽看誰放屁大聲，而多年後，競爭的主題變成了陰莖、有著巨大排氣管的船，還有……算了，不重要。這就是佛洛伊德學派的主張。

支持佛洛伊德理論的精神分析師針對那些不幸病患所提出的報告與結論，無疑標誌著失去陰莖的恐懼深植並重創現代心理學（至少在西方是如此）的高峰。只要稍微翻閱佛洛伊德學說的文獻就不難發現，其異想天開的主張，跟克雷默在《女巫之槌》中描述「女巫會將偷來的陰莖放在巢穴裡供養」的故事同樣令人吃驚，甚至還提出了極具說服力的「閹割焦慮」（castration anxiety）之說。然而，由於獲得了「科學」與「方法學」、以及最重要的「確認偏誤」的認同，佛洛伊德的論點歷久不衰，直到今日，某些領域仍對此深信不疑。

這種對人類心理特有扭曲的一個早期例子出自一九三三年的一份報告，該篇文章也登上了《精神分析季刊》（可說是思想家的《女巫之槌》），題為〈人體的陽具意象〉（The Body as Phallus）。[42]這位精神分析師從佛洛伊德學說的角度出發，認為病患將自己看作陰莖，嘴巴是尿道，而身體其他部位則是陰莖本身（即使一般而言尿道與陰莖一樣長，這樣才達到排尿的作

42 關於陽物，而不僅僅是陰莖，佛洛伊德有許多話想說。他認為，兒童在初期會經歷「性器期」（phallic stage），男孩會瘋狂迷戀母親，女孩則會瘋狂迷戀父親，並且基於嫉妒心理排斥與自己同性別的父親或母親。倘若無法得到異性家長的疼愛，他們就會變得神經質。這樣的主張實在瘋狂，但是對西方思想與精神分析的實踐影響深遠。

用）。寫了一大堆關於陰莖啃咬[43]、糞便、尿液與胸部的論述後，那位精神分析師提出的結論是，所有病患都想吃掉別人的陰莖，也想被別人吃掉。銜尾蛇（Ouroboros）[44]，容我為你介紹佛洛伊德。

那些完全無害且典型常見的思想與夢境，就這樣被貼上有毒的標籤。根據這種理論，那些夢到別人幫自己口交的男性，其實將自己的陰莖看作「母親的乳房」——陰莖是乳頭，而伴侶是嗷嗷待哺的孩子。童年時期染患的熱病使身體經歷了「生殖化」，而女孩成為女人後，即代表完全「生殖化」。有張實用的表格清楚列出，我們的帽子、衣服、頭髮或皮膚就像包皮或保險套[45]，嘴巴是尿道，而從嘴巴出來的任何東西（包括聲音）代表射精；脖子變得緊繃就是勃起，因此揉搓頸部或泡澡以舒緩緊繃感就象徵自慰，而放鬆即為倒陽。這個觀點從淫慾的角度，為我在電腦前面工作了一天、感到肩頸僵硬而按摩紓緩的舉動，帶來了全新的詮釋。

怎麼會有任何一個世代能夠在上述這樣關於生殖器官、人體與生物學的狗屁思想中存活下來？這篇論文篇幅沒有特別長（造成的精神創傷卻久久不散），但**penis**（陰莖）一字出現了上百次，**phallus**（陽具）則是六十次。沒有任何一種心理症狀的治療，需要如此頻繁提及陰莖，當然，除非你是佛洛伊德學派的精神分析師，將所有的人事物都視為陰莖，並根據它來解釋人類的每一個互動。

影響力指數低落的《美國精神分析學會期刊》（*Journal of the American Psychoanalytic Association*）於一九六三年刊出的一篇文章嚴正抨擊一名男子的母親，因為根據心理治療師的說法，她在丈夫死後將兒子變成了「自己的陰莖」。[13]那名男子在生活遭遇的每個問題——在職場上畏縮不前、時常與妻子發生爭執等——都可歸因於他成了「善於誘惑與占有慾強的母親」所控制的陰莖，但那位治療師從未見過他的母親。他還表示，那名男子會「在自慰時意淫胸部豐滿的性感女性」，彷彿這種行為不正常似的，而且將部分原因歸咎於「他成了母親的陰莖」。

丈夫死後，那位母親要求兒子跟她同房睡。她會一邊疼愛地抱著兒子，一邊回想過去將還是嬰孩的他抱在懷裡的溫暖。精神分析師認為，這個舉動證明了她意圖將兒子變成「自己的陰莖」[46]，這種症狀被稱為「女孩的陰莖識別」。不管那位母親再怎麼疼愛兒子，都不能逾越界線；不管失去摯愛的悲痛有多讓人難以承受，都不能作為這種行為的理由。分析師描述這個素未謀面的女人「失去了美貌，變得衰老，而且**受人貶視**（粗體是我自己加的）」。佛洛伊德派的精神分析師對女性並不友善。其實，佛洛伊德跟塔克．麥克斯與傑佛瑞．米勒是同一種人，他似乎認為女人太過複雜難懂，還說「心理學也無法解開女性特質之謎」。他宣稱自己提出的

43 不要啃咬陰莖。寫作本書的過程中，我在新聞上看到有個男人的陰莖因為遭到伴侶咬傷而嚴重感染發炎，只能動手術移除。
44 譯註：這種蛇會嚙咬自身尾巴而成環狀。
45 我再也無法像之前那樣看待帽子了。
46 佛洛伊德認為，嬰兒取代了每個女人都希望擁有的陰莖（也就是文中那位母親的「陰莖羨妒」）。

理論建立在生物學的基礎上，但實際上他代表的只是透過自身經驗的濾鏡所看到的社會文化環境。

正當麥克斯與米勒暗中荼毒他們聲稱想幫助的男性之際，佛洛伊德派的分析也沒有讓男性好過到哪裡去。前面提到的那位精神分析師得出結論，指他的病患到最後希望成為他的陰莖，而他故作坦白地寫道，「分析師有可能在不知不覺中將病患視為自己的陰莖。」那名可憐的病患花了整整三年時間聽了一堆無意義的胡扯，包括「想吃別人的陰莖，也想被別人吃掉」的鬼話，完全沒有得到任何治療或關於兒時喪父的深入見解。

在佛洛伊德學派的大傘下，那名男子被當成陰莖般地對待，而不是童年失親的一名個案，但他不是唯一一個可憐蟲。受到這種將陰莖當作一個具象的存在，來解釋人與人之間所有影響的做法毒害最深的，或許就屬變性兒童了。一九七〇年，羅伯特・斯托勒（Robert J. Stoller）是加州大學洛杉磯分校的「性別認同專家」。這位所謂的專家在《英國醫學心理學期刊》（*British Journal of Medical Psychology*）上發表了一篇理應遭到撤銷的論文，題為〈變性的男孩：母親的女性化陰莖〉（The Transsexual Boy: Mother's Feminized Phallus）[14]。如同所有類似的敘述，文中隻字未提這些男孩的父親們，除了其中一個孩子的案例——是的，他的父親死了。

斯托勒主張，他在那篇（低劣）文章中描述的孩子都「動過變性手術」，因為他們的母親打從生產後就企圖將他們變得有男子氣概。文中基於各種原因毫不留情地指責其中三位母親，譬如她們的「女性特質中揉雜了強烈的陽剛氣質」，因此生出的孩子也散發著類似的特質，彷彿「介於男性與女性之間」。

其中一位母親不小心向斯托勒透露，自己終其一生都「想當男生」（我們這些被排除在男性宇宙以外的人，哪一個不這麼希望？），到了青春期，她更因為遭到男生排擠而難過不已。另一位人母則表示，自己的母親不准她跟男孩一塊兒玩球，還說「那是我人生中最喜歡做的事」。當然了，這樣的經歷也被解讀為是她促使孩子成為「變性人」的原因。

顯而易見地，佛洛伊德學派從性別角度看待任何的人際互動。一位母親替孩子塗抹嬰兒油，就是把孩子當成了陰莖，在幫它抹上潤滑劑；婦女們跟自己的孩子有肌膚之親，同樣也是一種病態的表現。斯托勒對這種舉動不以為然，指那就像小袋鼠窩在袋鼠媽媽的育兒袋裡一樣，殊不知，這個說法如今常用於鼓勵為人母者多多與孩子有身體上的接觸。老天寬恕，還有一位母親照顧寶寶時，經常坐在地上把孩子放在雙腿之間，而這也被看作是陰莖羨妒的表現。「這些母親懷有強烈至極的陰莖羨妒情結。」斯托勒總結道，「她們促成了孩子變性的發展，以發洩對男人的憤怒與不滿，在這些小男孩身上，她們做了一直以來渴望對生命中其他男人所做的事。」

應該沒有任何人——不論生理或心理性別及社會背景為何——能倖免於這種無孔不入的可怕思想，而且，這些主張還是出自於那些應該發揮所長、幫助這個社會的學者們！

誰是罪魁禍首？

二〇一九年十月在烏克蘭舍夫琴科（Shevchenkovo）的某個夜晚，一位婦人與丈夫及一群朋友聚餐，飯後她向大家道別，走回離餐廳不遠的公寓。⑮快到家時，名為狄米崔・伊夫琴科（Dmitry Ivchenko）的二十五歲男子從後面一把抱住她、摀住她的嘴，並將她拖到草叢裡。十分鐘後，那位婦人的二十七歲丈夫也離開了餐廳。步行回家的途中，他聽到路邊草叢有奇怪的聲音，於是過去查看，結果發現自己的妻子疑似遭到伊夫琴科勒頸與強暴。

那位丈夫勃然大怒，狠狠揍了伊夫琴科一頓，接著拿出一把瑞士軍刀切斷了這名強暴嫌疑犯的陰莖。

在這個情況中，那位丈夫顯然不認為對方的陰莖是無害的。其實他一到現場，二話不說便認定那是傷害妻子的武器，即使那名強暴嫌疑犯據說也用了雙手掐住她的脖子，差點就害她喪命。那位丈夫在憤怒之中將矛頭全對準那個代表加害者本身及其有害男性特質的器官，並且一刀切斷。事後，他精神恍惚地走到鄰近的村莊，請朋友載他到警局自首。

案發現場附近的居民聽見婦人與伊夫琴科的尖叫聲連忙報警，救護人員到了之後，將伊夫琴科抬上擔架，送到醫院去，留下了身為被害者的那名婦人。婦人的母親向警方指控伊夫琴科強暴自己的女兒。新聞報導，這名強暴犯住進醫院，治療（與這些新聞）的重點大多放在他斷掉的陰莖如何接合。在一篇英語專題報導中，唯一提及被害婦人的一句話寫在文章的最後一行，指她需要接受「長期的心理治療」。⑯另外有好幾篇美國的全國性媒體在報導時對被害的那名婦人隻字未提。

似乎沒有人懷疑，伊夫琴科確實做了他遭到指控的兩件事。這名失業男子告訴警方，自己一週前被甩了，而犯案的那晚他喝了一公升的伏特加。村裡的一名女子表示，伊夫琴科在犯案前曾向她求歡，並威脅她不得反抗。她認為伊夫琴科的生殖器官被割斷是件好事，這樣他之後就不會再攻擊其他女性了。在此同時，新聞報導對這起案件的受害者輕描淡寫，只拍下她全身包得密不透風、把臉埋在派克大衣裡的畫面。順帶一提，那件派克大衣是醒目的粉紅色。

據報導指出，當局將有可能起訴伊夫琴科，如判有罪最高可處五年徒刑。然而，被害婦人的丈夫也將因為造成「嚴重人身傷害」而遭到起訴，事發後在家拘禁。如果他被判有罪，將面臨最高八年徒刑，關得比伊夫琴科還久。

據信，強暴並差點掐死一名女性的男人遭判的刑期，比為了保護配偶而切斷加害者生殖器官的男人還要輕。而這名強暴犯的陰莖——不是主導加害行為的雙手或頭腦——之所以遭到切除，是因為它象徵了這名強暴犯，而且是加害用的武器。

整起事件中，那位被害的婦女（理所當然地）默默無聞，（不公不義地）成了為微不足道的一小部分：民眾報警叫救護車來，是為了加害者而不是遭到摧殘的她，更不用說是她受到的生理傷害了；新聞報導在事後加上或主動刪除關於她的僅僅一行文字，而且描述的還是明顯可知的事實（她需要很長一段時間才能恢復心理健康）。毫無疑問地，若不是牽涉到陰莖，這則故事不會引起全球各地（或是我）的注意。

這起可怕事件和今日人類陰莖負面形象的所有因素有關。一名對女性不滿的男性傷害並幾乎殺害一個陌生人，另一名男性割斷他的陰莖，作為防衛與報復的肢體與象徵性行動。然而，當中唯一一個明顯犯下滔天大罪的人，卻面臨比對方還要輕的罪刑，還被救護車載去送醫，因為他失去生殖器官的事實比他對那位婦人造成的生理傷害更為重要。在外界看來，他失去生殖器官的**故事**，比他攻擊過的任何女性的故事都還要值得受到關注。這就好比遭判強暴未遂的史丹佛大學學生布洛克．透納（Brock Turner）的父母，一點都不覺得兒子對他人造成的傷害令人震驚，反而對於兒子及他們本身在這起事件中遭受的傷害感到悲痛與遺憾。

儘管如此，沒有人認清這些遭到誤導的焦點是多麼扭曲，沒有人看到整起事件中，那位受害的婦女、保護妻子的男人與加害者本身，全都成了加害者陰莖的配角，就因為它是造成傷害的武器、是那名強暴犯的象徵，還有因為它需要動手術重新接合。新聞如此報導，那名強暴犯「需要接受長期治療」，而治療的對象不是他的心理健康，而是他的生殖器官。

陰莖的處境

廣泛的全球文化正處於飽受陰莖毒害的巔峰（但願如此）。有鑑於那些位高權重、照理說應該要能克制自身衝動的男性，不是任意利用生殖器官來脅迫其他弱勢者，就是把這個器官當作犯罪工具，在此情況下，陰莖成了「眾所矚目的焦點」，被視為所有從事性犯罪的男性——

及他們的腦袋——的象徵。如同前述烏克蘭的那起強暴事件，吸引眾人目光的，是陰莖，而不是受害者及這些男性的齷齪行為。原因在於文化上，人們認為陰莖象徵那些男性與其可恥行為，同時仍然不信任那些受害對象，或者忽視他們的存在。

除此之外，說到陰莖與人們對這個器官的期待，我們依然擺錯了重點。身為三個男孩的母親，我希望他們能得到的最好禮物是，不管在心理或其他面向，都能健全發展，成為快樂又堅強的大人。因此，當我看到一本主流男性雜誌（我一直都有與這本刊物合作其他主題的文章）在二〇一九年刊出了一系列以「美國人的陰莖所處的情勢！」（The State of the American Penis!）為題的文章時[17]，甚感欣慰。但是，當中的內容讓人失望透頂。文中先是假設所有具有陰莖的人都是男性，都具有X與Y染色體，以及所有女性都不具有陰莖，接下來討論的重點全是陰莖的尺寸、功能與勃起方面的問題。

雖然我完全可以理解，在當代的社會環境下，這些因素為何是擁有陰莖的廣大族群所關心的重點，但這些資訊已是陳年舊聞。此外，文中也沒有我期待看到的，那些針對大眾如何看待、對待與談論陰莖的深入分析。這樣的訊息及先入為主的看法，嚴重影響了那些有陰莖的人們的自我觀感，導致他們過度聚焦於這個器官，進而危害健康與人際關係。

在網路論壇上討論這類議題的男性們，更是三句不離陰莖增大的方法，他們嘗試各種危險的「陰莖增大增長術」（jelqing）[46]、購買陰莖增大工具組、注射體液，還在陰莖上吊掛物品以增加長度。[18]為了寫作本書，我在Google設了接收通知，任何包含「陰莖」二字的新聞都不放過。絕大多數的文章都是關於當事人試圖改變陰莖的外觀（向來都為了追求長度）而受傷的內容。許多這些故事之所以登上新聞版面，是因為陰莖遭受嚴重損傷，在某些案例中甚至完全失能。

為什麼陰莖的長短如此重要，讓人甘冒受傷的危險也要大膽一試？這是因為，社會向這些人傳達了訊息，讓他們以為這個器官代表了他們的一切，以為如果陰莖未能達到一定的尺寸，就無法得到愛慕對象的青睞。現在是時候改變這種訊息，轉移陰莖占據的焦點了。

這個器官從守護生命與貢獻生命的象徵，轉變為男子氣概——男人們永遠都無法停止追求，而且受到女人所欽羨的特質——的具象與其唯一的衡量標準。這正是美國人的陰莖所處的狀態，也是人類陰莖在全球社會中的普遍處境。如果那些以評估陰莖處境為賣點的文章都能提供有建樹的觀點，該有多好。

大腦與陰莖的關聯

伊夫琴科被控傷害罪，據報犯案動機是他不只遭到女友分手，還遭到其他至少一名女性的拒絕。對於那些成年女性的自主決定，他的回應是將理智拋諸腦後、用酒精麻痺自己，然後順從最原始、憤怒與仇恨的本能隨機襲擊與性侵一個女人。如此一來，他不只麻痺，也背離了自己的人性。

人的大腦就像一棟有多個房間的大廈，下方是一幢單戶住宅，最底下則是散發霉味的地下室，大腦發出的各種訊息，會經由這一層層的結構傳遞到褲襠裡的陰莖。從外界鋪天蓋地而來的急迫指令，使一切變得複雜而混亂。其中有許多指令會放大來自地下室未經過濾的訊息。

在我們還是學步幼兒時，不懂得過濾大腦立下的規定。我們依照直覺行動，不會再三思索。我們不與別人分享，生氣時亂丟東西，被大人告誡不能把起司片放在狗狗頭上時，就坐在地上耍賴哭鬧。然而隨著時間流逝，我們的心智會成長，逐漸擁有大人的成熟思想。大腦的最上層——有多個房間的大廈——逐漸發展成形，建立起溝通的路徑，供我們過濾來自地下室的訊息。一些經過篩選的訊息指示我們：「坐在地上耍賴哭鬧！一定要把起司片放到狗的頭上！」如果不理會這些訊息，我們就不會無理取鬧，也不會堅持把起司片放到狗的頭上。長大後，我們過濾出的訊息是，「把自己的露鳥照寄給別人！」[47]只不過，多數人都會按捺這個念頭，改而寄送臉部的自拍照。

除了培養衝動控制的能力之外，發育中的大腦通常也會發展執行能力，也就是負責組織與規畫的心智助手。它會讓我們知道，何時該從烤箱拿出麵包，以及洗頭時要先沖濕頭髮再倒洗髮精。執行能力的欠缺，是還在牙牙學步的小孩無法開車的原因之一。這種能力也引導我們學會一項又一項的社交禮儀，知道該如何追求與贏得心儀對象的芳心。我們根據自己篩濾後的訊

47 這牽涉了透過各種方式手動增加陰莖的長度，譬如用拇指與食指比出一個圈包圍陰莖，然後上下滑動。這個動作聽起來像是自慰，只是動機完全不是這麼一回事。

48 這種行為與自戀傾向密不可分，相信大家對此應該都不意外（Oswald et al. 2019）。

息來遵守規範，而不是自我的身分認同。我們利用它們來接收與回應他人的「拒絕」訊息。

缺乏成熟的衝動控制能力與執行能力的人，具有雙重的缺陷：他們不懂得濾除不良的內在訊息，不知道如何建立戀愛關係。如果內心的聲音告訴他們，這個世界虧欠了他們，就如伊夫琴科那樣，便會使這些人成為社會的毒瘤。他們會向他人傳送露鳥照，用酒精等物質麻痺認知能力，並且完全失去自制力，直接跳過培養親密感的步驟，像學步幼兒般蠻橫搶奪想要的東西，只是這一次，對象是一個人。此外，當現實情況不同於社會的有害訊息所述，他們也會感到憤怒與困惑。而且有時候，他們確實也失去了陰莖。

以大自然為鑑的謬誤會加深這些有害的承諾。那些鼓吹這種說法的人主張，自然界支持男性握有主導地位與支配權，而方式往往是透過陰莖。他們總是引述從其他動物身上刻意挑選的例子，來佐證自己盼望能夠實現的陰莖寓言。他們會發表有關「女性想要什麼」與「男性可以察覺到女性想要什麼，即使她們沒說出來」的研究。他們狡黠地將男性貶為陰莖（真像佛洛伊德的風格！），將女性貶為陰莖的接受器官。有些男性深信這個世界歸欠他們，相信憤怒是男子氣概的表現，而將自己的怒氣發洩在無辜的人身上。

未預設立場地挖掘科學證據（包含方法論也是），是人類在混亂中試圖求真的作為。當然，一旦有了主觀觀點的介入，就沒有研究是「純粹的」。人的偏見會玷汙每一步過程。我們提出了什麼樣的問題，就透露了我們抱持什麼樣的偏見，例如，「脫衣舞孃會在表演時向顧客洩漏發情的線索嗎？」或「女人們希望成為陰莖嗎？」而我們對於這些問題的答案與對於答案的看法也是如此。人類的文化與權力架構影響了我們對待陰莖的方式（先是吹捧陰莖有多偉大，再譴責那些擁有陰莖的人只會用下半身思考），也塑造了我們提出的科學問題與引用的答案。儘管如此，我們都擁有做出改變的力量。

如本書所示，強大的演化壓力意味著生殖器官會急遽演變，造成一方的構造錯綜複雜、形態多變，另一方的構造堅若磐石且迂迴曲折。人類的生殖器官則不見這些選汰壓力的跡象。在整體龐大的動物生殖系統中，人類的生殖器官落在這種複雜而不斷變化的光譜中「不專精、有些彈性、且一般般的」末端。幾乎沒有證據顯示，它們具有性別間的拮抗特質，而這代表明顯存在於人類社會中的性對立，源自於人的大腦，而不是生殖器官。

本書首先探討陰莖的本位角度，接著從整體脈絡看待生殖器官在性行為中所扮演的角色，介紹各種動物用來建立親密感與進行性互動的奇妙插入器，樣式五花八門。就物種而言，我認為其中最不可思議的形式是人類的心靈。這是一種關於性的器官，與陰莖不同的是，它不是我們的替身，而是我們的本體。我們應該將人類心智視為性行為當中最基本的要素，花更多心力去思考如何明智且妥善地運用它來達到與性相關的這些目的。

鳴謝

寫作本書的過程充滿了意外的驚喜，我也要對許多人、地方及事物致上由衷謝意。我先從地方說起，最重要的留在後面。為了探尋生殖器官的相關知識，我很開心能到幾個國家與美國各地一遊，那可說是最值得投入時間的美好經歷了。除了不計其數的生殖器官之外，我還想感謝那些提供筆的旅館與飯店，讓我在搭火車、飛機、汽車與客輪時能夠蒐集素材與做筆記。我也要謝謝美德公司（Mead），也就是我用各種顏色的筆寫滿整整十本的耐用作文筆記本的製造商。這裡必須提到我家的兩樣東西。第一樣是繡有幾隻貓頭鷹圖案的抱枕，那是我外婆數年前親手做的，枕頭的一角還縫上了她的名字。她在我為本書到國外進行研究的期間去世了，從那之後，我走到哪兒都帶著這顆抱枕，以享受寫作時有貓頭鷹注視著我的寧靜感。另一樣東西也是手做的：我的小兒子喬治（George）上小學時自己用木頭做的小彈弓。它歷經幾次災難斷得亂七八糟，現在已經不太能射東西，但很適合當作筆記本的立架，方便我謄寫裡面的內容。

說到孩子，我的三個兒子與我的先生實在偉大，他們溫和包容（多數時候是如此）我閱讀生殖器官相關文獻時的戲劇性反應，還有我無法克制不說的許多雙關語笑話。深切感謝他們以各種方式表達對這本書的支持。另外，謝謝我的兄弟姐妹及他們的配偶總是給予堅定的支持，還有我的母親，她對中世紀文獻的淵博知識帶給我許多幫助。還有其他為數眾多的學者也在過程中對我慷慨相助。感謝派翠西亞・布倫南、馬蒂・科恩（Marty Cohn）、黛安・凱利、麥特・狄恩（Matt Dean）與傑森・鄧洛普，以及他們的實驗室團隊，這些人士總是不厭其煩地與我討論奇特的（非人動物）生殖器官，並且讓我得以一窺它們的真面目。謝謝一些學者與敏銳的讀者不吝花時間為本書提供反饋與資訊（以下名字無特定排序）：安斯利・希格（Ainsley Seago）、艾琳・巴爾博（Erin Barbeau）、凱爾西・路易斯（Kelsey Lewis）、史蒂夫・菲爾普斯（Steve Phelps）、漢斯・林達爾（Hans Lindahl）、愛利森・芬萊、克莉絲汀・赫利威爾、羅斯・布倫德爾（Ross Brendle）、約格・溫德里希、澤恩・福克斯（Zen Faulkes）、瑪蒂爾達・布林德爾（Matilda Brindle）與凱瑟琳・史考特（Catherine Scott）。如果本書有任何不足或缺失，都是我的責任，與他們無關。此外，由衷感謝我的出版團隊，一路上他們與我並肩努力，協助審閱章節、提出建議，而且總在必要時與我相約線上喝酒聊天，幫助我找回寫作的動力。我也想感謝威廉・埃伯哈德與瑪莉亞・費爾南達・卡多索撥空回覆我在寫作時產生的疑問。在此也必須提及那些費心拍攝動物交配過程的人們與數百篇研究的作者，謝謝他們給了我寶貴的參考資源。最後，鄭重感謝傑出不凡的經紀人艾瑪・帕瑞（Emma Parry），謝謝她十足的耐心、出眾的工作能力與通情達理的智慧；還有艾弗瑞出版集團（Avery Publishing Group）的編輯卡洛琳・薩頓（Caroline Sutton），謝謝她在這段期間對我的百般寬容。

註腳

第 1 章　陽具本位主義：渣男與扭曲的演化心理學研究

1. Menand 2002.
2. Tinklepaugh 1933.
3. Nadler 2008.
4. Lamuseau et al. 2019.
5. G.Miller et al. 2007.
6. Reviewed in Gonzales and Ferrer 2016.
7. Dixson 2013.
8. Wiber 1997.
9. Gifford-Gonzalez 1993.
10. Frederick et al. 2018.
11. Costa et al. 2012.
12. Prause et al. 2015.
13. Herbenick et al. 2014.
14. Shaeer et al. 2012.
15. Armstrong et al. 2012.
16. Pedreira et al. 2001.
17. Dixson 2013.
18. Varki and Gagneux 2017.

第 2 章　為什麼會有陰莖這種東西？

1. Ross 2018.
2. Dunlop et al. 2016.

3. Siveter et al. 2003.
4. Matzke-Karasz et al. 2014.
5. Suga 1963.
6. Song 2006.
7. Sanger et al. 2015.
8. Ramm et al. 2015.
9. Hodgson 2010.
10. Valdés et al. 2010.
11. Chase 2007b.
12. Valdés et al. 2010.
13. Brennan et al. 2008.
14. Herrera et al. 2015.
15. Herrera et al. 2013.
16. Herrera et al. 2015.
17. Klaczko et al. 2015.
18. Schilthuizen 2014.
19. Hosken et al. 2018.
20. Rowe and Arnqvist 2012.
21. Hosken et al. 2018.
22. Simmons and Firman 2014.
23. Larkins and Cohn 2015.
24. Gredler 2016.

第 3 章　陰莖由什麼構成？答案比你想的還複雜，也可能不是你想的那樣

1. Bondeson 1999.
2. Todd n.d.
3. Krivatsky 1968.
4. Cunningham 2010.

5. Norman n.d.
6. Kelly and Moore 2016.
7. Tanabe and Sota 2008.
8. Austin 1984.
9. Hosken et al. 2018.
10. Lehmann et al. 2017.
11. Macias-Ordóñez 2010.
12. Huber and Nuñeza 2015.
13. Eberhard and Huber 2010.
14. Houck and Verrell 2010.
15. Gower and Wilkinson 2002.
16. Rowe et al. 2008.
17. Winterbottom et al. 1999.
18. Austin 1984.
19. Hoch et al. 2016.
20. Hoch et al. 2016.
21. Gredler 2016.
22. Brennan 2016a.
23. Lonfat et al. 2014.
24. Infante et al. 2015.
25. Cormier and Jones 2015.
26. Dixson 2013; Larivière and Ferguson 2002
27. Fitzpatrick et al. 2012; Larivière and Ferguson 2002.
28. Ramm 2007; Hosken 2001.
29. Miller et al. 1999; Miller and Burton 2001; Tasikas et al. 2009; Lüpold et al. 2004; Ramme 2010; Schulte-Hostedde et al. 2011.
30. Gredler 2016.
31. Dixson 2013.

32. Badri and Ramsey 2019.
33. McLean et al. 2011.
34. Dixson 2013.
35. McLean et al. 2011.
36. Gibbons 2019.

第 4 章　陰莖的一百種用途

1. Cordero-Rivera 2016a.
2. Lange et al. 2014.
3. Ramm et al. 2015.
4. Crane 2018.
5. Eberhard 1985.
6. Gack and Peschke 1994.
7. Burns et al. 2015.
8. VanHaren et al. 2017.
9. T. Jones 1871.
10. B.Sinclair et al. 2013.
11. Bailey and Zuk 2009.
12. Monk et al. 2019.
13. Bailey and Zuk 2009.
14. Bailey and Zuk 2009.
15. Lehmann and Lehmann 2016.
16. Kahn et al. 2018.
17. Kahn et al. 2018.
18. Eisner et al. 1996b.
19. Eisner et al. 1996b.
20. Eisner et al. 1996b.
21. Uhl and Maelfait 2008.

22. Eberhard et al. 2018.
23. Eberhard 1985.
24. Eberhard et al. 2018.
25. Amcoff 2013.
26. Kolm et al. 2012.
27. Haase and Karlsson 2004.
28. Eberhard 2010.
29. Eberhard 1985.
30. Arikawa et al. 1980.
31. Arikawa and Takagi 2001.

第 5 章　女性的控制

1. Brennan et al. 2008.
2. Eberhard 2010.
3. Austin 1984.
4. Briceño and Eberhard 2015.
5. Briceño and Eberhard 2015.
6. Pearce 2000.
7. Briceño et al. 2007.
8. Briceño and Eberhard 2009b.
9. Briceño and Eberhard 2009b.
10. Briceño and Eberhard 2015.
11. Frazee and Masly 2015.
12. Cocks and Eady 2018.
13. Retief et al. 2013.
14. Dougherty and Shuker 2016.
15. Eady et al. 2006.
16. Hotzy et al. 2012.
17. Dougherty et al. 2017.

18. Eberhard and Huber 2010.
19. Friesen et al. 2014.
20. King et al. 2009.
21. Orbach et al. 2017.
22. Orbach et al. 2017.
23. Orbach et al. 2019.
24. Orbach et al. 2018.
25. Brennan 2016b.
26. Hosken et al. 2018.
27. Eberhard 1985.
28. Hernández et al. 2018.
29. Aisenberg et al. 2015.
30. Fritzsche and Arnqvist 2013.
31. Green and Madjidian 2011.
32. Ah-King et al. 2014.
33. Langerhans et al. 2016.
34. Brennan et al. 2014.
35. Evans et al. 2019.
36. Aldersley and Cator 2019.

第 6 章　誰的老二比你還大根？

1. Pycraft 1914.
2. Gibbens 2017.
3. Quotedin Hoch et al. 2016.
4. Castilla 2009. hre.
5. Hoch et al. 2016.
6. Hoch et al. 2016.
7. Adams1898.

8. Leboeuf 1972.
9. Cox and LeBoeuf 1977.
10. Dines et al. 2015.
11. Dixson 1995.
12. Dines et al. 2014.
13. Dines et al. 2014.
14. Brownell and Ralls 1986.
15. Herbenick et al. 2014.
16. Shah and Christopher 2002.
17. Quoted in Moreno Soldevila et al. 2019.

第 7 章　個頭雖小，卻有如利劍

1. Chatel 2019.
2. Humphries 1967.
3. Golding et al. 2008.
4. Cardoso 2012.
5. Van Haren 2016.
6. Huber and Nuñeza 2015.
7. Holwell and Herberstein 2010.
8. Holwell et al. 2015.
9. Naylor et al. 2007.
10. Woolley and Webb 1977.
11. Woolley et al. 2015.
12. Eberhard and Huber 2010.
13. Fowler-Finn et al. 2014.
14. Huber and Nuñeza 2015.
15. Schärer et al. 2004.
16. Lange et al. 2013.

17. Lange et al. 2014.
18. Austin 1984.
19. Bauer 1986.
20. Waiho et al. 2015.
21. Finn 2013.
22. Austin 1984.
23. Reise and Hutchinson 2002.
24. Kawaguchi et al. 2011.
25. Sekizawa et al. 2013.
26. Dytham et al. 1996.
27. Eberhard and Huber 2010.
28. Knoflach and vanHarten 2000.

第 8 章　從沒有陰莖到模稜兩可的生殖器官

1. Marks 2009.
2. Marks 2009.
3. M. Jones and Cree 2012.
4. Sanger et al. 2015.
5. Cheng and Burns 1988.
6. Gans et al. 1984.
7. Hopkin 1997.
8. Kozlowski and Aoxiang 2006.
9. Stam et al. 2002.
10. Eberhard 1985.
11. Tait and Norman 2001.
12. Walker et al. 2006.
13. LeMoult 2019.
14. Czarnetzki and Tebbe 2004.

15. Faddeeva-Vakhrusheva et al. 2017.
16. Ma et al. 2017.
17. Zacks 1994.
18. Rubenstein et al. 2003.
19. Brennan 2016a.
20. Austin 1984.
21. Eberhard 1985.
22. Eberhard 1985.
23. Van Look et al. 2007.
24. Klimov and Sidorchuk 2011.
25. Jolivet 2005.
26. Jolivet 2005.
27. Whiteley et al. 2017.
28. Whiteley et al. 2018.
29. Martínez-Torres et al. 2015
30. Whiteley et al. 2018.
31. McIntyre 1996.
32. Rubenstein et al. 2003; A.Sinclair 2014.
33. Cattet 1988.
34. Hosken et al. 2018; Yoshizawa et al. 2018.
35. Newitz 2014.
36. Stern 2014.
37. Gautier and Cabral, 1992.
38. Knapton 2015.
39. Imperato-McGinley et al. 1974.
40. Bosson et al. 2018.
41. Imperato-McGinley et al. 1991.
42. al-Attia 1997.

第 9 章 陰莖的崛起與衰落

1. Hafsteinsson 2014.
2. Cormier and Jones 2015.
3. Helliwell 2000 hne，及作者與克莉絲汀・赫利威爾的私人通信。
4. Aristophanes, *The Clouds*.
5. Hay 2019.
6. Plutarch 1924.
7. Phelpstead 2007.
8. Mattelaer 2010.
9. M. Smith 2009.
10. M. Smith 2009.
11. Mattelaer 2010.
12. Saul 1959.
13. Shevin 1963.
14. Stoller 1970.
15. J. Miller 2019.
16. Panashchuk 2019.
17. Dukoff 2019.
18. Rogers 2019.

參考資料

Abella, Juan Manuel, Alberto Valenciano, Alejandro Pérez-Ramos, Plinio Montoya, and Jorge Morales. 2013. "On the Socio-Sexual Behaviour of the Extinct Ursid Indarctos arctoides: An Approach Based on Its Baculum Size and Morphology." *PLoS ONE* 8 (9): e73711. https://doi.org/10.1371/journal.pone.0073711.

Adams, Lionel E. 1898. "Observations on the Pairing of *Limax maximus." Journal of Conchology* 9: 92–95.

Adebayo, A. O., A. K. Akinloye, S. A. Olurode, E. O Anise, and B. O. Oke. 2011. "The Structure of the Penis with the Associated Baculum in the Male Greater Cane Rat (*Thryonomys swinderianus*)." *Folia Morphologica* 70 (3): 197–203. https://pdfs.semanticscholar.org/ bc50/62c392cbb01008fc8fdb1ac5c7159d966293.pdf.

Ah-King, Malin, Andrew B. Barron, and Marie E. Herberstein. 2014. "Genital Evolution—Why Are Females Still Understudied?" *PLoS Biology* 12 (5): e1001851. https://doi.org/10.1371/journal.pbio.1001851.

Aisenberg, Anita, Gilbert Barrantes, and William G. Eberhard. 2015. "Hairy Kisses: Tactile Cheliceral Courtship Affects Female Mating Decisions in *Leucauge mariana* (Araneae, Tetragnathidae)." *Behavioral Ecology and Socio-biology* 69: 313–23. https://doi.org/10.1007/s00265-014-1844-2.

al-Attia, H. M. 1997. "Male Pseudohermaphroditism Due to 5 Alpha-reductase-2 Deficiency in an Arab Kindred." *Postgraduate Medical Journal* 73 (866): 802–07. https://doi.org/10.1136/pgmj.73.866.802.

Aldersley, Andrew, and Lauren J. Cator. 2019. "Female Resistance and Harmonic Convergence Influence Male Mating Success in *Aedes aegypti." Scientific Reports* 9: 2145. https://doi.org/10.1038/s41598-019-38599-3.

Aldhous, Peter. 2019. "How Jeffrey Epstein Bought His Way into an Extensive

Intellectual Boys Club." BuzzFeed News. September 26, 2019. https://www.buzzfeednews.com/article/peteraldhous/jeffrey-epstein-john-brockman-edge-foundation/.

Amcoff, Mirjam. 2013. "Fishing for Females: Sensory Exploitation in the Swordtail Characin." PhD diss., Uppsala University.

Anderson, Matthew J. 2000. "Penile Morphology and Classification of Bush Babies (Subfamily Galagoninae)." *International Journal of Primatology* 21: 815–36. https://doi.org/10.1023/A:1005542609002.

Anderson, Sarah L., Barbara J. Parker, and Cheryl M. Bourguignon. 2008. "Changes in Genital Injury Patterns over Time in Women After Consensual Intercourse." *Journal of Forensic and Legal Medicine* 15 (5): 306–11. https://doi.org/ 10.1016/j.jflm.2007.12.007.

Andonov, Kostadin, Nikolay Natchev, Yurii V. Kornilev, and Nikolay Tzankov. 2017. "Does Sexual Selection Influence Ornamentation of Hemipenes in Old World Snakes?" *Anatomical Record* 300 (9): 1680–94. https://doi.org/10.1002/ar.23622.

André, Gonçalo I., Renée C. Firman, and Leigh W. Simmons. 2018. "Phenotypic Plasticity in Genitalia: Baculum Shape Responds to Sperm Competition Risk in House Mice." *Proceedings of the Royal Society B: Biological Sciences* 285 (1882): 20181086. https://doi.org/10.1098/rspb.2018.1086.

Andrew, R. J., and D. B. Tembhare. 1993. "Functional Anato y of the Secondary Copulatory Apparatus of the Male Dragonfly *Tramea virginia* (Odonata: Anisoptera)." *Journal of Morphology* 218 (1): 99–106. https://doi.org/10.1002/jmor.1052180108.

Arikawa, Kentaro, E. Eguchi, A. Yoshida, and K. Aoki. 1980. "Multiple Extraocular Photoreceptive Areas on Genitalia of Butterfly, Papilio xuthus." Nature 288: 700–02. https://doi.org/10.1038/288700a0.

——— and Nobuhiro Takagi. 2001. "Genital Photoreceptors Have Crucial Role in Oviposition in Japanese Yellow Swallowtail Butterfly, *Papilio xuthus.*" *Zoo-logical Science* 18 (2): 175–79. https://doi.org/ 10.2108/zsj.18.175.

Armstrong, Elizabeth A., Paula England, and Alison C. K. Fogarty. 2012.

"Accounting for Women's Orgasm and Sexual Enjoyment in College Hookups and Relationships." *American Sociological Review* 77 (3): 435–62. https://doi.org/10.1177/0003122412445802.

Aschwanden, Christie. 2019. "200 Researchers, 5 Hypotheses, No Consistent Answers." *Wired*, December 6, 2019. https://w w w.wired.com/story/200-researchers-5-hypotheses-no-consistent-answers.

Ashton, Sarah, Karalyn McDonald, and Maggie Kirkman. 2017. "Women's Experiences of Pornography: A Systematic Review of Research Using Qualitative Methods." *The Journal of Sex Research* 55 (3): 334–47. https://doi.org/10.1080/00224499.2017.1364337.

Austin, Colin R. 1984. "Evolution of the Copulatory Apparatus." *Italian Journal of Zoology* 51 (1–2): 249–69. https://doi.org/10.1080/11250008409439463.

Badri, Talel, and Michael L. Ramsey. 2019. *Papule, Pearly Penile*. Treasure Island, FL: StatPearls Publishing. https:// w w w.ncbi.nlm.nih.gov/ books/NBK442028.

Bailey, Nathan W., and Marlene Zuk. 2009. "Same-Sex Sexual Behavior and Evolution." *Trends in Ecology & Evolution* 24 (8): 439–46. https://doi.org/10.1016/j.tree.2009.03.014.

Baird, Julia. 2019. "Opinion: What I Know About Famous Men's Penises." *New York Times*, August 31, 2019. https://www.nytimes.com/2019/08/31/opinion/sunday/world-leaders-penises.html.

Baker, John R. 1925. "On Sex-Intergrade Pigs: Their Anatomy, Genetics, and Developmental Physiology." British Journal of Experimental Biology 2: 247–63. https://jeb.biologists.org/content/jexbio/2/2/247.full.pdf.

Bauer, Raymond T. 1986. "Phylogenetic Trends in Sperm Transfer and Storage Complexity in Decapod Crustaceans." *Journal of Crustacean Biology* 6 (3): 313–25. https://doi.org/10.1163/193724086X00181.

———. 2013. "Adaptive Modification of Appendages for Grooming (Cleaning, Antifouling) and Reproduction in the Crustacea." In *The Natur l History of the Crustacea*, edited by Les Watling and Martin Thiel. 337–75. Oxford: Oxford University Press. https://doi.org/10.1093/acprof:osobl/978019539

8038.003.0013.

Baumeister, Roy F. 2010. *Is There Anything Good About Men? How Cultures Flourish by Exploiting Men*. New York: Oxford University Press.

Beechey, Des. 2018. "Family Amphibolidae: Mangrove Mud Snails." The Seashells of New South Wales. https://seashellsofnsw.org.au/Amphibolidae/Pages/Amphibolidae_intro.htm.

Benedict, Mark Q., and Alan S. Robinson. 2003. "The First Releases of Transgenic Mosquitoes: An Argument for the Sterile Insect Technique." *Trends in Parasitology* 19 (8): 349–55. https://doi.org/10.1016/S1471-4922(03)00144-2.

Berger, David, Tao You, Maravillas R. Minano, Karl Grieshop, Martin I. Lind, Göran Arnqvist, and Alexei A. Maklakov. 2016. "Sexually Antagonistic Selection on Genetic Variation Underlying Both Male and Female Same-Sex Sexual Behavior." *BMC Evolutionary Biology* 16: 1–11. https://doi.rg/10.1186/s12862-016-0658-4.

Bertone, Matthew A., Misha Leong, Keith M. Bayless, Tara L. F. Malow, Robert R. Dunn, and Michelle D. Trautwein. 2016. "Arthropods of the Great Indoors: Characterizing Diversity Inside Urban and Suburban Homes." *PeerJ* 4: e1582. https://doi.org/10.7717/peerj.1582.

Bittel, Jason. 2018. "It's Praying Mantis Mating Season: Here's What You Need to Know." *National Geographic*, September 7, 2018. https://www.nationalgeographic.com/animals/2018/09/praying-mantis-mating-cannibalism-birds-bite-facts-news.html.

Bondeson, Jan. 1999. *A Cabinet of Medical Curiosities: A Compendium of the Odd, the Bizarre, and the Unexpected*. New York: W. W. Norton.

Bosson, Jennifer K., Joseph A. Vandello, and Camille E. Buckner. 2018. *The Pschology of Sex and Gender*. Thousand Oaks, CA: SAGE Publications.

Boyce, Greg R., Emile Gluck-Thaler, Jason C. Slot, Jason E. Stajich, William J. Davis, Tim Y. James, John R. Cooley, Daniel G. Panaccione, Jørgen Eilenberg, Henrik H. de Fine Licht, et al. 2019. "Psychoactive Plant-and Mushroom-Associated Alkaloids from Two Behavior Modifying Cicada

Pathogens." *Fun-gal Ecology* 41: 147–64. https://doi.org/10.1016/j.funeco.2019.06.002.

Brassey, Charlotte A., James D. Gardiner, and Andrew C. Kitchener. 2018. "Testing Hypotheses for the Function of the Carnivoran Baculum Using Finite-Element Analysis." *Proceedings of the Royal Society B: Biological Sciences* 285 (1887): pii: 20181473. https://doi.org/10.1098/rspb.2018.1473.

Brennan, Patricia L. R. 2016a. "Evolution: One Penis After All." *Current Biology*26 (1): R29–R31. https://doi.org/10.1016/j.cub.2015.11.024.

———. 2016b. "Studying Genital Coevolution to Understand Intromittent Organ Morphology." *Integrative and Comparative Biology* 56 (4): 669–81. https://doi.org/10.1093/icb/icw018.

———, Tim R. Birkhead, Kristof Zyskowski, Jessica van der Waag, and Richard O. Prum. 2008. "Independent Evolutionary Reductions of the Phallus in Basal Birds." *Journal of Avian Biology* 39 (5): 487–92. https://doi.org/10.1111/j.0908-8857.2008.04610.x.

———, Ryan Clark, and Douglas W. Mock. 2014. "Time to Step Up: Defending Basic Science and *Animal Behaviour*." Animal Behaviour 94: 101–05. https:// doi.org/10.1016/j.anbehav.2014.05.013.

———, Richard O. Prum, Kevin G. McCracken, Michael D. Sorenson, Robert E. Wilson, and Tim R. Birkhead. 2007. "Coevolution of Male and Female Genital Morphology in Waterfowl." *PLoS ONE* 2 (5): e418. https://doi.org/10.1371/journal.pone.0000418.

Bribiescas, Richard G. 2006. *Men: Evolutionary and Life History*. Cambridge, MA: Harvard University Press.

Briceño, R. Daniel, and William G. Eberhard. 2009a. "Experimental Demonstration of Possible Cryptic Female Choice on Male Tsetse Fly Genitalia." *Journal of Insect Physiology* 55 (11): 989–96. https://doi.org/10.1016/j.jinsphys.2009.07.001.

———, and William G. Eberhard. 2009b. "Experimental Modifications Imply a Stimulatory Function for Male Tsetse Fly Genitalia, Supporting Cryptic Female Choice Theory." *Journal of Evolutionary Biology* 22 (7): 1516–25.

https://doi.org/10.1111/j.1420-9101.2009.01761.x.

———, and William G. Eberhard. 2015. "Species-Specific Behavioral Differences in Tsetse Fly Genital Morphology and Probable Cryptic Female Choice." In *Cryptic Female Choice in Arthropods*, edited by Alfredo V. Peretti and Anita Eisenberg. Cham, Switzerland: Springer.

———, William G. Eberhard, and Alan S. Robinson. 2007. "Copulation Behaviour of *Glossina pallidipes* (Diptera: Muscidae) Outside and Inside the Female, with a Discussion of Genitalic Evolution." *Bulletin of Entomological Research* 97 (5): 471–88. https://doi.org/10.1017/S0007485307005214.

———, D. Węgrzynek, E. Chinea-Cano, William G. Eberhard, and Tomy dos Santos Rolo. 2010. "Movements and Morphology Under Sexual Selection: Tsetse Fly Genitalia." *Ethology, Ecology, & Evolution* 22 (4): 385–91. https:// doi.org/10.1080/03949370.2010.505581.

Brindle, Matilda, and Christopher Opie. 2016. "Postcopulatory Sexual Selection Influences Baculum Evolution in Primates and Carnivores." *Proceedings of the Royal Society: Biological Sciences* 283 (1844): 20161736. https://doi.org/10.1098/rspb.2016.1736.

Brownell, Robert L., Jr., and Katherine Ralls. 1986. "Potential for Sperm Competition in Baleen Whales." *Reports of the International Whaling Commission* Special Issue 8: 97–112.

Brownlee, Christen. 2004. "Biography of Juan Carlos Castilla." *Proceedings of the National Academy of Sciences of the United States of America* 101 (23): 8514–16. https://doi.org/10.1073/pnas.0403287101.

Burns, Mercedes, and Nobuo Tsurusaki. 2016. "Male Reproductive Morphology Across Latitudinal Clines and Under Long-Term Female Sex-Ratio Bias." *Integrative & Comparative Biology* 56 (4): 715–27. https://doi.org/10.1093/icb/icw017.

———, Marshal Hedin, and Jeffrey W. Shultz. 2013. "Comparative Analyses of Reproductive Structures in Harve tmen (Opiliones) Reveal Multiple Tran-sitions from Courtship to Precopulatory Antagonism." *PLoS ONE* 8 (6): e66767. https://doi.org/10.1371/journal.pone.0066767.

———, and Jeffrey W. Shultz. 2015. "Biomechanical Diversity of Mating Structures Among Harvestmen Species Is Consistent with a Spectrum of Precopulatory Strategies." *PLoS ONE* 10 (9): e0137181. https://doi.org/10.1371Cardoso, Maria Fernanda. 2012. "The Aesthetics of Reproductive Morpholo-gies." PhD diss., University of Sydney.

Castilla, Juan Carlos. 2009. "Darwin Taxonomist: Barnacles and Shell Burrowing Barnacles [Darwin taxónomo: cirrípedos y cirrípedos perforadores de conchas]." *Revista Chilena de Historia Natural* 82 (4): 477–83.

Cattet, Marc. 1988. "Abnormal Sexual Differentiation in Black Bears (*Ursus americanus*) and Brown Bears (*Ursus arctos*)." *Journal of Mammalogy* 69 (4): 849–52. https://doi.org/10.2307/1381646.

Chase, Ronald. 2007a. "The Function of Dart Shooting in Helicid Snails."*American Malacological Bulletin* 23 (1): 183–89. https://doi.org/10.4003/0740-2783-23.1.183.

———. 2007b. "Gastropod Reproductive Behavior." *Scholarpedia* 2 (9): 4125. https://doi.org/10.4249/scholarpedia.4125.

Chatel, Amanda. 2019. "The 17 Most Innovative Sex Toys of 2019." Bustle, De-cember 11, 2019. https:// w w w.bustle.com/p/the-17-most-innovative-sex-toys-of-2019-19438655.

Cheetham, Thomas Bigelow. 1987. "A Comparative Study of the Male Gentalia in the Pulicoidea (Siphonaptera)." *Retrospective Theses and Dissertations* 8518. https://lib.dr.iastate.edu/rtd/8518.

Cheng, Kimberly M., and Jeffrey T. Burns. 1988. "Dominance Relationship and Mating Behavior of Domestic Cocks: A Model to Study Mate-Guarding and Sperm Competition in Birds." *The Condor* 90 (3): 697–704. https://doi.org/10.2307/1368360.

Choulant, Ludwig. 1920. *History and Bibliography of Anatomic Illustration in Its Relation to Anatomic Science and the Graphic Arts* [Geschichte und Bibliographie der matomischen Abbildung nach ihrer Beziehung auf anato ische Wissenschaft und bildende Kunst]. Translated and edited with notes and a biography by Mortimer Frank. Chicago: University of Chicago Press.

Cockburn, W. 1728. *The Symptoms, Nature, Cause, and Cure of a Gonorrhoea*. 3rd ed. Internet Archive. https://archive.org/details/symptomsnatureca00cock/page/n4/mode/2up.

Cocks, Oliver T. M., and Paul E. Eady. 2018. "Microsurgical Manipulation Reveals Precopulatory Function of Key Genital Sclerites." *Journal of Experimental Biology* 221 (8): jeb.173427. https://doi.org/10.1242/jeb.173427.

Cordero, Carlos, and James S. Miller. 2012. "On the Evolution and Function of Caltrop Cornuti in Lepidoptera—Potentially Damaging Male Genital Structures Transferred to Females During Copulation." *Journal of Natural History* 46 (11–12): 701–15. https://doi.org/10.1080/00222933.2011.651638.

Cordero, Margarita. 2016. "A Serious Human Drama That Health Authorities Ignore [Un grave drama humano al que las autoridades de salud dan la espalda]. *Diar o Libre*, March 20, 2016. https:// w w w.diariolibre.com/actualidad/salud/un-grave-drama-humano-al-que-las-autoridades-de-salud-dan-la-espalda-EX3055457.

Cordero-Rivera, Adolfo. 2016a. "Demographics and Adult Activity of *Hemiphlebia mirabilis*: A Short-Lived Species with a Huge Population Size (Odo-nata: Hemiphlebiidae)." *Insect Conservation and Diversity* 9 (2): 108–17. https://doi.org/10.1111/icad.12147.

———. 2016b. "Sperm Removal During Copulation Confirmed in the Oldest Extant Damselfly, *Hemiphlebia mirabilis*." *PeerJ*: 4:e2077. https://doi.org/10.7717/peerj.2077.

———. 2017. "Sexual Conflict and the Evolution of Genitalia: Male Damselflies Remove More Sperm When Mating with a Heterospecific Female." *Scientific Reports* 7: 7844. https://doi.org/ 10.1038/s41598-017-08390-3.

———, and Alex Córdoba-Aguilar. 2010. "Selective Forces Propelling Genitalic Evolution in Odonata." In *The Evolution of Primary Sexual Characters in Animals*, edited by Janet L. Leonard and Alex Córdoba-Aguilar, 332–52. New York: Oxford University Press.

Cormier, Loretta A., and Sharyn R. Jones. 2015. *The Domesticated Penis: How Womanhood Has Shaped Manhood*. Tuscaloosa: University of Alabama

Press. Costa, Rui Miguel, Geoffrey F. Miller, and Stuart Brody. 2012. "Women Who Prefer Longer Penises Are More Likely to Have Vaginal Orgasms (but Not Clitoral Orgasms): Implications for an Evolutionary Theory of Vaginal Orgasm." *The Journal of Sexual Medicine* 9 (12): 3079–88. https://doi.org/10.1 11/j.1743-6109.2012.02917.x.

Cox, Cathleen R., and Burney J. Le Boeuf. 1977. "Female Incitation of Male Competition: A Mechanism in Sexual Selection." The American Naturalist 111 (978): 317–35. https://doi.org/10.1086/283163.

Crane, Brent. 2018. "Chasing the World's Most Endangered Turtle." *The New Yorker*, December 24, 2018. https://www.newyorker.com/science/elements/chasing-the-worlds-rarest-turtle.

Cree, Alison. 2014. *Tuatara: Biology and Conservation of a Venerable Survivor*. Christchurch, New Zealand: Canterbury University Press.

Cruz-Lucero, Rosario. 2006. "Judas and His Phallus: The Carnivalesque Narratives of Holy Week in Catholic Philippines." *History and Anthropology* 17 (1): 39–56. https://doi.org/10.1080/02757200500395568.

Cunningham, Andrew. 2010. *The Anatomist Anatomis'd: An Experimental Discipline in Enlightenment Europe*. Farnham, UK: Ashgate Publishing.

Czarnetzki, Alice B., and Christoph C. Tebbe. 2004. "Detection and Phylogenetic Analysis of *Wolbachia* in Collembola." *Environmental Microbiology* 6 (1): 35–44. https://doi.org/10.1046/j.1462-2920.2003.00537.x.

Darwin, Charles. 185 . *A Monograph on the Sub-class Cirripedia*. Vol. 1: *The Lepadidae; or, Pedunculated Cirripedes*.

———. 1854. *A Monograph on the Fossil Balanidœ and Verrucidœ of Great Britain*. London: Palæontographical Society.

De Waal, Frans. 2007. *Chimpanzee Politics: Power and Sex Among Apes*. Baltimore: Johns Hopkins University Press.

Dendy, Arthur. 1899. "Memoirs: Outlines of the Development of the Tuatara, Sphenodon (Hatteria) punctatus." *Journal of Cell Science* s2-42: 1–87.

Dines, James P., Sarah L. Mesnick, Katherine Ralls, Laura May-Collado, Ingi Agnarsson, and Matthew D. Dean. 2015. "A Trade-off Between Precopula-tory and Postcopulatory Trait Investment in Male Cetaceans." *Evolution* 69 (6): 1560–72. https://doi.org/10.1111/evo.12676.

———, Erik Otárola-Castillo, Peter Ralph, Jesse Alas, Timothy Daley, Andrew D. Smith, and Matthew D. Dean. 2014. "Sexual Selection Targets Cetacean Pelvic Bones." *Evolution* 68 (11): 3296–306. https://doi.org/10.1111/evo.12516.

Diogo, Rui, Julia L. Molnar, and Bernard Wood. 2017. "Bonobo Anatomy Reveals Stasis and Mosaicism in Chimpanzee Evolution, and Supports Bonobos as the Most Appropriate Extant Model for the Common Ancestor of Chimpanzees and Humans." *Scientific Reports* 7: 608. https://doi.org/10.1038/s41598-017-00548-3.

Dixson, A. F. 1983. "Observations on the Evolution and Behavioral Significance of 'Sexual Skin' in Female Primates." *Advances in the Study of Behavior* 13: 63–106. https://doi.org/10.1016/S0065-3454(08)60286-7.

———. 1995. "Baculum Length and Copulatory Behaviour in Carnivores and Pinnipeds (Grand Order Ferae)." *Journal of Zoology* 235 (1): 67–76. https://doi.org/10.1111/j.1469-7998.1995.tb05128.x.

———. 2012. *Primate Sexuality: Comparative Studies of the Prosimians, Monkeys, Apes, and Humans*. 2nd ed. New York: Oxford University Press.

———. 2013. *Sexual Selection and the Origin of Human Mating Systems*. New York: Oxford University Press.

Dougherty, Liam R., and David M. Shuker. 2016. "Variation in Pre-and Postcopulatory Sexual Selection on Male Genital Size in Two Species of Lygaeid Bug." *Behavioral Ecology and Sociobiology*/10.1007/s00265-016-2082-6. 70: 625–37. https://doi.org

———, Emile van Lieshout, Kathryn B. McNamara, Joe A. Moschilla, Göran Arnqvist, and Leigh W. Simmons. 2017. "Sexual Conflict and Correlated Evolution Between Male Persistence and Female Resistance Traits in the Seed Beetle *Callosobruchus maculatus." Proceedings of the Royal Society B: Biological Sciences* 284 (1855): 20170132. https://doi.org/10.1098/

rspb.2017.0132.

Dreisbach, Robert Rickert. 1957. "A New Species in the Genus *Arachnoproctonus* (Hymenoptera: Psammocharidae) with Photomicrographs of the Genitalia and Subgenital Plate." *Entomological News* 68 (3): 72–75.

Dukoff, Spencer. 2019. "The State of the American Penis." *Men's Health*, June 7, 2019. https://www.menshealth.com/ health/a27703087/the-state-of-the-american-penis.

Dunlop, Jason A., Lyall I. Anderson, Hans Kerp, and Hagen Hass. 2003. "Palaeontology: Preserved Organs of Devonian Harvestmen." *Nature* 425: 916. https://doi.org/10.1038/425916a.

———, Paul A. Selden, and Gonzalo Giribet. 2016. "Penis Morphology in a Burmese Amber Harvestman." *The Science of Nature* 103: 1–5. https://doi.org/10.1007/s00114-016-1337-4.

Dytham, Calvin, John Grahame, and Peter J. Mill. 1996."Synchronous Penis Shedding in the Rough Periwinkle, *Littorina arcana." Journal of the Marine Biological Association of the United Kingdom* 76 (2): 539–42. https://doi.org/10.1017/S0025315400030733.

Eady, Paul. 2010. "Postcopulatory Sexual Selection in the Coleoptera: Mechanisms and Consequences." In *The Evolution of Primary Sexual Characters in Animals*, edited by Janet L. Leonard and Alex Córdoba-Aguilar, 353–78. New York: Oxford University Press.

———, Leticia Hamilton, and Ruth E. Lyons. 2006. "Copulation, Genital Damage and Early Death in *Callosobruchus maculatus." Proceedings of the Royal Society B: Biological Sciences* 274 (1607): 247–52. https://doi.org/10.1098/rspb.2006.3710.

Eberhard, William G. 1985. *Sexual Selection and Animal Genitalia*. Cambridge, MA: Harvard University Press.

———. 2009. "Evolution of Genitalia: Theories, Evidence, and New Directions." *Genetica* 138: 5–18. https://doi.org/10.1007/s10709-009-9358-y.

———. 2010. "Rapid Divergent Evolution of Genitalia: Theory and Data Updated." In *The Evolution of Primary Sexual Characters in Animals*, edited by Janet L. Leonard and Alex Córdoba-Aguilar, 40–78. New York: Oxford University Press.

———. 2011. "Experiments with Genitalia: A Commentary." *Trends in Ecology & Evolution* 26 (1): 17–21. https://doi.org/10.1016/j.tree.2010.10.009.

———, and Bernhard A. Huber. 2010. "Spider Genitalia: Precise Maneuvers with a Numb Structure in a Complex Lock." In *The Evolution of Primary Sexual Characters in Animals*, edited by Janet L. Leonard and Alex Córdoba-Aguilar, 249–84. New York: Oxford University Press.

———, and Natalia Ramírez. 2004. "Functional Morphology of the Male Genitalia of Four Species of *Drosophila*: Failure to Confirm Both Lock and Key and Male-Female Conflict Predictions." *Annals of the Entomological Society of America* 97 (5): 1007–17. https://doi.org/10.1603/0013-8746(2004)097[1007:FMOTMG]2.0.CO;2.

———, Rafael Lucas Rodríguez, Bernhard A. Huber, Bretta Speck, Henry Miller, Bruno A. Buzatto, and Glauco Machado. 2018. "Sexual Selection and Static Allometry: The Importance of Function." *The Quarterly Review of Biology* 93 (3): 207–50. https://doi.org/10.1086/699410.

Eisner, T., S. R. Smedley, D. K. Young, M. Eisner, B. Roach, and J. Meinwald. 1996a. "Chemical Basis of Courtship in a Beetle (*Neopyrochroa flabellata*): Cantharidin as 'Nuptial Gift.'" *Proceedings of the National Academy of Sciences of the United States of America* 93 (13): 6499–503. https://doi.org/10.1073/pnas.93.13.6499.

———. 1996b. "Chemical Basis of Courtship in a Beetle (*Neopyrochroa flabellata*): Cantharidin as Precopulatory 'Enticing' Agent." *Proceedings of the National Academy of Sciences of the United States of America* 93 (13): 6494–98. https:// doi.org/10.1073/pnas.93.13.6494.

El Hasbani, Georges, Richard Assaker, Sutasinee Nithisoontorn, William Plath, Rehan Munit, and Talya Toledano. 2019. "Penile Ossification of the Entire Penile Shaft Found Incidentally on Pelvic X-Ray." *Urology Case Reports* 26: 100938. https://doi.org/10.1016/j.eucr.2019.100938.

Ellison, Peter T., ed. 2001. *Reproductive Ecology and Human Evolution*. New York: Aldine de Gruyter.

Emerling, Christopher A., and Stephanie Keep. 2015. "What Can We Learn About Our Limbs from the Limbless?" *Understanding Evolution*, November 2015. https://evolution.berkeley.edu/evolibrary/news/151105_limbless.

Engel, Katharina C., Lisa Männer, Manfred Ayasse, and Sandra Steiger. 2015. "Acceptance Threshold Theory Can Explain Occurrence of Homosexual Behaviour." *Biology Letters* 11 (1): 20140603. https://doi.org/10.1098/rsbl.2014.0603.

Eres, Ittai E., Kaixuan Luo, Chiaowen Joyce Hsiao, Lauren E. Blake, and Yoav Gilad. 2019. "Reorganization of 3D Genome Structure May Contribute to Gene Regulatory Evolution in Primates." *PLoS Genetics* 15 (7): e1008278. https://doi.org/10.1371/journal.pgen.1008278.

Evans, Benjamin R., Panayiota Kotsakiozi, André Luis Costa-da-Silva, Rafaella Sayuri Ioshino, Luiza Garziera, Michele C. Pedrosa, Aldo Malavasi, Jair F. Virginio, Margareth Lara Capurro, and Jeffrey R. Powell. 2019. "Transgenic *Aedes aegypti* Mosquitoes Transfer Genes int a Natural Population." *Scientific Reports* 9: 13047. https://doi.org/10.1038/s41598-019-49660-6.

Faddeeva-Vakhrusheva, Anna, Ken Kraaijeveld, Martijn F. L. Derks, Seyed Yahya Anvar, Valeria Agamenn ne, Wouter Suring, Andries A. Kampfraath, Jacintha Ellers, et al. 2017. "Coping with Living in the Soil: The Genome of the Parthenogenetic Springtail *Folsomia candida.*" *BMC Genomics* 18: 493. https://doi.org/10.1186/s12864-017-3852-x.

Finlay, Alison. 2020. "Volsa Pattur" translation. London: Birkbeck College. Finn, Julian. 2013. "Taxonomy and Biology of the Argonauts (Cephalopoda: Argonautidae) with Particular Reference to Australian Material." *Molluscan Research* 33 (3): 143–222. https://doi.org/10.1080/13235818.2013.824854.

———, and Mark D. Norman. 2010. "The Argonaut Shell: Gas-Mediated Buoyancy Control in a Pelagic Octopus." *Proceedings of the Royal Society B: Biological Sciences* 277 (1696): 2967–71. https://doi.org/10.1098/rspb.2010.0155.

Fitzpatrick, John L., Maria Almbro, Alejandro Gonzalez-Voyer, Niclas Kolm, and Leigh W. Simmons. 2012. "Male Contest Competition and the Coevolution of Weaponry and Testes In Pinnipeds." Evolution 66 (11): 3595–604.

Floyd, Kathy. 2019. "New Family of Spiders Found in Chihuahuan Desert." Texomas, July 18, 2019. https://w w w.texomashomepage.com/news/new-family-of-spiders-found-in-chihuahuan-desert.

Fooden, Jack. 1967. "Complementary Specialization of Male and Female Reproductive Structures in the Bear Macaque, *Macaca arctoides." Nature* 214: 939–41. https://doi.org/10.1038/214939b0.

Fowler-Finn, Kasey D., Emilia Triana, and Owen G. Miller. 2014. "Mating in the Harvestman *Leiobunum vittatum* (Arachnida: Opiliones): From Premating Struggles to Solicitous Tactile Engagement." *Behaviour* 151 (12–13): 1663–86. https://doi.org/10.1163/1568539X-00003209.

Frazee, Stephen R., and John P. Masly. 2015. "Multiple Sexual Selection Pressures Drive the Rapid Evolution of Complex Morphology in a Male Secondary Genital Structure." *Ecology and Evolution* 5 (19): 4437–50. https://doi.org/10.1002/ece3.1721.

Frederick, David A., H. Kate St. John, Justin R. Garcia, and Elisabeth A. Lloyd. 2018. "Differences in Orgasm Frequency Among Gay, Lesbian, Bisexual, and Heterosexual Men and Women in a U.S. National Sample." *Archive of Sexual Behavior* 47: 273–88. https://doi.org/10.1007/s10508-017-0939-z.

Friedman, David M. 2001. *A Mind of Its Own*. New York: Free Press.

Friesen, C. R., E. J. Uhrig, R. T. Mason, and P. L. R. Brennan. 2016. "Female Behaviour and the Interaction of Male and Female Genital Traits Mediate Sperm Transfer During Mating." *Journal of Evolutionary Biology* 29 (5): 952– 64. https://doi.org/10.1111/jeb.12836.

———, Emily J. Uhrig, Mattie K. Squire, Robert T. Mason, and Patricia L. R. Brennan. 2014. "Sexual Conflict over Mating in Red-Sided Garter Snakes (*Thamnophis sirtalis*) as Indicated by Experimental Manipulation of Genita-lia." *Proceedings of the Royal Society B: Biological Sciences* 281 (1774): 20132694. https://doi.org/10.1098/rsp.2013.2694.

Fritzsche, Karoline, and Göran Arnqvist. 2013. "Homage to Bateman: Sex Roles Predict Sex Differences in Sexual Selection." *Evolution* 67 (7): 1926–36. https://doi.org/10.1111/evo.12086.

Gack, C., and K. Peschke. 1994. "Spernathecal Morphology, Sperm Transfer and a Novel Mechanism of Sperm Displacement in the Rove Beetle, *Aleochara curtula* (Coleoptera, Staphylinidae)." *Zoomorphology* 114: 227–37. https://doi.org/10.1007/BF00416861.

Gammon, Katharine. 2019. "The Human Cost of Amber." *The Atlantic*, August 2, 2019. https://www.theatlantic.com/science/archive/2019/08/amber-fossil-supply-chain-has-dark-human-cost/594601.

Gans, Carl, James C. Gillingham, and David L. Clark. 1984. "Courtship, Mat-ing and Male Combat in Tuatara, *Sphenodon punctatus*." *Journal of Herpetology* 18 (2): 194–97. https://doi.org/10.2307/1563749.

Gautier Abreu, Teofilo. 1992. "Obstacles to Medical Research in the Country. Application to Teaching and Practice of the Findings of an Investigation of Cases of Pseudohermaphroditism in Salina, Barahon Province, Dominican Republic [in Spanish]. *Acta Médica Dominicana* January/February: 38–9.

Ghiselin, Michael T. 1969. "The Evolution of Hermaphroditism Among Animals." *The Quarterly Review of Biology* 44 (2): 189–208. https://doi.org/10.1086/406066.

Gibbens, Sarah. 2017. "Watch the Elaborate Courtship of Three Gray Whales." National Geographic, February 10, 2017. Video, 1:05. https://www.nationalgeographic.com/news/2017/02/video-footage-gray-whale-mating.

Gibbons, Ann. 2019. "Our Mysterious Cousins—the Denisovans—May Have Mated with Modern Humans as Recently as 15,000 Years Ago." *Science*, March 29, 2019. https://doi.org/10.1126/science.aax5054.

Gifford-Gonzalez, Diane. 1993. "You Can Hide, But You Can't Run: Representations of Women's Work in Illustrations of Palaeolithic Life." *Visual Anthropology Review* 9 (1): 22–41. https://doi.org/10.1525/var.1993.9.1.22.

Godwin, John, and Marshall Phillips. 2016. "Modes of Reproduction in Fishes." *Encyclopedia of Reproduction* 6: 23–31. https://doi.org/10.1016/B978-0-12-

809633-8.20532-3.

Goldhill, Olivia. 2019. "Ancient Romans Etched Penis Graffiti as a Symbol of Luck and Domination." Quartz, March 2, 2019. https://qz.com/1564029/penis-graffiti-symbolized-luck-and-domination-to-ancient-romans.

Golding, Rosemary E., Maria Byrne, and Winst n F. Ponder. 2008. "Novel Copulatory Structures and Reproductive Functions in Amphiboloidea (Gastropoda, Heterobranchia, Pulmonata)." *Invertebrate Biology* 127 (2): 168–80. https://doi.org/10.1111/j.1744-7410.2007.00120.x.

Gonzales, Joseph E., and Emilio Ferrer. 2016. "Efficacy of Methods for Ovulation Estimation and Their Effect on the Statistical Detection of Ovulation-Linked Behavioral Fluctuations." *Behavior Research Methods* 48: 1125–44. https://doi.org/10.3758/s13428-015-0638-4.

Gower, David J., and Mark Wilkinson. 2002. "Phallus Morphology in Caecilians (Amphibia, Gymnophiona) and Its Systematic Utility." *Bulletin of the Natural History Museum (Zoology)* 68 (2): 143–54. https://doi.org/10.1017/S096804700200016X.

Gredler, Marissa L. 2016. "Developmental and Evolutionary Origins of the Amniote Phallus." *Integrative & Comparative Biology* 56 (4): 694–704. https://doi.org/10.1093/icb/icw102.

———, C. E. Larkins, F. Leal, A. K. Lewis, A. M. Herrera, C. L. Perriton, T. J. Sanger, and M. J. Cohn. 2014. "Evolution of External Genitalia: Insights from Reptilian Development." *Sexual Development* 8 (5): 311–26. https://doi.org/10.1159/000365771.

Green, Kristina Karlsson, and Josefin A. Madjidian. 2011. "Active Males, Reactive Females: Stereotypic Sex Roles in Sexual Conflict Research?" *Animal Behaviour* 81 (5): 901–07. https://doi.org/10.1016/j.anbehav.2011.01.033.

Haase, Martin, and Anna Karlsson. 2004. "Mate Choice in a Hermaphrodite: You Won't Score with a Spermatophore." *Animal Behaviour* 67 (2): 287–91. https://doi.org/10.1016/j.anbehav.2003.06.009.

Hafsteinsson, Sigurjón Baldur. 2014. *Phallological Museum*. Münster: LIT Verlag. Hatheway, Emily. 2018. "How Androcentric Science Affects Content and Con-clusions." *The Journal of the Core Curriculum* 27 (Spring): 25–31. http://www.bu.edu/core/files/2019/01/journal18.pdf.

Hay, Mark. 2019. "Why Tiny Dicks Might Come Back into Fashion." Vice, August 14, 2019. https://www.vice.com/en_us/article/mbmav3/why-tiny-dicks-might-come-back-into-fashion/.

Hazley, Lindsay. 2020. "Tuatara." Southland Museum and Art Gallery. https://www.southlandmuseum.co.nz/tuatara.html.

Helliwell, Christine. 2000. " 'It's Only a Penis': Rape, Feminism, and Difference." *Signs* 25 (3): 789–816. https://doi.org/10.1086/495482.

Herbenick, Debby, Michael Reece, Vanessa Schick, and Stephanie A. Sanders. 2014. "Erect Penile Length and Circumference Dimensions of 1,661 Sexually Active Men in the United States." *The Journal of Sexual Medicine* 11 (1): 93–101. https://doi.org/10.1111/jsm.12244.

Hernández, Linda, Anita Aisenberg, and Jorge Molina. 2018. "Mating Plugs and Sexual Cannibalism in the Colombian Orb-Web Spider *Leucauge mariana.*" *Ethnology* 124 (1): 1–13. https://doi.org/10.1111/eth.12697.

Hernandez, L. O., Inchaustegui, S., and Arguello, C. N. 1954. *Journal of Dominican Medicine* 6 (2): 114.

Herrera, Ana M., P. L. R. Brennan, and M. J. Cohn. 2015. "Development of Avian External Genitalia: Interspecific Differences and Sexual Differentiation of the Male and Female Phallus." *Sexual Development* 9 (1): 43–52. https://doi.org/10.1159/000364927.

———, Simone G. Shuster, Claire L. Perriton, and Martin J. Cohn. 2013. "Developmental Basis of Phallus Reduction During Bird Evolution." *Current Biology* 23 (12): 1065–74. https://doi.org/10.1016/j.cub.2013.04.062.

Hoch, J. Matthew, Daniel T. Schneck, and Christopher J. Neufeld. 2016. "Ecology and Evolution of Phenotypic Plasticity in the Penis and Cirri of Barn cles." *Integrative and Comparative Biology* 56 (4): 728–40. https://doi.org/10.1093/icb/icw006.

Hochberg, Z., R. Chayen, N. Reiss, Z. Falik, A. Makler, M. Munichor, A. Farkas, H. Goldfarb, N. Ohana, and O. Hiort. 1996. "Clinical, Biochemical, and Genetic Findings in a Large Pedigree of Male and Female Patients with 5 Alpha-reductase 2 Deficiency." *The Journal of Clinical Endocrinology & Metabolism* 81 (8): 2821–27. https://doi.org/10.1210/jcem.81.8.8768837.

Hodgson, Alan N. 2010. "Prosobranchs with Internal Fertilization." In *The Evolution of Primary Sexual Characters in Animals*, edited by Janet L. Leonard and Alex Córdoba-Aguilar, 121–47. New York: Oxford University Press.

Holwell, Gregory I., and Marie E. Herberstein. 2010. "Chirally Dimorphic Male Genitalia in Praying Mantids (Ciulfina: Liturgusidae)." Journal of Morphology 271 (10): 1176–84. https://doi.org/10.1002/jmor.10861.

———, Olga Kazakova, Felicity Evans, James C. O'Hanlon, and Katherine L. Barry. 2015. "The Functional Significance of Chiral Genitalia: Patterns of Asymmetry, Functional Morphology and Mating Success in the Praying Mantis *Ciulfina baldersoni." PLoS ONE* 10 (6): e0128755. https://doi.org/10.1371/journal.pone.0128755.

Hopkin, Stephen. 1997. "The Biology of the Collembola (Springtails): The Most Abundant Insects in the World." https://www.nhm.ac.uk/resources-rx/files/35feat_springtails_most_abundent-3056.pdf.

Hosken, David J., C. Ruth Archer, Clarissa M. House, and Nina Wedell. 2018. "Penis Evolution Across Species: Divergence and Diversity." *Nature Reviews Urology* 16: 98–106. https://doi.org/10.1038/s41585-018-0112-z.

———, Kate E. Jones, K. Chipperfield, Alan Dixson. 2001. "Is the Bat Os Penis Sexually Selected?" *Behavioral Ecology and Sociobiology* 50: 450–60. https:// doi.org/10.1007/s002650100389.

Hotzy, Cosima, Michal Polak, Johanna Liljestrand Rönn, and Göran Arnqvist.2012. "Phenotypic Engineering Unveils the Function of Genital Morphology." *Current Biology* 22 (23): 2258–61. https://doi.org/10.1016/j.cub.2012.10.009.

Houck, Lynne D., and Paul A. Verrell. 2010. "Evolution of Primary Sexual Characters in Amphibians." In *The Evolution of Primary Sexual Characters in Animals*, edited by Janet L. Leonard and Alex Córdoba-Aguilar, 409–21.

New York: Oxford University Press.

House, Clarissa M., Zenobia Lewis, David J. Hodgson, Nina Wedell, Manmohan D. Sharma, John Hunt, and David J. Hosken. 2013. "Sexual and Natural Selection Both Influence Male Genital Evolution." *PLoS ONE* 8 (5): e63807. https://doi.org/10.1371/journal.pone.0063807.

———, M. D. Sharma, Kensuke Okada, and David J. Hosken. 2016. "Pre and Postcopulatory Selection Favor Similar Genital Phenotypes in the Male Br ad Horned Beetle." *Integrative & Comparative Biology* 56 (4): 682–93. https://doi.org/10.1093/icb/icw079.

Huber, Bernhard A. 2003. "Rapid Evolution and Species-Specificity of Arthropod Genitalia: Fact or Artifact?" *Organisms Diversity & Evolution* 3 (1): 63–71. https://doi.org/10.1078/1439-6092-00059.

———. 2004. "Evolutionary Transformation from Muscular to Hydraulic Movements in Spider (Arachnida, Araneae) Genitalia: A Study Based on Histological Serial Sections." *Journal of Morphology* 261 (3): 364–76. https://doi.org/10.1002/jmor.10255.

———, and Olga M. Nuñeza. 2015. "Evolution of Genital Asymmetry, Exaggerated Eye Stalks, and Extreme Palpal Elongation in Panjange Spiders (Ara-neae: Pholcidae)." *European Journal of Taxonomy* 169: 1–46. https://doi.org/10.5852/ejt.2015.169.

———, and Abel Pérez González. 2001. "Female Genital Dimorphism in a Spider (Araneae: Pholcidae)." *Journal of Zoology* 255 (3): 301–04. https://doi.org/10.1017/S095283690100139X.

———, Bradley J. Sinclair, and Michael Schmitt. 2007. "The Evolution of Asymmetric Genitalia in Spiders and Insects." *Biological Reviews of the Cambridge Philosophical Society* 82 (4): 647–98. https://doi.org/10.1111/j.1469-185X.2007.00029.x.

———, and Charles M. Warui. 2012. "East African Pholcid Spiders: An Overview, with Descriptions of Eight New Species (Araneae, Pholcidae)." *European Journal of Taxonomy* 19: 1–44. https://doi.org/10.5852/ejt.2012.29.

Humphries, D. A. 1967. "The Action of the Male Genitalia During the Copulation of the Hen Flea, *Ceratophyllus gallinae* (Schrank).” *Proce dings of the Royal Entomological Society of London. Series A, General Entomology* 42 (7–9): 101– 06. https://doi.org/10.1111/j.1365-3032.1967.tb01009.x.

Imperato-McGinley, Julianne, Luiz Guerrero, Teófilo Gautier, and Ralph E. Peterson. 1974. “Steroid 5α-reductase Deficiency in Man: An Inherited Form of Male Pseudohermaphroditism.” *Science* 186 (4170): 1213–15. https:// doi.org/10.1097/00006254-197505000-00017.

———, M. Miller, J. D. Wilson, R. E. Peterson, C. Shackleton, and D. C. Gajdusek. 1991. “A Cluster of Male Pseudohermaphrodites with 5α-reductase Deficiency in Papua New Guinea.” *Clinical Endocrinology* 34 (4): 293–98. https://doi.org/10.1111/j.1365-2265.1991.tb03769.x.

Infante, Carlos R., Alexandra G. Mihala, Sungdae Park, Jialiang S. Wang, Kenji K. Johnson, James D. Lauderdale, and Douglas B. Menke. 2015. “Shared Enhancer Activity in the Limbs and Phallus and Functional Divergence of a Limb-Genital *cis*-Regulatory Element in Snakes.” *Developmental Cell* 35 (1): 107–19. https://doi.org/10.1016/j.devcel.2015.09.003.

Inger, Robert F., and Hymen Marx. 1962. “Variation of Hemipenis and Cloaca in the Colubrid Snake *Calamaria lumbricoidea.” Systemic Biology* 11 (1): 32–38. https://doi.org/10.2307/2411447.

Jarne, Philippe, Patrice David, Jean-Pierre Pointier, and Joris M. Koene. 2010. “Basommatophoran Gastropods.” In *The Evolution of Primary Sexual Characters in Animals*, edited by Janet L. Leonard and Alex Córdoba-Aguilar, 173–96. New York: Oxford University Press.

Jervey, Edward D. 1987. “The Phallus and Phallus Worship in History.” *The Journal of Popular Culture* 21 (2): 103–15. https://doi.org/10.1111/j.0022-3840.1987.2102_103.x.

Jolivet, Pierre. 2005. “Inverted Copulation.” In *Encyclopedia of Entomology*, edited by John L. Capinera, 2041–44. Dordrecht, The Netherlands: Springer. https://doi.org/10.1007/0-306-48380-7_2220.

Jones, Marc E. H., and Alison Cree. 2012. “Tuatara.” *Current Biology* 22 (23): R986–.

Jones, Thomas Rymer. 1871. *General Outline of the Organization of the Animal Kingdom and Manual of Comparative Anatomy*. London: John Van Voorst.

Joyce, Walter G., Norbert Micklich, Stephan F. K. Schaal, and Torsten M. Scheyer. 2012. "Caught in the Act: The First Record of Copulating Fossil Vertebrates." *Biology Letters* 8 (5): 846–48.

Juzwiak, Rich. 2014. "This Man Wants His Penis to Be the Most Famous Penis on Earth (NSFW)." Gawker, April 16, 2014. https://gawker.com/this-man-wants-his-penis-to-be-the-most-famous-penis-on-1563806397.

Kahn, Andrew T., Brian Mautz, and Michael D. Jennions. 2009. "Females Prefer to Associate with Males with Longer Intromittent Organs in Mosquito-fish." *Biology Letters* 6 (1): 55–58. https://doi.org/10.1098/rsbl.2009.0637.

Kahn, Penelope C., Dennis D. Cao, Mercedes Burns, and Sarah L. Boyer. 2018. "Nuptial Gift Chemistry Reveals Convergent Evolution Correlated with Antagonism in Mating Systems of Harvestmen (Arachnida, Opiliones)." *Ecology and Evolution* 8 (14): 7103–10. https://doi.org/10.1002/ece3.4232.

Kamimura, Yoshitaka, and Yoh Matsuo. 2001. "A 'Spare' Compensates for the Risk of Destruction of the Elongated Penis of Earwigs (Insecta: Dermaptera)." *Naturwissenschaften* 88 (11): 468–71.

Kawaguchi, So, Robbie Kilpatrick, Lisa L. Roberts, Robert A. King, and Stephen Nicol. 2011. "Ocean-Bottom Krill Sex." *Journal of Plankton Research* 33 (7): 1134–38. https://doi.org/10.1093/plankt/fbr006.

Kelly, Diane A. 2016. "In romittent Organ Morphology and Biomechanics: Defining the Physi al Challenges of Copulation." *Integrative & Comparative Biology* 56 (4): 705–14. https://doi.org/10.1093/icb/icw058.

———, and Brandon C. Moore. 2016. "The Morphological Diversity of Intromittent Organs: An Introduction to the Symposium." *Integrative & Comparati ve Biology* 56 (4): 630–34. https://doi.org/10.1093/icb/icw103.

Keuls, Eva C. 1985. The Reign of the Phallus: Sexual Politics in Ancient Athens. Berkeley: University of California Press.

King, Richard B., Robert C. Jadin, Michael Grue, and Harlan D. Walley. 2009. "Behavioural Correlates with Hemipenis Morphology in New World Natricine Snakes." *Biological Journal of the Linnean Society* 98 (1): 110–20. https:// doi.org/10.1111/j.1095-8312.2009.01270.x.

Klaczko, J., T. Ingram, and J. Losos. 2015. "Genitals Evolve Faster than Other Traits in *Anolis* Lizards." *Journal of Zoology* 295 (1): 44–48. https://doi.org/10.1111/jzo.12178.

Klimov, Pavel B., and Ekaterina A. Sidorchuk. 2011. "An Enigmatic Lineage of Mites from Baltic Amber Shows a Unique, Possibly Female-Controlled, Mating." *Biological Journal of the Linnean Society* 102 (3): 661–68. https://doi.org/10.1111/j.1095-8312.2010.01595.x.

Knapton, Sarah. 2015. "The Astonishing Village Where Little Girls Turn into Boys Aged 12." *The Telegraph*, September 20, 2015. https://www.telegraph.co.uk/science/2016/03/12/the-astonishing-village-where-little-girls-turn-into-boys-aged-1.

Knoflach, Barbara, and Antonius van Harten. 2000. "Palpal Loss, Single Palp Copulation and Obligatory Mate Consumption in *Tidarren cuneolatum* (Tullgren, 1910) (Araneae, Theridiidae)." *Journal of Natural History* 34 (8): 1639–59. https://doi.org/10.1080/00222930050117530.

Kolm, Niclas, Mirjam Amcoff, Richard P. Mann, and Göran Arnqvist. 2012. "Diversification of a Food-Mimicking Male Ornament via Senso y Drive." *Current Biology* 22 (15): 1440–43. https://doi.org/10.1016/j.cub.2012.05.050.

Kozlowski, Marek Wojciech, and Shi Aoxiang. 2006. "Ritual Behaviors Associated with Spermatophore Transfer in *Deuterosminthurus bicinctus* (Collembola: Bourletiellidae)." *Journal of Ethology* 24: 103–09. https://doi.org/10.1007/s10164-005-0162-6.

Krivatsky, Peter. 1968. "Le Blon's Anatomical Color Engravings." *Journal of the History of Medicine and Allied Sciences* 23 (2): 153–58. https://doi.org/10.1093/jhmas/XXIII.2.153.

Kunze, Ludwig. 1959. "Die funktionsanatomischen Grundlagen der Kopulation der Zwergzikaden, untersucht an Euscelis plebejus (Fall.) und einigen Typhlocybinen." *Deutsche Entomologische Zeitschrift* 6 (4): 322–87. https://doi.org/10.1002/mmnd.19590060402.

Lamuseau, Maarten H. D., Pieter van den Berg, Sofie Claerhout, Francesc Calafell, et al. 2019. “A Historical-Genetic Reconstruction of Human Extra-Pair Paternity.” *Current Biology* 29 (23): 4102–07.e7. https://doi.org/10.1016/j.cub.2019.09.075.

Lange, Rolanda, Klaus Reinhardt, Nico K. Michiels, and Nils Anthes. 2013. “Functions, Diversity, and Evolution of Traumatic Mating.” *Biological Reviews of the Cambridge Philosophical Society* 88 (3): 585–601. https://doi.org/10.1111/brv.12018.

———, Johanna Werminghausen, and Nils Anthes. 2014. “Cephalo-traumatic Secretion Transfer in a Hermaphrodite Sea Slug.” *Proceedings of the Royal Society B: Biological Sciences* 281 (1774): 20132424. https://doi.org/10.1098/rspb.2013.2424.

Langerhans, R. Brian, Christopher M. Anderson, and Justa L. Heinen-Kay. 2016. “Causes and Consequences of Genital Evolution.” *Integrative & Comparative Biology* 56 (4): 741–51. https://doi.org/10.1093/icb/icw101.

———, Craig A. Layman, and Thomas J. DeWitt. 2005. “Male Genital Size Reflects a Tradeoff Between Attracting Mates and Avoiding Predators in Two Live-Bearing Fish Species.” *Proceedings of the National Academy of Sci-ences of the United States of America* 102 (21): 7618–23. https://doi.org/10.1073/pnas.0500935102.

Lankester, E. Ray. 1915. *Diversions of a Naturalist*. London: Methuen. https://doi.org/10.5962/bhl.title.17665.

Larivière, S., and S. H. Ferguson. 2002. “On the Evolution of the Mammalian Baculum: Vaginal Friction, Prolonged Intromission or Induced Ovulation?” *Mammal Review* 32 (4):283–94. https://doi.org/10.1046/j.1365-2907.2002.00112.x.

Larkins, C. E., and M. J. Cohn. 2015. “Phallus Development in the Turtle *Trachemys scripta*.” *Sexual Development* 9: 34–42. https://doi.org/10.1159/000363631.

Leboeuf, Burney J. 1972. “Sexual Behavior in the Northern Elephant Seal *Mirounga angustirostris*.” *Behaviour* 41 (1–2): 1–26. https://doi.

org/10.1163/156853972X00167.

Lee, T. H., and F. Yamazaki. 1990. "Structure and Function of a Special Tissue in the Female Genital Ducts of the Chinese Freshwater Crab *Eriocheir sinensis." The Biological Bulletin* 178 (2): 94–100. https://doi.org/10.2307/1541967.

Lehman, Peter. 1998. "In an Imperfect World, Men with Small Penises Are Unforgiven: The Representation of the Penis/Phallus in American Films of the 1990s." *Men and Masculinities* 1 (2): 123–37. https://doi.org/10.1177/1097184X98001002001.

Lehmann, Gerlind U. C., and Arne W. Lehmann. 2016. "Material Benefit of Mating: The Bushcricket Spermatophylax as a Fast Uptake Nuptial Gift." *Animal Behaviour* 112: 267–71. https://doi.org/10.1016/j.anbehav.2015.12.022.

———, James D. J. Gilbert, Karim Vahed, and Arne W. Lehmann. 2017. "Male Genital Titillators and the Intensity of Post-copulatory Sexual Selection Across B shcrickets." *Behavioral Ecology* 28 (5): 1198–205. https://doi.org/10.1093/beheco/arx094.

LeMoult, Craig. 2019. "Baby Anacondas Born at New England Aquarium—Without Any Male Snakes Involved." WGBH News, May 23, 2019. https://www.wgbh.org/news/local-news/2019/05/23/baby-anacondas-born-at-new-england-aquarium-without-any-male-snakes-involved.

Lever, Janet, David A. Frederick, and Letitia Anne Peplau. 2006. "Does Size Matter? Men's and Women's Views on Penis Size Across the Lifespan." *Psychology of Men & Masculinity* 7 (3): 129–43. https://doi.org/10.1037/1524-9220.7.3.129.

Lewin, Bertram D. 1933. "The Body as Phallus." *The Psychoanalytic Quarterly* 2 (2): 24–47. https://doi.org/10.1080/21674086.1933.11925164.

Lonfat, Nicolas, Thomas Montavon, Fabrice Darbellay, Sandra Gitto, and Denis Duboule. 2014. "Convergent Evolution of Complex Regulatory Landscapes and Pleiotropy at *Hox* Loci." *Science* 346 (6212): 1004–06. https://doi.org/10.1126/science.1257493.

Long, John A. 2012. T*he Dawn of the Deed: The Prehistoric Origins of S*ex. Chicago: University of Chicago Press.

———, Elga Mark-Kurik, Zerina Johanson, Michael S. Y. Lee, Gavin C. Young, Zhu Min, Per E. Ahlberg, et al. 2015. "Copulation in Antiarch Placoderms and the Origin of Gnathostome Internal Fertilization." *Nature* 517: 196–99. https://doi.org/10.1038/nature13825.

Lough-Stevens, Michael, Nicholas G. Schultz, and Matthew D. Dean. 2018. "The Baubellum Is More Developmentally and Evolutionarily Labile than the Baculum." *Ecology and Evolution* 8 (2): 1073–83. https://doi.org/10.1002/ece3.3634.

Love, Alan C. 2002. "Darwin and *Cirripedia* Prior to 1846: Exploring the Origins of the Barnacle Research." *Journal of the History of Biology* 35: 251–89. https://doi.org/10.1023/A:1016020816265.

Lowengard, Sarah. 2006. "Industry and Ideas: Jacob Christoph Le Blon's Systems of Three-Color Printing and Weaving." In *The Creation of Color in Eighteenth-Century Europe*, 613–40. New York: Columbia University Press.

Lüpold, S., A. G. McElligott, and D. J. Hosken. 2004. "Bat Genitalia: Allometry, Variation and Good Genes." *Biological Journal of the Linnean Society* 83 (4): 497–507. https://doi.org/10.1111/j.1095-8312.2004.00407.x.

Ma, Yao, Wan-jun Chen, Zhao-Hui Li, Feng Zhang, Yan Gao, and Yun-Xia Luan. 2017. "Revisiting the Phylogeny of *Wolbachia* in Collembola." *Ecology and Evolution* 7 (7): 2009–17. https://doi.org/10.1002/ece3.2738.

Macías-Ordóñez, Rogelio, Glauco Machado, Abel Pérez-González, and Jeffrey W. Shultz. 2010. "Genitalic Evolution in Opiliones." In *The Evolution of Primary Sexual Characters in Animals*, edited by Janet L. Leonard and Alex Córdoba-Aguilar, 285–306. New York: Oxford University Press.

Marks, Kathy. 2009. "Henry the Tuatara Is a Dad at 111." *The Independent*, January 26, 2009. https:// w w w.independent.co.uk/news/world/australasia/henry-the-tuatara-is-a-dad-at-111-1516628.html.

Marshall, Donald S., and Robert C. Suggs, eds. 1971. *Human Sexual Behavior: Variations in the Ethnographic Spectrum*. New York: Basic Books.

Marshall, Francis Hugh Adam. 1960. *Physiology of Reproduction*, vol. 1, part 2. London: Longmans Green.

Martínez-Torres, Martín, Beatriz Rubio-Morales, José Juan Piña-Amado, and Juana Luis. 2015. "Hemipenes in Females of the Mexican Viviparous Lizard *Barisia imbricata* (Squamata: Anguidae): An Example of Heterochrony in Sexual Development." *Evolution & Development* 17 (5): 270–77. https://doi.org/10.1111/ede.12134.

Mattelaer, Johan J. 2010. "The Phallus Tree: A Medieval and Renaissance Phenomenon." *The Journal of Sexual Medicine* 7 (2, part 1): 846–51. https://doi.org/10.1111/j.1743-6109.2009.01668.x.

Mattinson, Chris, ed. 2008. *Firefly Encyclopedia of Reptiles and Amphibians*. 2nd ed. Buffalo: Brown Reference Group.

Matzke-Karasz, Renate, John V. Neil, Robin J. Smith, Radka Symonová, Libor Mořkovský, Michael Archer, Suzanne J. Hand, Peter Cloetens, and Paul Tafforeau. 2014. "Subcellular Preservation in Giant Ostracod Sperm from an Early Miocene Cave Deposit in Australia." *Proceedings of the Royal Society B: Biological Sciences* 281 (1786): 20140394. https://doi.org/10.1098/rspb.2014.0394.

Mautz, Brian, Bob B. M. Wong, Richard A. Peters, and Michael D. Jennions. 2013. "Penis Size Interacts with Body Shape and Height to Influence Male Attractiveness." *Proceedings of the National Academy of Sciences of the United States of America* 110 (17): 6925–30. https://doi.org/10.1073/pnas.1219361110. McIntyre, J. K. 1996. "Investigations into the Relative Abundance and Anatomy of Intersexual Pigs (*Sus* sp.) in the Republic of Vanuatu." *Science in New Guinea* 22 (3): 137–51.

McLean, Cory Y., Philip L. Reno, Alex A. Pollen, Abraham I. Bassan, Terence D. Capellini, Catherine Guenther, Vahan B. Indjeian, et al. 2011. "Human-Specific Loss of Regulatory DNA and the Evolution of Human-Specific Traits." *Nature* 471: 216–19. https://doi.org/10.1038/nature09774.

Menand, Louis. 2002. "What Comes Naturally." *The New Yorker*, November 18, 2002. https://www.newyorker.com/magazine/2002/11/25/what-comes-naturally-2.

Miller, Edward H., and Lauren E. Burton. 2001. "It's All Relative: Allometry and Variation in the Baculum (Os Penis) of the Harp Seal, *Pagophilus groenlandicus* (Carnivora: Phocidae)." *Biological Journal of the Linnean Society* 72 (3):345–55. https://doi.org/10.1006/bijl.2000.0509.

———, Ian L. Jones, and Garry B. Stenson. 1999. "Baculum and Testes of the Hooded Seal (Cystophora cristata): Growth and Size-scaling and Their Relationships to Sexual Selection." *Canadian Journal of Zoology* 77 (3):470–79. https://doi.org/10.1139/z98-233.

———, Kenneth W. Pitcher, and Thomas R. Loughlin. 2000. "Bacular Size, Growth, and Allometry in the Largest Extant Otariid, the Steller Sea Lion (*Eumetopias jubatus*)." *Journal of Mammalogy* 81 (1): 134–44. https://doi.org/10.1644/1545-1542(2000)081<0134:BSGAAI>2.0.CO;2.

Miller, Geoffrey P., Joshua M. Tybur, and Brent D. Jordan. 2007. "Ovulatory Cycle Effects on Tip Earnings by Lap Dancers: Economic Evidence for Human Estrus?" *Evolution and Human Behavior* 28 (6): 375–81. https://doi.org/10.1016/j.evolhumbehav.2007.06.002.

Miller, Joshua Rhett. 2019. "Husband Hacks Off Alleged Rapist's Penis After Seeing Him Assault Wife." *New York Post*, October 17, 2019. https://nypost.com/2019/10/17/ husband-hacks-off-alleged-rapists-penis-after-seeing-him-assault-wife.

Monk, Julia D., Erin Giglio, Ambika Kamath, Max R. Lambert, and Caitlin E. McDonough. 2019. "An Alternative Hypothesis for the Evolution of Same-Sex Sexual Behaviour in Animals." *Nature Ecology & Evolutio*n 3: 1622–31. https://doi.org/10.1038/s41559-019-1019-7.

Moreno Soldevila, Rosario, Alberto Marina Castillo, and Juan Fernández Valverde. 2019. *A Prosopography to Martial's Epigrams*. Boston: De Gruyter. Museum für Naturkunde, Berlin. "A Penis in Amber." 2019. https:// www.museumfuernaturkunde.berlin/en/pressemitteilungen/penis-amber.

Myers, Charles W. 1974. "The Systematics of Rhadinaea (Colubridae), a Genus of New World Snakes." Bulletin of the American Museum of Natural

His-tory 153 (1). http://digitallibrary.amnh.org/handle/2246/605.

Nadler, Ronald D. 2008. "Primate Menstrual Cycle." Primate Info Net, National Primate Center, University of Wisconsin, September 11, 2008. http:// pin. primate.wisc.edu/aboutp/anat/menstrual.html.

Naylor, R., S. J. Richardson, and B. M. McAllan. 2007. "Boom and Bust: A Re-view of the Physiology of the Marsupial Genus *Antechinus.*" *Journal of Com-parative Physiology* B 178: 545–62. https://doi.org/10.1007/s00360-007-0250-8.

Newitz, Annalee. 2014. "Your Penis Is Getting in the Way of My Science." Gizmodo, April 17, 2014. https://io9.gizmodo.com/your-penis-is-getting-in-the-way-of-my-science-1564473352.

Norman, Jeremy. n.d. "Jacob Christoph Le Blon Invents the Three-Color Pro-cess of Color Printing." HistoryofInformation.com. Accessed January 31, 2020. http://www.historyofinformation.com/detail.php?id=405/.

Oswald, Flora, Alex Lopes, Kaylee Skoda, Cassandra L. Hesse, and Cory L. Ped-ersen. 2019. "I'll Show You Mine So You'll Show Me Yours: Motivations and Personality Variables in Photographic Exhibitionism." *The Journal of Sex Research* July 18, 2019. https://doi.org/10.1080/00224499.2019.1639036.

Orbach, Dara N., Brandon Hedrick, Bernd Würsig, Sarah L. Mesnick, and Patri-cia L. R. Brennan. 2018. "The Evolution of Genital Shape Variation in Female Cetaceans." *Evolution* 72 (2): 261–73. https://doi.org/10.1111/evo.13395.

———, Diane A. Kelly, Mauricio Solano, and Patricia L. R. Brennan. 2017. "Genital Interactions During Simulated Copulation Among Marine Mam-mals." *Proceedings of the Royal Society B: Biological Sciences* 284 (1864): 20171265. https://doi.org/10.1098/rspb.2017.1265.

———, Shilpa Rattan, Mél Hogan, Alfred J. Crosby, and Patricia L. R. Brennan. 2019. "Biomechanical Properties of Female Dolphin Reproductive Tissue." *Acta Biomaterialia* 86: 117–24. https://doi.org/10.1016/j.actbio.2019.01.012.

Panashchuk, Roksana. 2019. "Husband Cuts Off Rapist's Penis After Seeing His

Own Wife Being Sexually Assaulted Near Their Home in Ukraine— and Now Faces a Longer Sentence than Her Attacker." *Daily Mail Online*. October 17, 2019. https://www.dailymail.co.uk/news/article-7583121/Hus band-cuts-rapists-penis-seeing-wife-assaulted-near-home-Ukraine.html.

Patlar, Bahar, Michael Weber, Tim Temizyürek, and Steven A. Ramm. 2019. "Seminal Fluid–Mediated Manipulation of Post-mating Behavior in a Simultaneous Hermaphrodite." *Current Biology* 30 (1): 143–49.e4. https://doi.org/10.1016/j.cub.2019.11.018.

Pearce, Fred. 2000. "Inventing Africa." *New Scientist*, August 12, 200 www.newscientist.com/article/mg16722514-300-inventing-africa. . https://

Pedreira, D. A. L., A. Yamasaki, and C. E. Czeresnia. 2001. "Fetal Phallus 'Erection' Interfering with the Sonographic Determinatin of Fetal Gender in the First Trimester." *Ultrasound in Obstetrics & Gynecology* 18 (4): 402–04. https://doi.org/10.1046/j.0960-7692.2001.00532.x.

Peterson, Jordan B. 2018. *12 Rules for Life: An Antidote to Chaos*. Toronto: Random House Canada.

Phelpstead, Carl. 2007. "Size Matters: Penile Problems in Sagas of Icelanders." *Exemplaria* 19 (3): 420–37. https://doi.org/10.1179/175330707x237230. Plutarch. 1924. "The Roman Questions of Plutarch: A New Translation with Introductory Essays and a Running Commentary." Translated by H. J. Rose. Oxford: Claren oPress.

Pommaret, Françoise, and Tashi Tobgay. 2011. "Bhutan's Pervasive Phallus: Is Drukpa Kunley Really Responsible?" In *Buddhist Himalaya: Studies in Religion, History and Culture: Proceedings of the Golden Jubilee Conference of the Namgyal Institute of Tibetology Gangtok, 2008*, edited by Alex McKay and Anna Balikci-Denjongpa. Vol. 1: *Tibet and the Himalaya*. Gangtok: Namgyal Institute of Tibetology.

Pornhub. n.d. "2018 Year in Review." Accessed January 31, 2019. https://www.pornhub.com/insights/2018-year-in-review.

Prause, Nicole, Jaymie Park, Shannon Leung, and Geoffrey Miller. 2015. "Women's Preferences for Penis Size: A New Research Method Using Selection

Among 3D Models." *PLoS ONE* 10 (9): e0133079. https://doi.org/10.1371/journal.pone.0133079.

Pycraft, William Plane. 1914. *The Courtship of Animals*. London: Hutchinson.

Ramm, S. A. 2007. "Sexual Selection and Genital Evolution: A Phylogenetic Analysis of Baculum Length in Mammals." *American Naturalist* 169: 360–9. https://doi.org/10.1086/510688.

———, Lin Khoo, and Paula Stockley. 2010. "Sexual Selection and the Rodent Baculum: An Intraspecific Study in the House Mouse (*Mus musculus domesticus*)." *Genetica* 138: 129–37. https://doi.org/10.1007/s10709-009-9385-8.

———, Aline Schlatter, Maude Poirier, and Lukas Schärer. 2015. "Hypodermic Self-insemination as a Reproductive Assurance Strategy." *Proceedings of the Royal Society B: Biological Sciences* 282 (1811).

Reise, Heike, and John M. C. Hutchinson. 2002. "Penis-Biting Slugs: Wild Claims and Confusions." *Trends in Ecology & Evolution* 17 (4): 163. https://doi.org/10.1016/S0169-5347(02)02453-9.

Reno, Philip L., Cory Y. McLean, Jasmine E. Hines, Terence D. Capellini, Gill Bejerano, and David M. Kingsley. 2013. "A Penile Spine/Vibrissa Enhancer Sequence Is Missing in Modern and Extinct Humans but Is Retained in Multiple Primates with Penile Spines and Sensory Vibrissae." *PLoS ONE* 8 (12): e84258. https://doi.org/10.1371/journal.pone.0084258.

Retief, Tarryn A., Nigel C. Bennett, Anouska A. Kinahan, and Philip W. Bateman. 2013. "Sexual Selection and Genital Allometry in the Hottentot Golden Mole (*Amblysomus hottentotus*)." *Mamm lian Biology* 78 (5): 356–60. https://doi.org/10.1016/j.mambio.2012.12.002.

Rogers, Jason. 2019. "Inside the Online Communities for Guys Who Want Bigger Penises." *Men's Health*, November 15, 2019. https://www.menshealth.com/sex-women/a29810671/penis-enlargement-online-communities.

Ross, Andrew J. 2018. "Burmese Amber." National Museums Scotland. http://www.nms.ac.uk/explore/stories/natural-world/burmese-amber.

Roughgarden, Joan. 2013. *Evolution's Rainbow*. Berkeley: University of Califor-nia Press.

Rowe, Locke, and Göran Arnqvist. 2012. "Sexual Selection and the Evolution of Genital Shape and Complexity in Water Striders." *Evolution; International Journal of Organic Evolution* 66 (1): 40-54. https://doi.org/10.1111/j.1558-5646.2011.01411.x.

Rowe, Melissah, Murray R. Bakst, and Stephen Pruett-Jones. 2008. "Good Vibrations? Structure and Function of the Cloacal Tip of Male Australian Maluridae." *Journal of Avian Biology* 39 (3): 348–54. https://doi.org/10.1111/j.0908-8857.2008.04305.x.

Rubenstein, N. M., G. R. Cunha, Y. Z. Wang, K. L. Campbell, A. J. Conley, K. C. Catania, S. E. Glickman, and N. J. Place. 2003. "Variation in Ovarian Morphology in Four Species of New World Moles with a Peniform Clitoris." *Reproduction* 126 (6): 713–19. https://doi.org/10.1530/rep.0.1260713.

Saint-Andrè, Nathaniel, and John Howard. 1727. *A Short Narrative of an Extraordinary Delivery of Rabbets*. Internet Archive. https://archive.org/details/short narrativeof00sain/page/n2/mode/2up.

Sanger, Thomas J., Marissa L. Gredler, and Martin J. Cohn. 2015. "Resurrecting Embryos of the Tuatara, *Sphenodon punctatus*, to Resolve Vertebrate Phallus Evolution." *Biology Letters* 11 (10): 20150694. https://doi.org/10.1098/rsbl.2015.0694.

Saul, Leon J. 1959. "Flatulent Phallus." *The Psychoanalytic Quarterl*y 28 (3): 382. https://doi.org/10.1080/21674086.1959.11926144.

Schärer, L., G. Joss, and P. Sandner. 2004. "Mating Behaviour of the Marine Turbellarian *Macrostomum* sp.: These Worms *Suck*." *Marine Biology* 145: 373–80. https://doi.org/10.1007/s00227-004-1314-x.

Schilthuizen, Menno. 2014. *Nature's Nether Regions: What the Sex Lives of Bugs, Birds, and Beasts Tell Us About Evolution, Biodiversity, and Ourselves*. New York: Penguin.

———. 2015. "Burying Beetles Play for Both Teams." Studio Schilthuizen, January 1, 2015. https://schilthuizen.com/2015/01/28/burying-beetles-play-for-both-teams.

Schulte-Hostedde, Albrecht I., Jeff Bowman, and Kevin R. Middel. 2011. "Allometry of the Baculum and Sexual Size Dimorphism in American Martens and Fishers (Mammalia: Mustelidae)." *Biological Journal of the Linnean Society* 104 (4): 955– 63. https://doi.org/10.1111/j.1095-8312.2011.01775.x.

Schultz, Nicholas G., Jesse Ingels, Andrew Hillhouse, Keegan Wardwell, Peter L. Chang, James M. Cheverud, Cathleen Lutz, Lu Lu, Robert W. Williams, and Matthew D. Dean. 2016. "The Genetic Basis of Baculum Size and Shape Variation in Mice." *G3* 6 (5): 1141–51. https://doi.org/10.1534/g3.116.027888.

———, Michael Lough-Stevens, Eric Abreu, Teri Orr, and Matthew D. Dean. 2016. "The Baculum Was Gained and Lost Multiple Times During Mam-malian Evolution." Integrative & Comparative Biology 56 (4): 644–56. https:// doi.org/10.1093/icb/icw034.

Schwartz, Steven K., William E. Wagner, and Eileen A. Hebets. 2013. "Spontaneous Male Death and Monogyny in the Dark Fishing Spider." *Biology Letters* 9 (4). https://doi.org/10.1098/rsbl.2013.0113.

Sekizawa, Ayami, Satoko Seki, Masakazu Tokuzato, Sakiko Shiga, and Yasuhiro Nakashima. 2013. "Disposable Penis and Its Replenishment in a Si-multaneous Hermaphrodite." *Biology Letters* 9 (2). https://doi.org/10.1098/rsbl.2012.1150.

Shaeer, Osama, Kamal Shaeer, and Eman Shaeer. 2012. "The Global Online Sexuality Survey (GOSS): Female Sexual Dysfunction Among Internet Users in the Reproductive Age Group in the Middle East." *The Journal of Sexual Medicin*e 9 (2): 411–24. https://doi.org/10.1111/j.1743-6109.2011.02552.x.

Shah, J., and N. Christopher. 2002. "Can Shoe Size Predict Penile Length?" *BJU International* 90 (6): 586–87. https://doi.org/10.1046/j.1464-410X.2002.02974.x.

Shevin, Frederick F. 1963. "Countertransference and Identity Phenomena Manifested in the Analysis of a Case of 'Phallus Girl' Identity." *Journal of the American Psychoanalytic Association* 11: 331–44. https://doi.org/10.1177/000306516301100206.

Simmons, Leigh W., and Renée C. Firman. 2014. "Experimental Evidence for the *Evolution* of the Mammalian Baculum by Sexual Selection." Evolution 68 (1): 276–83. https://doi.org/10.1111/evo.12229.

Sinclair, Adriane Watkins. 2014. "Variation in Penile and Clitoral Morphology in Four Species of Moles." PhD diss., University of California, San Francisco.

———, Stephen E. Glickman, Laurence Baskin, and Gerald R. Cunha. 2016. "Anatomy of Mole External Genitalia: Setting the Record Straight." *The Anatomical Record* 299 (3): 385–99. https://doi.org/10.1002/ar.23309.

Sinclair, Bradley J., Jeffrey M. Cumming, and Scott E. Brooks. 2013. "Male Terminalia of Diptera (Insecta): A Review of Evolutionary Trends, Homology and Phylogenetic Implications." *Insect Systematics & Evolution* 44 (3–4): 373–415. https://doi.org/10.1163/1876312X-04401001.

Siveter, David J., Mark D. Sutton, Derek E. G. Briggs, and Derek J. Siveter.2003. "An Ostracode Crustacean with Soft Parts from the Lower Silurian."*Science* 302 (5651): 1749–51. https://doi.org/10.1126/science.1091376.

Smith, Brian J. 1981. "Dendy, Arthur (1865–1925)." *Australian Dictionary of Biography* 8, National Centre of Biography, Australian National University. http://adb.anu.edu.au/biography/dendy-arthur-5951/text10151.

Smith, Matthew Ryan. 200. "Reconsidering the 'Obscene': The Massa Marittima Mural." *Shift* 2. https://ir.lib.uwo.ca/visartspub/7.

Smith, Moira. 2002. "The Flying Phallus and the Laughing Inquisitor: Penis Theft in the *Malleus Maleficarum.*" *Journal of Folklore Research* 39 (1): 85–117.

Smuts, Barbara B. 2009. *Sex and Friendship in Baboons*. New York: Aldine.

Song, H. 2006. "Systematics of Cyrtacanthacridinae (Orthoptera—Acrididae)with a Focus on the Genus Schistocerca Stål 1873—Evolution of Locust Phase Polyphenism and Study of Insect Genitalia." PhD diss., Texas A&M University.

Stam, Ed M., Anneke Isaaks, and Ger Ernsting. 2002. "Distant Lovers: Spermatophore Deposition and Destruction Behavior by Male Springtails." *Journal of Insect Behavior* 15: 253–68. https://doi.org/10.1023/A:10154411 01998.

Stern, Herbert. 2014. "Doctor Sixto Incháustegui Cabral [Spanish]." *El Caribe*, October 18, 2014. https://www.elcaribe.com.do/2014/10/18/doctor-sixto-inchaustegui-cabral.

Stockley, Paula. 2012. "The Baculum." *Current Biology* 22 (24): R1032–R1033. https://doi.org/10.1016/j.cub.2012.11.001.

Stoller, Robert J. 1970. "The Transsexual Boy: Mother's Feminized Phallus." *The British Journal of Medical Psychology* 43 (2): 117–28. https://doi.org/10.1111/j.2044-8341.1970.tb02110.x.

Suga, Nobuo. 1963. "Change of the Toughness of the Chorion of Fish Eggs." *Embryologia* 8 (1): 63–74. https://doi.org/10.1111/j.1440-169X.1963.tb0 0186.x.

Tait, Noel N., and Jennifer M. Norman. 2001. "Novel Mating Behaviour in *Florelliceps stutchburyae* gen. nov., sp. nov. (Onychophora: Peripatopsidae) from Australia." *Journal of Zoology* 253 (3): 301–08. https://doi.org/10.1017/S0952836901000280.

Tanabe, Tsutomu, and Teiji Sota. 2008. "Complex Copulatory Behavior and the Proximate Effect of Genital and Body Size Differences on Mechanical Reproductive Isolation in the Millipede Genus *Parafontaria*." *The American Naturalist* 171 (5): 692–99. https://doi.org/10.1086/587075.

Tasikas, Diane E., Evan R. Fairn, Sophie Laurence, and Albrechte I. Schulte-Hostedde. 2009. "Baculum Variation and Allometry in the Mskrat (*Ondatra zibethicus*): A Case for Sexual Selection." *Evolutionary Ecology* 23: 223–32. https://doi.org/10.1007/s10682-007-9216-2.

Tinklepaugh, O. L. 1933. "Sex Cycles and Other Cyclic Phenomena in a Chimpanzee During Adolescence, Maturity, and Pregnancy." *Journal of Morphology* 54 (3): 521–47. https://doi.org/10.1002/jmor.1050540307.

Todd, Dennis. n.d. "St André, Nathanael." *Oxford Dictionary of National Biography*. https://doi.org/10.1093/ref:odnb/24478.

Topol, Sarah A. 2017. "Sons and Daughters: The Village Where Girls Turn into Boys." *Harper's Magazine*, August 2017. https://harpers.org/archive/2017/08/sons-and-daughters.

Tsurusaki, Nobuo. 1986. "Parthenogenesis and Geographic Variation of Sex Ratio in Two Species of *Leiobunum* (Arachnida, Opiliones)." *Zoological Science* 3: 517–32.

Uhl, Gabriele, and Jean-Pierre Maelfait. 2008. "Male Head Secretion Triggers Copulation in the Dwarf Spider *Diplocephalus permixtus.*" *Ethology* 114 (8): 760–67. https://doi.org/10.1111/j.1439-0310.2008.01523.x.

Valdés, Ángel, Terrence M. Gosliner, and Michael T. Ghiselin. 2010. "Opisthobranchs." In *The Evolution of Primary Sexual Characters in Animals*, edited by Janet L. Leonard and Alex Córdoba-Aguilar. 148–72. New York: Oxford University Press.

Van Haren, Merel. 2016. "A Micro Surgery on a Beetle Penis." https://science.naturalis.nl/en/about-us/news/onderzoek/micro-surgery-beetle-penis/. Accessed June 21, 2019.

———, Johanna Liljestrand Rönn, Menno Schilthuizen, and Göran Arnqvist. 2017. "Postmating Sexual Selection and the Enigmatic Jawed Genitalia of *Callosobruchus subinnotatus.*" *Biology Open* 6 (7): 1008–112. https://doi.org/10.1101/116731.

Van Look, Katrien J. W., Borys Dzyuba, Alex Cliffe, Heather J. Koldewey, and William V. Holt. 2007. "Dimorphic Sperm and the Unlikely Route to Fertilisation in the Yellow Seahorse." *The Journal of Experimental Biology* 210 (3): 432–37. https://doi.org/10.1242/jeb.02673.

Varki, A., and P. Gagneux. 2017. "How Different Are Humans and 'Great Apes'?: A Matrix of Comparative Anthropogeny." In *On Human Nature*, edited by Michel Tibayrenc and Francisco J. Ayala 151–60. London: Academic Press. https://doi.org/10.1016/B978-0-12-420190-3.00009-0.

Waage, Jonathan K. 1979. "Dual Function of the Damselfly Penis: Sperm Removal and Transfer." *Science* 203 (4383): 916–18. https://doi.org/10.1126/science.203.4383.916.

Wagner, Rudolf, and Alfred Tulk. 1845. *Elements of the Comparative Anatomy of the Vertebrate Animals*. London: Longman.

Waiho, Khor, Muhamad Mustaqim, Hanafiah Fazhan, Wan Ibrahim Wan Norfaizza, Fadhlul Hazmi Megat, and Mhd Ikhwanuddin. 2015. "Mating Behaviour of the Orange Mud Crab, *Scylla olivacea*: The Effect of Sex Ratio and Stocking Density on Mating Success." *Aquaculture Reports* 2: 50–57. https://doi.org/10.1016/j.aqrep.2015.08.004.

Walker, M. H., E. M. Roberts, T. Roberts, G. Spitteri, M. J. Streubig, J. L. Hartland, and N. N. Tait. 2006. "Observations on the Structure and Function of the Seminal Receptacles and Associated Accessory Pouches in Ovoviviparous Onychophorans from Australia (Peripatopsidae; Ony-chophora)." *Journal of Zoology* 270 (3): 531–42. https://doi.org/10.1111/j.1469-7998.2006.00121.x.

Whiteley, Sarah L., Clare E. Holleley, Wendy A. Ruscoe, Meghan Castelli, Darryl L. Whitehead, Juan Lei, Arthur Georges, and Vera Weisbecker. 2017. "Sex Determination Mode Does Not Affect Body or Genital Develop-ment of the Central Bearded Dragon (*Pogona vitticeps*)." *EvoDevo* 8: 25. https://doi.org/10.1186/s13227-017-0087-5.

———, Vera Weisbecker, Arthur Georges, Arnault Roger Gaston Gauthier, Darryl L. Whitehead, and Clare E. Holleley. 2018. "Developmental Asynchrony and Antagonism of Sex Determination Pathways in a Lizard with Temperature-Induced Sex Reversal." *Scientific Reports* 8: 14892. https://doi.org/10.1038/s41598-018-33170-y.

Wiber, Melanie G. 1997. *Erect Men, Undulating Women: The Visual Imagery of Gender, "Race," and Progress in Reconstructive Illustrations of Human Evolution*. Waterloo, ON: Wilfrid Laurier University Press.

Wilson, Elizabeth. 2017. "Can't See the Wood for the Trees: The Mysterious Meaning of Medieval Penis Trees." Culturised, April 9, 2017. https:// culturised.co.uk/2017/04/cant-see-the-wood-for-the-trees-the-mysterious-meaning-of-medieval-penis-trees.

Winterbottom, M., T. Burke, and T. R. Birkhead. 1999. "A Stimulatory Phalloid Organ in a Weaver Bird." *Nature* 399: 28. https://doi.org/10.1038/19884.

Woolley, P., and S. J. Webb. 1977. "The Penis of Dasyurid Marsupials." *The Biology of Marsupials*, 307–23. https://doi.org/10.1007/978-1-349-02721-7_18.

———, Carey Krajewski, and Michael Westerman. 2015. "Phylogenetic Relationships within *Dasyurus* (Dasyuromorphia: Dasyuridae): Quoll Systematics Based on Molecular Evidence and Male Characteristics." *Journal of Mammalogy* 96 (1): 37–46. https://doi.org/10.1093/jmammal/gyu028.

Wunderlich, Jörg. n.d. Personal website. Accessed January 31, 2020. http:// www.joergwunderlich.de.

Xu, Jin, and Qiao Wang. 2010. "Form and Nature of Precopulatory Sexual Selection in Both Sexes of a Moth." *Naturwissenschaften* 97: 617–25. https://doi.org/10.1007/s00114-010-0676-9.

Yoshizawa, Kazunori, Rodrigo L. Ferreira, Izumi Yao, Charles Lienhard, and Yoshitaka Kamimura. 2018. "Independent Origins of Female Penis and Its Coevolution with Male Vagina in Cave Insec s (Psocodea: Prionoglaridi-dae)." *Biology Letters* 14 (11): 20180533. https://doi.org/10.1098/rsbl.2018.0533.

Zacks, Richard. 1994. *History Laid Bare: Love, Sex, and Perversity from the Ancient Etruscans to Warren G Harding*. New York: HarperCollins.